utb 5913

Eine Arbeitsgemeinschaft der Verlage

Brill | Schöningh – Fink · Paderborn
Brill | Vandenhoeck & Ruprecht · Göttingen – Böhlau · Wien · Köln
Verlag Barbara Budrich · Opladen · Toronto
facultas · Wien
Haupt Verlag · Bern
Verlag Julius Klinkhardt · Bad Heilbrunn
Mohr Siebeck · Tübingen
Narr Francke Attempto Verlag – expert verlag · Tübingen
Psychiatrie Verlag · Köln
Ernst Reinhardt Verlag · München
transcript Verlag · Bielefeld
Verlag Eugen Ulmer · Stuttgart
UVK Verlag · München
Waxmann · Münster · New York
wbv Publikation · Bielefeld
Wochenschau Verlag · Frankfurt am Main

Kristina Gruber ist wissenschaftliche Mitarbeiterin an der Justus-Liebig-Universität Gießen. Sie forscht und lehrt zu nachhaltigem Veranstaltungsmanagement und transformativen Wirtschaftsformen. Gemeinsam mit Christian Herzig und Martina Keller unterstützt sie Veranstaltungen auf dem Weg zu einer nachhaltigen Entwicklung.

Prof. Dr. Christian Herzig ist Professor und Vorstandsvorsitzender des Zentrums für Nachhaltige Ernährungssysteme der Justus-Liebig-Universität Gießen. Er forscht und lehrt seit rund 25 Jahren zur Entwicklung und Implementierung von Nachhaltigkeitskonzepten und -strategien und berät hierzu Organisationen (www.christian-herzig.com).

Martina Keller ist wissenschaftliche Mitarbeiterin an der Justus-Liebig-Universität Gießen. Sie forscht und lehrt zu nachhaltigen Ernährungssystemen und nachhaltigem Veranstaltungsmanagement. Gemeinsam mit Kristina Gruber organisiert sie nachhaltige Veranstaltungen wie den Tag der Erde in Kassel und begleitet Veranstaltende bei ihren Nachhaltigkeitsprozessen.

Kristina Gruber / Christian Herzig /
Martina Keller

Nachhaltiges Veranstaltungsmanagement

mit eLearning-Kurs

Grundlagen, Handlungsfelder, Beispiele

UVK Verlag · München

Umschlagabbildung: © LumenSt · iStockphoto
Autorenbild Kristina Gruber: © privat
Autorenbild Christian Herzig: © privat
Autorenbild Martina Keller: © Christine Brinkmann

Bibliografische Information der Deutschen Nationalbibliothek
Die Deutsche Nationalbibliothek verzeichnet diese Publikation in der Deutschen Nationalbibliografie; detaillierte bibliografische Daten sind im Internet über http://dnb.dnb.de abrufbar.

DOI: https://doi.org/10.36198/9783838559131

– ein Unternehmen der Narr Francke Attempto Verlag GmbH + Co. KG
Dischingerweg 5 · D-72070 Tübingen

Internet: www.narr.de
eMail: info@narr.de

Einbandgestaltung: siegel konzeption | gestaltung
CPI books GmbH, Leck

utb-Nr. 5913
ISBN 978-3-8252-5913-6 (Print)
ISBN 978-3-8385-5913-1 (ePDF)
ISBN 978-3-8463-5913-6 (ePub)

MIX
Papier aus verantwortungsvollen Quellen
FSC® C083411

Inhalt

Vorwort

Das Potenzial einer nachhaltigen Veranstaltungsorganisation liegt auf der Hand: Über die nachhaltige Organisation im Sinne von Green Events können Ressourcenverbräuche reduziert, Treibhausgasemissionen eingespart, Kosten gesenkt und die Sicherheit und Gesundheit von Mitarbeiter:innen sowie Besucher:innen verbessert werden. Darüber hinaus können Veranstaltungen im Sinne einer Bildung für nachhaltige Entwicklung (BNE) die beteiligten Akteursgruppen sensibilisieren und zu mehr Engagement für eine nachhaltige Entwicklung aktivieren. Diese vielfältigen Möglichkeiten motivierten uns, das vorliegende Lehr- und Praxisbuch zu verfassen und die Bedeutung von Veranstaltungen für eine nachhaltige Entwicklung in der Lehre stärker zu verankern.

Dabei greifen wir auf unsere langjährige Lehrerfahrung zu Nachhaltigkeitsmanagement und nachhaltigem Veranstaltungsmanagement an verschiedenen Universitäten zurück. Mit dem Seminar „Green Goal: Volltreffer oder Abseits?“ nahm Christian Herzig zur Fußballweltmeisterschaft in Deutschland in 2006 zum ersten Mal ein Green-Event-Konzept gemeinsam mit ehemaligen Kolleg:innen und Studierenden der Leuphana Universität Lüneburg kritisch unter die Lupe. An der Universität Kassel führten Martina Keller und Kristina Gruber jedes Semester zwischen 2017 und 2021 das Projektseminar „Nachhaltiges Veranstaltungsmanagement“ durch, in dessen Rahmen Studierende einen Leitfaden und ein Online-Tool für das Management nachhaltiger Veranstaltungen für die Mitarbeiter:innen der Universität entwickelten. Das Projektseminar wird gemeinsam mit anderen innovativen Konzepten für eine nachhaltige Lehre im Buch „Nachhaltigkeit auf dem Campus“ (Chrubasik et al. 2022) beschrieben. An der Fakultät für Agrarwissenschaften, Ökotrophologie und Umweltmanagement der Justus-Liebig-Universität Gießen, an der wir drei seit letztem Jahr gemeinsam lehren und forschen, bieten wir jedes Jahr das Lehrmodul „Nachhaltiges Gastronomie- und Veranstaltungsmanagement“ an. Die Vermittlung von Handlungskompetenzen für eine nachhaltige Entwicklung ist uns in all diesen Lernarrangements ein zentrales Anliegen. Eine praxisorientierte und selbstbestimmte Herangehensweise ist ein wichtiges Element unserer Bildungsangebote.

Neben dem Lehrbezug haben uns auch unsere praktischen Erfahrungen mit der Konzeption, Organisation und Evaluation nachhaltiger Veranstaltungen beim Verfassen des Buches geholfen. Seit 2019 richten Martina Keller und Kristina Gruber im Auftrag des UmweltHaus Kassel e. V. gemeinsam mit zahlreichen Ehrenamtlichen den „Tag der Erde" in Kassel aus. Ein Umwelt- und Kulturfest mit über 30-jähriger Tradition, für das jedes Jahr eine viel befahrene Straße gesperrt und mit zahlreichen regionalen Ausstellenden sowie einem vielfältigen Programm für die über 15.000 Besucher:innen bespielt wird. Weiterhin haben wir drei an der Justus-Liebig-Universität Gießen zuletzt mehrere Projekte zum nachhaltigen Veranstaltungsmanagement durchgeführt. Für die documenta fifteen haben Kristina Gruber und Christian Herzig ein Konzept für ein nachhaltiges Veranstaltungsmanagement erstellt und dessen Umsetzung wissenschaftlich begleitet. Zur Evaluation des Nachhaltigkeitskonzeptes wurde erstmals eine Online-Besucher:innen-Befragung von uns durchgeführt und die Ergebnisse in einem Bericht festgehalten. Im Auftrag des Forschungsinstituts für Biologischen Landbau (FiBL) haben wir die „Ökofeldtage 2022", den deutschlandweiten Treffpunkt von Bio-Landwirt:innen mit über 11.000 Besucher:innen und 350 Ausstellenden, durch eine Vor-Ort-Befragung am Gladbacher Hof in Hessen evaluiert.

Im Buch zeigen diese und weitere Beispiele, dass die Ansätze für ein nachhaltiges Veranstaltungsmanagement immer vielfältiger, professioneller und umfassender werden. Hierzu haben auch zahlreiche Leitfäden beigetragen, die in den letzten Jahren entwickelt wurden. Besonders hervorzuheben ist der „Leitfaden für ein Nachhaltiges Veranstaltungsmanagement" des Bundesministeriums für Umwelt, Naturschutz und nukleare Sicherheit (BMU) und dem Umweltbundesamt (UBA), der mittlerweile von vielen Organisationen als Grundlage herangezogen wird. Auch weitere branchenspezifische Leitfäden sind empfehlenswert und unterstützen bei der praktischen Umsetzung nachhaltiger Veranstaltungen. Während der Schwerpunkt einer nachhaltigen Veranstaltungsorganisation häufig auf der ökologischen und klimafreundlichen Ausrichtung dieser liegt, gewinnen wirtschaftliche und soziale Aspekte zunehmend an Bedeutung.

Inhaltlich führt das Lehr- und Praxisbuch die Vielfalt an Maßnahmen zusammen, mit denen Schritt für Schritt nachhaltige Veranstaltungen umgesetzt werden können. Dabei gehen wir über konkrete Handlungsansätze hinaus und zeigen Hintergründe sowie Zusammenhänge auf, die die Notwendigkeit nachhaltigen Handelns bei Veranstaltungen verdeutlichen. In diesem Rahmen wird auch die Komplexität einer nachhaltigen Entwicklung veranschaulicht. Ausgewählte Beispiele bieten den Leser:innen einen praktischen Zugang zum Thema. Der Schwerpunkt des Lehr- und Praxisbuchs liegt zunächst auf der ökologischen Dimension. Die Ausführung sozialer sowie betriebswirtschaftlicher und regional-ökonomischer Aspekte ist für kommende Auflagen geplant.

Ganz herzlich möchten wir uns bei den studentischen Hilfskräften, Anja Bischof und Dominik Becker bedanken, die uns insbesondere bei der Erstellung und Koordination der Abbildungen sowie bei der Entwicklung des E-Learning Kurses unterstützt haben. Dieses Buch ist schließlich in enger Zusammenarbeit mit dem UVK Verlag (München) und insbesondere mit Rainer Berger entstanden. Bei ihm möchten wir uns herzlich für die angenehme und zielführende Betreuung bedanken.

Nun wünschen wir viel Spaß bei der Lektüre und viel Erfolg bei der Umsetzung nachhaltiger Veranstaltungen!

Hinweis zum Gendern | Für das Lehr- und Praxisbuch nutzen wir verschiedene Genderformen. Im Wesentlichen nutzen wir den Genderdoppelpunkt (z. B. Besucher:innen) und, wo möglich, den geschlechterneutralen Plural (z. B. Mitarbeitende). Der Genderdoppelpunkt schließt alle mit ein und ist für Menschen mit Sehbeeinträchtigung besser vorlesbar. Der geschlechtsneutrale Plural hingegen ist kürzer. Die Beachtung verschiedener Genderformen verändert den Lesefluss. Gendern hat jedoch eine inklusive Funktion, die wir im Sinne einer nachhaltigen Entwicklung gerne unterstützen.

Abkürzungen

Abb. | Abbildung
AbwAG. | Abwasserabgabegesetz
AirBnB. | Air Bed and Breakfast
ArbSchG | Arbeitsschutzgesetz
ARRL | Abfallrichtlinie

BHKW | Blockheizkraftwerk
BImSchG | Bundes-Immissionsschutzgesetz
BMEL | Bundesministerium für Ernährung und Landwirtschaft
BMU | Bundesministerium für Umwelt
BMUV | Bundesministerium für Umwelt, Naturschutz, nukleare Sicherheit und Verbraucherschutz
BNatSchG | Bundesnaturschutzgesetz
BWaldG | Bundeswaldgesetz
BNE | Bildung für nachhaltige Entwicklung

CC | Corporate Citizenship
CO_2 | Kohlenstoffdioxid
CO_2e | Kohlenstoffdioxid-Äquivalente
COP | Conference of the Parties
CS | Corporate Sustainability
CSR | Corporate Social Responsibility
CSRD | Corporate Sustainability Reporting Directive

DBU | Deutschen Bundesumweltstiftung
DCGK | Deutsche Corporate Governance Kodex
DEHOGA | Deutscher Hotel- und Gaststättenverband e. V.
DGE | Deutsche Gesellschaft für Ernährung
DGUV | Deutsche Gesetzliche Unfallversicherung
DNK | Deutscher Nachhaltigkeitskodex
DSFT | Deutsches Seminar für Tourismus Berlin e. V.
DSGVO | Datenschutz-Grundverordnung
DZT | Deutsche Zentrale für Tourismus

EITW | Europäisches Institut für TagungsWirtschaft
EMAS | Eco-Management and Audit Scheme
EmoG | Elektromobilitätsgesetz
ESG | Environmental, Social, Governance
etc. | et cetera
EU | Europäische Union
EVVC | Europäischer Verband der Veranstaltungs-Centren

FFP | Fair Flowers Fair Plants
FSC | Forest Stewardship Council
g | Gramm
GCB | German Convention Bureau
GEMIS | Globales Emissions-Modell Integrierter Systeme
GGMBH | Gemeinnützige Gesellschaft mit beschränkter Haftung
GHG | Greenhouse Gas
GRI | Global Reporting Initiative
GSTC | Global Sustainable Tourism Council
GWB | Gesetz gegen Wettbewerbsbeschränkungen
GWÖ | Gemeinwohlökonomie

HACCP | Hazard Analysis Critical Control Point
HBO | Hessische Bauordnung
Hrsg. | Herausgegeben

IfM | Initiativen für Materialkreisläufe
IPCC | Intergovernmental Panel on Climate Change
IRW | Lärm-Immissionsrichtwerte
ISO | International Organization for Standardization
IT | Informationstechnologien
IWRM | Integriertes Wasserressourcen-Management

KNB | Kompetenzstelle für nachhaltige Beschaffung
KrWG | Kreislaufwirtschaftsgesetz
KSB | Kulturstiftung des Bundes
KSG | Klimaschutzgesetz
KVP | Kontinuierlicher Verbesserungsprozess
kWh | Kilowatt pro Stunde

LCA | Life Cycle Assessment
LED | light-emitting diode (Leuchtdiode)
LMHV | Lebensmittelhygiene-Verordnung
LMIV | Lebensmittel-Informationsverordnung

MÄq | Milchäquivalenten
MBO | Musterbauordnung
MDGs | Millennium Development Goals
METER-Index | Measuring Events Through Environmental Research
M-FlBauR | Muster-Richtlinie über den Bau und Betrieb Fliegender Bauten
M-FlBauVwV | Muster-Verwaltungsvorschrift über Ausführungsgenehmigungen für Fliegende Bauten und deren Gebrauchsabnahmen
MICE | Meetings, Incentives, Conventions, Exhibitions bzw. Events

NASS | Neuartige Sanitärsysteme
NGO | Nichtregierungsorganisation
NVZ | Nationale Verzehrstudie

ÖPNV | Öffentlicher Personennahverkehr

PEFC | Programme for the Endorsement of Forest Certification
PKW | Personenkraftwagen
PLA | Polyactid
PVC | Polyvinylchlorid

REDD | Reducing Emissions from Deforestation and Forest Degradation
RNE | Rat für Nachhaltige Entwicklung

SaubFahrzeugBeschG | Saubere-Fahrzeuge-Beschaffungs-Gesetz
SDG | Sustainable Development Goals
SDN | Schuljahr der Nachhaltigkeit

TCO | Swedish Confederation of Professional Employees
THG | Treibhausgas
TREMOD | Transport Emission Model

u. a. | unter anderem
UBA | Umweltbundesamt
UMTS | Universal Mobile Telecommunications System
UN | United Nations
UNICEF | United Nations International Children's Emergency Fund
UVgO | Unterschwellenvergabeordnung

VCD | Verkehrsclub Deutschland e. V.
VgV | Vergabeverordnung
VR | Virtual Reality
VStättVO | Versammlungsstättenverordnung
VV TB | Verwaltungsvorschriften Technischer Baubestimmungen

WASH | Water, Sanitation and Hygiene
WBCSD | World Business Council for Sustainable Development
WBAE | Wissenschaftlicher Beirat für Agrarpolitik, Ernährung und gesundheitlichen VerbraucherschutzBeirat für Agrarpolitik, Ernährung und gesundheitlichen Verbraucherschutz
WHG | Wasserhaushaltsgesetz
WHO | World Health Organization
WLAN | Wireless Local Area Network
WRI | World Resources Institute

ZUK | Zentrum für Umweltkommunikation
z. B. | zum Beispiel

Hinweise zum Buch

Zu diesem Buch gibt es einen ergänzenden eLearning-Kurs

Mithilfe des Kurses können Sie online überprüfen, inwieweit Sie die Themen des Buches verinnerlicht haben. Gleichzeitig festigt die Wiederholung in Quiz-Form den Lernstoff.

Der eLearning-Kurs kann Ihnen dabei helfen, sich gezielt auf Prüfungssituationen vorzubereiten.

Der eLearning-Kurs ist eng mit vorliegendem Buch verknüpft. Sie finden im Folgenden zu den wichtigen Kapiteln QR-Codes, die Sie direkt zum dazu gehörigen Fragenkomplex bringen. Andersherum erhalten Sie innerhalb des eLearning-Kurses am Ende eines Fragendurchlaufs neben der Auswertung der Lernstandskontrolle auch konkrete Hinweise, wo Sie das Thema bei Bedarf genauer nachlesen bzw. vertiefen können. Diese enge Verzahnung von Buch und eLearning-Kurs soll Ihnen dabei helfen, unkompliziert zwischen den Medien zu wechseln, und unterstützt so einen gezielten Lernfortschritt.

1 Einführung

1.1 Veranstaltungen und Events

Die Lernfragen zu diesem Kapitel finden Sie unter:
https://narr.kwaest.io/s/1179

Wenn Menschen zu einem bestimmten Anlass zusammenkommen, dann häufig im Rahmen einer Veranstaltung oder eines Events. Was versteht man eigentlich unter diesen Begriffen? Eine **Veranstaltung** ist nach allgemeinem Verständnis ein

- zeitlich begrenztes und geplantes Ereignis mit
- einer definierten Zielsetzung oder Absicht sowie
- einer Programmfolge mit thematischer, inhaltlicher Bindung oder Zweckbestimmung,
- in der abgegrenzten Verantwortung eines Veranstalters, einer Person, Organisation oder Institution und
- an dem eine Gruppe von Menschen teilnimmt.[1]

In Abgrenzung zu dem Begriff Veranstaltung handelt es sich bei einem **Event** um eine Veranstaltung mit besonderem Charakter.[2] Ein Event ist ein inszeniertes Ereignis in Form von geplanten Veranstaltungen, bei denen definierte Besuchergruppen zielgerichtet etwas Einmaliges oder zumindest Besonderes erleben sollen. Somit steht die Einzigartigkeit und Erlebnisorientierung bei Events im Vordergrund. Wenngleich die Abgrenzung zu Veranstaltungen nicht immer trennscharf vorgenommen werden kann, besitzen Events bestimmte Merkmale.[3]

---

1 Nach einem Urteil vom Oberlandesgericht Düsseldorf (2014).
2 Jäger (2021).
3 Jäger (2021: 15); Holzbaur et. al (2010).

- Sie sind Veranstaltungen, die planmäßig zum Ereignis werden,
- sie unterliegen einer ausführlichen Planung, zielorientierten Durchführung und geplanten Inszenierung,
- sie sind einzigartige und einmalige Erlebnisse in der Wahrnehmung der Besucher:innen,
- sie sprechen alle Sinne der Teilnehmer:innen an und
- sie führen zu einer positiven Wahrnehmung und Aktivierung der Besucher:innen.

Beispiel | Differenzierung Veranstaltungen und Events

Deutschlandweit finden in unseren Städten regelmäßig **Veranstaltungen**, wie z. B. Stadtverordnetenversammlungen statt. Stadtverordnete werden bei Kommunalwahlen gewählt und vertreten die Bürger:innen. Die Stadtverordnetenversammlung trifft wichtige Entscheidungen, überwacht die Stadtverwaltung und stellt den Haushaltsplan auf. In der Stadt Kassel findet die Versammlung einmal im Monat für ca. fünf Stunden im Sitzungssaal der Stadtverordneten des Rathauses statt. Was eine Stadtverordnetenversammlung ist, zeigt ein Video der Stadt Kassel **[OR-1.1]** http://s.narr.digital/90v2n.

Im Unterschied dazu finden in Kassel auch weitere Veranstaltungen statt, bei denen Einzigartigkeit und Erlebnisorientierung im Vordergrund stehen und die damit als **Event** bezeichnet werden können. Das ist beispielsweise das Volksfest „Zissel“, ein Heimat- und Wasserfest, das seit 1926 am ersten Wochenende im August rund um die Fulda stattfindet. Oder der „Tag der Erde“ in Kassel, ein Umwelt- und Kulturfest, das seit 30 Jahren Ende April zum Anlass des internationalen Earth Day, stattfindet.

Die Umsetzung von Veranstaltungen erfolgt durch das **Veranstaltungs- und Eventmanagement** (→ Kapitel 1.2). Ergänzend grenzen Sakschewski/Paul (2017) den Begriff des **Eventmarketing** als „Instrument der Kommunikationspolitik“ ab. Beim Eventmarketing werden Events als Medium zur Kommunikation einer bestimmten Botschaft eines Unternehmens eingesetzt. Dabei erfüllt das Event „nicht nur die Funktion eines Mediums, sondern hat das besondere Erlebnis für die Besucher selbst zur Botschaft".[4] Eventmanagement wiederrum dient zur Erreichung von Zielen, die im Rahmen des Eventmarketings definiert wurden. Im folgenden Kapitel wird das Praxis- und Forschungsfeld Veranstaltungs- und Eventmanagement näher betrachtet.

Tipp

Jäger, D. (2021): Grundwissen Eventmanagement. 4., überarbeitete und erweiterte Auflage. Konstanz, München: UTB; UVK.

1.2 Veranstaltungs- und Eventmanagement

Veranstaltungen, wie auch Events, müssen konzipiert, geplant und organisiert werden. Die darunterfallenden Aufgaben werden im **Veranstaltungs- bzw. Eventmanagement** (im nachfolgenden Veranstaltungsmanagement genannt) zusammengefasst.

Zur Klärung grundsätzlicher Fragen und der Konzeption von Veranstaltungen können zunächst die 7-W-Fragen herangezogen werden:

- **Wer?** Wer ist Veranstalter:in? Wer ist die Zielgruppe?
- **Was?** Was ist der Anlass, Ziel bzw. Zweck der Veranstaltung?
- **Wo?** Wo soll die Veranstaltung stattfinden?
- **Wann?** Wann soll die Veranstaltung stattfinden?
- **Wie lange?** Wie lange soll die Veranstaltung dauern?
- **Wie viel?** Wie viel Budget steht zur Verfügung?
- **Was noch?** Welche weiteren Leistungen sind zu erbringen?

Konkrete Ideen für Veranstaltungskonzepte können u. a. mit Hilfe von Kreativitätstechniken entwickelt werden. Diese lassen sich nach unterschiedlichen Ansätzen unterscheiden: Assoziationstechniken (z. B. Brainstorming, Mindmapping), Bild- und Analogietechniken (z. B. Visualisierung), Intuition und systematische Ideensuche (z. B. morphologische Matrix). Jäger (2021) geht beispielhaft auf einige Techniken ein, mit deren Hilfe Ideen für Veranstaltungen entwickelt werden können. Für zahlreiche Veranstaltungen gibt

4 Sakschewski/Paul (2017: 8).

es Veranstaltungskonzepte, auf die aufgebaut und die individuell weiterentwickelt werden können. In den letzten Jahren wurden insbesondere digitale Veranstaltungskonzepte professionalisiert und weiterentwickelt.

Tipp

Schmitt (2006) führt im Praxishandbuch Event Management zahlreiche Veranstaltungsbeispiele aus der Praxis auf (u. a. Informationsveranstaltung, Jubiläum, Weihnachtsfeier, Konferenz und Tagung, Messeplanung, Pressekonferenz, Seminar, Tag der offenen Tür etc.). Dabei geht sie auf viele Details ein, z. B. mögliche Ziele der Veranstaltung, passende Termine, Uhrzeiten und die Dauer, Besonderheiten beim Budget, geeignete Veranstaltungsorte, Zeitpunkt, Elemente und Form der Einladung, Abläufe und Hinweise für die Nachbereitung und zeigt konkrete Beispiele auf, wie z. B. eine Mustereinladung zu einer Pressekonferenz.

Anknüpfend an die Klärung grundsätzlicher Fragen und die Ideenfindung, lässt sich ein Veranstaltungskonzept ableiten, welches die Grundlage für die Planung und Umsetzung der Veranstaltung bildet. Veranstaltungsmanagement weist dabei einen projektspezifischen Charakter auf. Der Erfolg einer Veranstaltung hängt im Wesentlichen von einer eindeutigen Zielvorgabe und dem Einsatz von limitierten zeitlichen, personellen und finanziellen Ressourcen sowie räumlichen und technischen Ressourcen ab.[5]

Jäger (2021) unterscheidet zwischen traditionellem und agilem Veranstaltungsmanagement. Die traditionelle Planung und Umsetzung von Veranstaltungen und Events lässt sich in unterschiedliche Projektphasen einteilen[6]:

- Initialisierung;
- Planung;
- Vorbereitung;
- Event;
- Nachlauf;
- Nachbereitung.

5 Sakschewski/Paul (2017).
6 Jäger (2021); Holzbaur et al. (2010).

Beim Durchlaufen der verschiedenen Projektphasen sollten im Sinne eines nachhaltigen Veranstaltungsmanagements Nachhaltigkeitsaspekte frühzeitig integriert werden, ihr Einbezug ist vor allem in der Planungs- und Vorbereitungsphase wichtig.

Im Unterschied zum traditionellen **Projektmanagement**, mit welchem die Projektphasen der Veranstaltungsplanung Schritt für Schritt durchlaufen werden, kann mit agilen Methoden, Instrumenten und Vorgehensmodellen flexibler auf kurzfristige Änderungen reagiert werden.[7] Agiles Veranstaltungsmanagement gewinnt insbesondere durch den Einfluss der Digitalisierung zunehmend an Bedeutung, aber z. B. auch aufgrund von Herausforderungen wie pandemische Lagen. Die Projektplanung dreht sich bei agilen Projekten sprichwörtlich im Kreis. Ausgehend von der Idee, startet die Planung, gefolgt von der Ausarbeitung, dem Ergebnis und der Evaluierung. Die jeweiligen Erfahrungen fließen dann in weitere Planungsschritte mit ein. Methoden, die bereits in Unternehmen für die Entwicklung digitaler Anwendungen eingesetzt werden, können auf das Projektmanagement von Veranstaltungen und Events übertragen werden (z. B. *Kanban, Scrum).* Ein weiterer wesentlicher Unterschied zwischen dem traditionellen und dem agilen Projektmanagement ist der Weisungsgrad. Während im traditionellen Projektmanagement Aufgaben durch den oder die Projektmanager:in zugewiesen werden (*Push-Prinzip*), können Teammitglieder im agilen Projektmanagement Aufgaben selbst auswählen (*Pull-Prinzip*).[8]

Sakschewski/Paul (2017) betonen die besonderen **Kompetenzanforderungen** in der Veranstaltungsbranche, die sich aus dem projektbezogenen Charakter ergeben. Für Führungskräfte werden dazu vier wesentliche Kompetenzgruppen zusammengefasst:

1. Persönlichkeits- und Organisationskompetenz;
2. fachlich-methodische Kompetenz;
3. Aktivitäts- und umsetzungsorientierte Kompetenzen;
4. sozial-kommunikative Kompetenzen.

Wesentliche **Aufgaben des Veranstaltungs- und Eventmanagements** sind das Projektmanagement, die Veranstaltungstechnik, die Logistik, die Sicherheitsplanung sowie die Finanzplanung und -kontrolle.[9] Der Fokus liegt

7 Jäger (2021: 112).
8 Jäger (2021: 115).
9 Sakschewski/Paul (2017).

auf der übergeordneten Aufgabe, viele verschiedene Menschen im Rahmen einer Veranstaltung zusammen zu bringen. Hinzu kommt die inhaltliche bzw. programmatische Ebene, die sich aus dem thematischen, inhaltlichen Ziel bzw. aus dem Zweck der Veranstaltung ergibt (z. B. Wissensaustausch, Produktpräsentation, Weiterbildung). Darüber hinaus ergeben sich weitere besondere Aufgaben in Anlehnung an verschiedene Teilmärkte.

1.2.1 Typisierung von Veranstaltungen

In der Literatur gibt es unterschiedliche Herangehensweisen zur Unterscheidung von Veranstaltungen, z. B. nach Inhalt, nach Ziel bzw. Zweck, nach Teilmärkten, nach Größe, nach Veranstaltungsort und -raum, nach Trägerschaft oder ob es sich um analoge, hybride oder digitale Veranstaltungen handelt.[10]

Sakschewski/Paul (2017) nehmen zur inhaltlichen Ausrichtung von Veranstaltungen Bezug zu sieben Teilmärkten:

- Kulturveranstaltungen;
- Fernsehproduktionen;
- Messen und Ausstellungen;
- Sportveranstaltungen;
- MICE-Industrie (Meeting, Incentive, Conventions und Event);
- Konzertveranstaltungen;
- Volksfeste.

Jäger (2021) unterscheidet nach Formaten aufgrund der inhaltlichen Zusammensetzung und Formaten aufgrund von Größe und Bedeutung. Inhaltlich unterscheidet er acht Gruppen:

- Business-Events;
- Bildungsevents;
- Kulturevents;
- Sportevents;
- Freizeitevents;
- gesellschaftliche Events;
- private Events;
- Naturevents.

---

10 Holzbaur et al. (2010); Jäger (2021); Sakschewski/Paul (2017); Schmitt (2006).

Veranstaltungen können dann weiter nach dem **Ziel bzw. Zweck** eingeteilt werden.[11] Beispielsweise, ob es darum geht, Entscheidungen zu treffen während einer Besprechung, Informationen und Erfahrungen auszutauschen wie auf einer Konferenz, Wissen zu vermitteln wie in einem Seminar oder etwas gemeinsam zu erleben wie bei einem Betriebsausflug. Auf einen Veranstaltungstyp können auch mehrere Ziele zutreffen. Zudem kann die Zielsetzung von Veranstaltungen danach unterschieden werden, ob es sich um (a) direkt gewinnorientierte bzw. kommerzielle Veranstaltungen handelt, die wirtschaftliche Ziele verfolgen oder um (b) nicht direkt gewinnorientierte bzw. nicht kommerzielle Veranstaltungen, die im Rahmen der Aufgaben und Ziele einer Organisation durchgeführt werden.

In Bezug auf die **Veranstaltungsgröße** wird häufig auf die Besucher:innen- bzw. Teilnehmer:innenzahlen verwiesen. Darüber hinaus spielen bei der Einteilung nach Größe auch der Aufwand, die Kosten, das Risiko, die Dauer, das Medieninteresse, die Infrastruktur und der Einfluss, z. B. auf die Wirtschaft oder Politik der Veranstaltungen eine Rolle. Eine Klassifizierung der Größe und Bedeutung einer Veranstaltung erfolgt oft in kleine Veranstaltung (bzw. *local event*), mittlere Veranstaltung (bzw. *major event*), Großveranstaltung (bzw. *hallmark event*) und Megaevents (→ Abb. 1).[12]

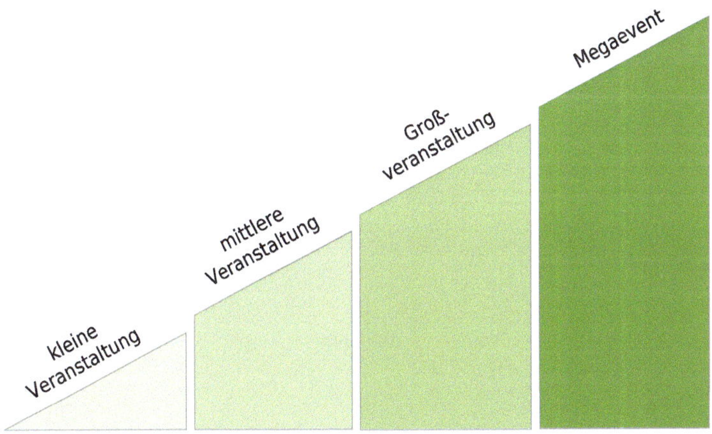

Abb. 1: Klassifizierung einer Veranstaltung (in Anlehnung an Jäger 2021)

11 Holzbaur et al. (2010); Jäger (2021).
12 Jäger (2021).

Jäger (2021) beschreibt beispielhaft die Unterschiede von kleinen Veranstaltungen bis hin zu Megaevents und nimmt dabei Bezug zur Bedeutung von Veranstaltungen, z. B. auf lokaler bzw. regionaler bis hin zur internationalen Ebene. Sakschewski/Paul (2017) erläutern die Herangehensweise zur Einteilung von Veranstaltungsformaten nach Größe und Veranstaltungsort und -raum ausführlich anhand geeigneter Kennzahlen wie z. B. Besucher:innenanzahl und Veranstaltungsdauer und nehmen dabei, auch Bezug zur Gesetzgebung in Deutschland, z. B. nach der Versammlungsstättenverordnung (VStättVO) (→ Kapitel 13).

Eine weitere Typisierung von Veranstaltungen kann nach den Anforderungen an die (digitale) Infrastruktur vorgenommen werden (→ Abb. 2). Bei einer **Präsenzveranstaltung** können die Teilnehmer:innen vor Ort an der Veranstaltung teilnehmen. Für die Durchführung von Veranstaltungen in Präsenz bedarf es eines Veranstaltungsorts. Eine Präsenzveranstaltung wird dann zu einer **hybriden Veranstaltung**, sobald Audio- und/oder Videoübertragungen oder Mitschnitte vorgenommen werden und die Teilnehmer:innen entscheiden können, ob sie vor Ort oder virtuell teilnehmen, z. B. über Live-Streams zu den Sessions oder über Teilnahme per Webinar-Funktion. Bei diesen Veranstaltungen werden Präsenz-Veranstaltungen somit zeitgleich mit virtuellen Komponenten kombiniert.

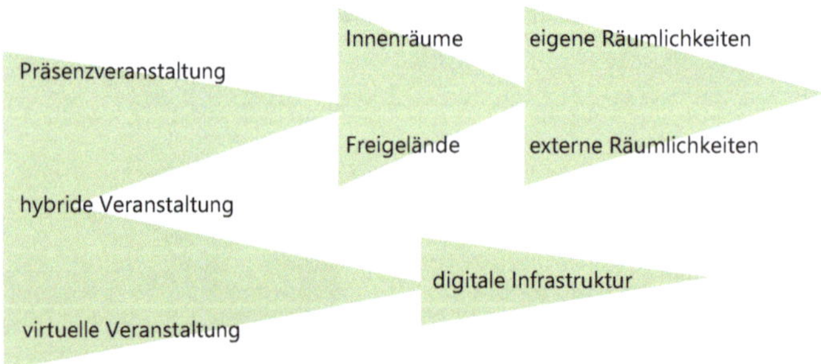

Abb. 2: Typen von Veranstaltungen und Anforderungen an die digitale Infrastruktur (eigene Darstellung)

Digitale bzw. virtuelle Veranstaltungen finden ausschließlich online statt. Unter digitaler Infrastruktur sind **Onlinesysteme**, z. B. für Stream/-Videokonferenzen, Webinar-Software oder virtuelle Messeauftritte sowie **Audio- und Videosysteme** für Live-Übertragungen zu verstehen.

Eine **virtuelle Veranstaltung** ist eine Veranstaltung, bei der die Teilnehmer:innen nur via Stream-/Videokonferenz- oder Webinar-Software teilnehmen können. Es gibt keine Teilnahmemöglichkeit vor Ort. Die Veranstaltung kann aus einem Studio oder einer Location mit Studioeinrichtung (temporär oder fest verbaut) etc. heraus produziert und gesendet werden. Die Mitarbeitenden vor Ort sind dann jedoch keine Teilnehmer:innen im eigentlichen Sinn. Eine weitere Unterscheidung zwischen digitalen und virtuellen Veranstaltungen findet hier nicht statt, die Begriffe sind demzufolge synonym zu verstehen.[13]

Weitere Ausführungen zu Nachhaltigkeit in Bezug auf Digitalisierung sowie den Veranstaltungsort werden in → Kapitel 5 und → Kapitel 9 behandelt.

1.2.2 Veranstaltungsmarkt in Deutschland

Jedes Jahr führen das *German Convention Bureau* (GCB), der *Europäische Verband der Veranstaltungs-Centren* (EVVC) und die *Deutsche Zentrale für Tourismus* (DZT) gemeinsam mit dem Europäischen Institut für Tagungs-Wirtschaft (EITW) eine **Studie zum Veranstaltungsmarkt** in Deutschland durch. Das sogenannte *Meeting- und EventBarometer* untersucht den Kongress- und Veranstaltungsmarkt und befragt dazu Anbietende und Veranstaltende sowie seit 2020/2021 auch Anbietende virtueller Veranstaltungen.

Die Zahl der Veranstaltungen und die Teilnehmer:innenzahl ist von 2006 bis zu Beginn der Coronapandemie gestiegen. Während 2019 noch 2,9 Mio. Veranstaltungen mit über 400 Mio. Teilnehmer:innen stattfanden, ist die Zahl der Präsenzveranstaltungen 2020 coronabedingt um 71 % eingebrochen und die Zahl der Teilnehmer:innen in Präsenz um 86 %. Gleichzeitig ist das Angebot virtueller und hybrider Veranstaltungen stark gestiegen und so kommt das EITW (2021) trotz der Pandemie insgesamt auf ca. 2,3 Mio. Veranstaltungen (1,4 Mio. online/0,10 Mio. hybrid/0,84 Mio. Präsenz) und ca. 234 Mio. Teilnehmer:innen in Deutschland in 2020. In 2021 machten virtuelle Veranstaltungen mit 3 Mio. mit Abstand den größten Teil von den insgesamt 4,2 Mio. Veranstaltungen aus. Zudem fanden ca. 0,8 Mio. Präsenzveranstaltungen und 0,36 Mio. hybride Veranstaltungen statt.[14]

---

13 EITW (2022).

14 EITW (2022).

Tipp

EITW (2022): Meeting- & EventBarometer Deutschland 2021/2022. Die Deutschland-Studie des Kongress- und Veranstaltungsmarktes. Management-Info.

Unternehmen bilden die größte Gruppe von Veranstalter:innen (> 50 %), gefolgt von Verbänden (ca. 25 %), sonstigen Veranstalter:innen (ca. 16 %) und der Wissenschaft (ca. 8 %). Die Hälfte der Veranstaltungen sind beruflich motivierte Veranstaltungen („Business-Event") wie Seminare, Tagungen und Kongresse. Eine weitere Einteilung erfolgt nach Kultur- und Sportveranstaltungen, sonstige Veranstaltungen, Festivitäten (Bankette, Jubiläen), lokale Veranstaltungen, Social Events und Ausstellungen/Präsentationen. Die → Abb.3 zeigt beispielhaft die Verteilung der Veranstaltungsarten sowie die Veränderung von 2019 auf 2020.

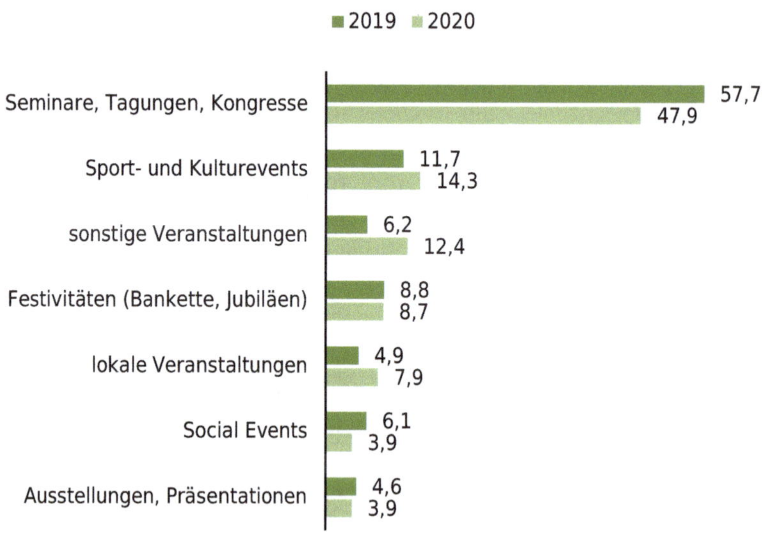

Abb. 3: Verteilung der Veranstaltungen in Deutschland in den Jahren 2019 und 2020 nach Veranstaltungsart (in Anlehnung an Statista 2022c)

Der Standort Deutschland ist nach den USA auf Platz zwei im Länder-Ranking nach Anzahl der Messen und Kongresse im Jahr 2019. Dabei nahmen noch 423 Mio. Teilnehmer:innen an Präsenzveranstaltungen teil, über 43

Mio. davon waren internationale Teilnehmer:innen.[15] Die Veranstaltungsbranche ist die sechstgrößte Wirtschaftsbranche in Deutschland, mit etwa 1,5 Mio. Mitarbeiter:innen und knapp 130 Mrd. Euro Umsatz.[16]

1.2.3 Forschung und Trends

Das **Forschungsfeld Event- und Veranstaltungsmanagement** ist zwar eine junge, aber aufstrebende Disziplin.[17] Für die Praxis existieren mittlerweile zahlreiche Ratgeber, Lehr-, Hand- und Praxisbücher, die das Themenfeld beschreiben – insbesondere zu Rechtsthemen sowie zum Management von Events und Veranstaltungen insgesamt. Auch Nachhaltigkeit in Zusammenhang mit Event- und Veranstaltungsmanagement wird vermehrt in der Praxis und Wissenschaft diskutiert und praktiziert.

Forschung zu Veranstaltungen und Events (beispielhaft, deutschsprachig)

- Zanger, C. (2021): Events als Forschungsgegenstand. In: Ronft, S. (Hrsg.): Eventpsychologie. Veranstaltungen wirksam optimieren: Grundlagen, Konzepte, Praxisbeispiele. Wiesbaden, Heidelberg: Springer Gabler, S. 3–20.
- Zanger, C. (Hrsg.) (2019): Eventforschung. Wiesbaden: Springer Fachmedien Wiesbaden.

Tipp

Zanger (2020) fasst mit 14 Konferenzbeiträgen ausgehend von der 11. Wissenschaftlichen Konferenz „Eventforschung“ den aktuellen Stand und Perspektiven von Events und Messen im digitalen Zeitalter zusammen. Neben den Möglichkeiten von Virtual (VR) und Augmented Realität (AR), z. B. für lebendige Messeauftritte wird auch der Einsatz von Social Media und Event-Apps diskutiert. Neben der Digitalisierung spielt auch Nachhaltigkeit bei Veranstaltungen im öffentlichen Raum und Nudging im Eventkontext eine Rolle.

---

15 Statista (2018).
16 R.I.F.E.L (2020).
17 Sakschewski/Paul (2017); Zanger (2019).

Forschung zu Nachhaltigkeit bei Veranstaltungen und Events (beispielhaft, vorwiegend deutschsprachig)

- Schneider, W.; Gruber, K.; Brocchi, D. (Hrsg.) (2021): Jetzt in Zukunft. Zur Nachhaltigkeit in der Soziokultur. München: oekom verlag.
- Vogel, Jannis; Thomas, Oliver (2020): Digitalisierung als Enabler nachhaltiger Veranstaltungen: Potenziale und Handlungsfelder durch neue Technologien. In: Gernot Gehrke und Isabelle Thilo (Hrsg.): Trends in Event Education. Wiesbaden: Springer Fachmedien Wiesbaden, S. 49–71.
- Bär, S.; Korrmann, L. (2020): Nudging im Eventkontext: Eine vergleichende Analyse von Musikfestivals. In: Cornelia Zanger (Hrsg.): Events und Messen im digitalen Zeitalter. Wiesbaden: Springer Fachmedien, S. 129–156.
- Holzbaur, U.; Neifer, E.; Vanini, V. (2020): Nachhaltige Events im öffentlichen Raum. In: Cornelia Zanger (Hrsg.): Events und Messen im digitalen Zeitalter. Wiesbaden: Springer Fachmedien, S. 225–237.
- Jung, B. (2019): Eventisierungsdruck. Nachhaltige Nutzung öffentlicher Freiräume als Veranstaltungsorte – am Beispiel Berlin. Berlin: Technische Universität Berlin.
- Boggia, Antonio; Massei, Gianluca; Paolotti, Luisa; Rocchi, Lucia; Schiavi, Federico (2018): A model for measuring the environmental sustainability of events. In: *Journal of environmental management* 206, S. 836–845. DOI: 10.1016/j.jenvman.2017.11.057.
- Drengner, Jan. (2016). Nachhaltige Veranstaltungen statt „Green Meetings": Eine empirische Studie zur Bedeutung der ökologischen, sozialen und ökonomischen Dimension der Nachhaltigkeit aus Sicht von Veranstaltungsstätten.
- Große Ophoff, Markus (Hrsg.) (2016): Nachhaltiges Veranstaltungsmanagement. Green Meetings als Zukunftsprojekt für die Veranstaltungsbranche. München: oekom (DBU-Umweltkommunikation, Band 7).
- Wall, A.; Behr, F. (2010): Ein Ansatz zur Messung der Nachhaltigkeit von Events. Kernziele eines Nachhaltigkeitsmanagements von Events und Indikatoren zur Messung der Nachhaltigkeit. Lüneburg: CSM Lehrstuhl für BWL.

Der „Trend" zu Green Events bzw. nachhaltigen Veranstaltungen gewinnt seit einigen Jahren zunehmend an Bedeutung. Im Jahr 2020 arbeiteten fast

50 % der Veranstaltungsstätten mit einem Nachhaltigkeitsmanagementsystem und mehr als ein Drittel der Veranstalter:innen bevorzugte Anbietende mit einem nachhaltigen Zertifizierungssystem.[18] Woher kommt der Trend zur Nachhaltigkeit und was bedeutet eine nachhaltige Entwicklung?

1.3 Nachhaltigkeit und nachhaltige Entwicklung

Der **Begriff der Nachhaltigkeit** tauchte im deutschen Sprachraum erstmalig im 18. Jahrhundert im Bereich der Forstwirtschaft auf. 1713 forderte Carl Carlowitz eine nachhaltige Nutzung des Waldes im Sinne, diesem nur so viel Holz zu entnehmen, wie auch wieder nachwachsen könne. Pufé (2017) beschreibt dieses Handeln als „ressourcenökonomisches Prinzip, das ermöglichte, eine Ressource dauerhaft ertragbringend zu nutzen".

Im 19. Jahrhundert wurde dieses Handlungsprinzip durch einen Paradigmenwechsel weg von der Naturgesetzmäßigkeit hin zur Gewinnmaximierung des Kapitalismus zunächst entwertet. Mit der Veröffentlichung des Berichts **Grenzen des Wachstums** zeichnete der *Club of Rome* 1972 eine düstere Prognose für die weitere Entwicklung des Planeten und warnte davor „die absoluten Wachstumsgrenzen auf der Erde im Laufe der nächsten hundert Jahre"[19] zu erreichen, insofern die „Zunahme der Weltbevölkerung, der Industrialisierung, der Umweltverschmutzung, der Nahrungsmittelproduktion und der Ausbeutung von natürlichen Rohstoffen unverändert anhält".[20]

Diese und weitere Auseinandersetzungen führten zu dem uns heute geläufigen Nachhaltigkeitsbegriff, der ökologische, ökonomische und soziale Aspekte der Nachhaltigkeit miteinander verknüpft. Über den Zeitverlauf wurden dazu verschiedene **Modelle zur Nachhaltigkeit** entwickelt, vom Drei-Säulen-Modell bis hin zum Korridor-Modell (→ Abb. 4).

18 EITW (2020).
19 Meadows (1982).
20 Meadows (1982).

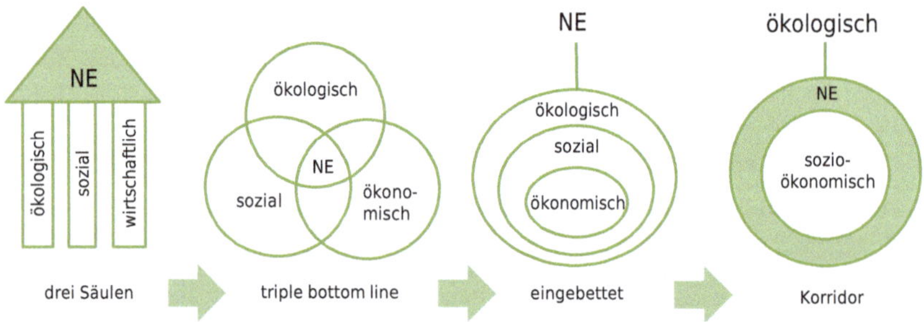

Abb. 4: Evolution von Modellen zur Nachhaltigkeit (in Anlehnung an Fischer 2019)

Während in dem Drei-Säulen-Modell und der *triple bottom line* alle drei Dimensionen gleichberechtigt zu einer nachhaltigen Entwicklung beitragen, nehmen das eingebettete und das Korridor-Modell eine Gewichtung bzw. Hierarchisierung vor. Demnach sind die soziale und ökonomische Dimension bzw. die sozioökonomische von einem funktionierenden ökologischen System abhängig. Letzteres Modell ist auch bekannt als Donut-Ökonomie.[21] Es knüpft an das Konzept der planetaren Belastbarkeitsgrenzen (→ Kapitel 8.1) an und definiert einen sicheren und gerechten Raum für gesellschaftliche Systeme.

Mit Gründung der Weltkommission für Umwelt und Entwicklung (*World Commission on Environment and Development*) schafften die Vereinten Nationen 1983 erstmalig einen politischen Rahmen, um sich mit der Thematik auseinanderzusetzen. Ergebnis war der **Brundtland-Bericht** mit dem Titel „Our Common Futures". Er beinhaltet die, bis heute global am weitesten verbreitete, Definition und Leitbildbeschreibung einer **nachhaltigen Entwicklung**. Im Vergleich zum Nachhaltigkeitsbegriff, der sich auf einen Zustand, Beständigkeit und Stabilität bezieht, impliziert nachhaltige Entwicklung einen dynamischen, voranschreitenden Prozess.[22] Hinzu kommt der Aspekt der intra- sowie intergenerationelle Gerechtigkeit, welcher auf das global vorherrschende Nord-Südgefälle heutiger Generationen (intra) und auf die Bedürfnisse zukünftiger Generationen (inter) eingeht.

---

21 Raworth (2021).

22 Pufé (2017).

Nachhaltige Entwicklung ist eine Entwicklung, „die den Bedürfnissen der heutigen Generation entspricht, ohne die Möglichkeiten künftiger Generationen zu gefährden, ihre eigenen Bedürfnisse zu befriedigen und ihren Lebensstil zu wählen".[23]

Angestoßen durch den Brundtland-Bericht erfolgten über die letzten Jahre weitere Konferenzen und globale Abkommen, um eine Nachhaltige Entwicklung voranzutreiben und international zu verankern:

- **1992** Konferenz der Vereinten Nationen über Umwelt und Entwicklung in Rio de Janeiro[24]. Aus der Rio-Konferenz gingen hervor die **Rio-Deklaration** mit Grundprinzipen der Umwelt- und Entwicklungspolitik, die **Agenda 21** mit Handlungsempfehlungen zur Nachhaltigkeit sowie weitere Maßnahmen zum Schutz des Waldes, des Klimas und zum Schutz der Biodiversität.
- **2000** Millenniumsgipfel der Vereinten Nationen in New York. Insgesamt 189 Mitgliedsstaaten der UN verabschiedeten einen Katalog mit acht **Millenniumsentwicklungszielen** (MDGs), welche es sich zum Hauptziel gemacht hatten, die weltweite Armut bis 2015 zu reduzieren.
- **2002** UN-Konferenz über nachhaltige Entwicklung in Johannesburg. Als größte Nachfolgekonferenz von Rio diente sie zur Bestandsaufnahme und brachte neue Prioritäten, Zielsetzungen und Umsetzungsprogramme für den Aktionsplan einer nachhaltigen Entwicklung zustande.
- **2012** UN-Konferenz über nachhaltige Entwicklung in Rio de Janeiro. Die dritte Folgekonferenz *Rio+20* hatte die **Entwicklung einer ökologischen Wirtschaftsweise** (*Green Economy*) sowie die Schaffung von institutionellen Rahmenbedingungen und Vernetzung von Organisationen für eine nachhaltige Entwicklung als Themenschwerpunkte.
- **2015** UN-Konferenz über nachhaltige Entwicklung in New York. Unter Teilnahme von insgesamt 193 Staatschef:innen wurde die Agenda 2030 mit ihrem Kernstück der **17 Ziele für eine nachhaltige Entwicklung** (*Sustainable Development Goals*, kurz: SDGs) beschlossen. Im Gegensatz zu den MDGs, die sich insbesondere auf Entwicklungsländer bezogen, gelten die SDGs für alle Staaten und werden in nationalen Nachhaltig-

23 World Commission on Environment and Development (1987).
24 Auch bekannt als Rio-Gipfel, Erd-Gipfel und Weltumweltkonferenz

keitsstrategien, kommunalen Aktionsplänen sowie unternehmerischen Initiativen in die Praxis umgesetzt (→ Abb. 5).

Abb. 5: 17 Ziele für eine nachhaltige Entwicklung (© Die Bundesregierung)

1.4 Nachhaltiges Veranstaltungsmanagement

Nachhaltigkeit und nachhaltiger Entwicklung kommt beim Management von Veranstaltungen eine wichtige Rolle zuteil. In Anlehnung an Holzbaur (2020) können zwei Herangehensweisen grundsätzlich unterschieden werden. Einerseits kann die Organisation und Durchführung einer Veranstaltung unter umweltfreundlichen Gesichtspunkten erfolgen. Hier wird häufig auch von green meetings oder green events gesprochen. Andererseits können sich Veranstaltungen inhaltlich mit Nachhaltigkeitsfragen auseinandersetzen und Bildung für nachhaltige Entwicklung (BNE) ganzheitlich integrieren. Sie vermitteln Information und Wissen, Sozialkompetenz und weitere Kompetenzen, fördern gezielt die Motivation und/oder regen in ihrer Vorbildfunktion zu nachhaltigkeitsbewusstem Handeln an. Veranstaltungen, die umweltfreundlich, sozialverträglich und wirtschaftlich tragbar – also nachhaltig – organisiert sind und Nachhaltigkeit inhaltlich aufgreifen, werden schließlich als Nachhaltige Events bzw. Nachhaltige Veranstaltungen bezeichnet (→ Abb. 6).

Abb. 6: Nachhaltige Veranstaltung (eigene Darstellung in Anlehnung an Holzbaur 2016)

Die Planung und Organisation nachhaltiger Veranstaltungen erstreckt sich über verschiedene Handlungsfelder. Für das Lehrbuch wurden insgesamt 16 Handlungsfelder identifiziert (→ Abb. 7). Diese orientieren sich an Leitfäden, Richtlinien und Studien aus dem Bereich Nachhaltigkeit und Veranstaltungsmanagement, insbesondere

- dem Ansatz zur Messung der Nachhaltigkeit von Veranstaltungen (vgl. Wall/Behr 2010),
- den Standards und Richtlinien ISO 20121 – Sustainable Events und dem Österreichischen Umweltzeichen (ZU 200), insbesondere „208 Museen und Ausstellungshäuser“ sowie
- dem Leitfaden für die nachhaltige Organisation von Veranstaltungen vom Bundesumweltministerium und der Handreichung für nachhaltige Veranstaltungen von Green Events Hamburg.

Je nach Ausprägung lassen sich die Handlungsfelder strategischen, ökologischen oder sozioökonomischen Aspekten zuordnen. Ein Schwerpunkt des Lehrbuches liegt auf der ökologischen Dimension der Nachhaltigkeit von Veranstaltungen. Soziale Aspekte werden zusammengefasst thematisiert und ökonomische aus Platzgründen nicht weiter ausgeführt. Insbesondere die betriebliche Wirtschaftlichkeit von Veranstaltungen sowie deren Bedeutung für eine regional-wirtschaftliche Entwicklung haben in den letzten Jahren an Bedeutung gewonnen. Hierauf soll in zukünftigen Auflagen des Lehrbuchs verstärkt eingegangen werden.

In den nachfolgenden 12 Kapiteln beleuchtet das Lehrbuch Hintergründe und Anforderungen an ein nachhaltiges Veranstaltungsmanagement. Die Wirkungen und Leistungen von Veranstaltungen auf Mensch und Umwelt werden in den jeweiligen Kapiteln thematisiert und schließlich Anforderungen an ein nachhaltiges Veranstaltungsmanagement zusammengefasst.

In → **Kapitel 2** werden Ansätze und Methoden zur Messung und Steuerung von Nachhaltigkeitsleistungen und -wirkungen von Veranstaltungen vorgestellt. Neben Mess- und Bewertungsinstrumenten werden zentrale Managementsystemen aufgeführt. In → **Kapitel 3** geht es um die Kommunikation mit Anspruchsgruppen und Ebenen der Partizipation. Die Gliederung in Kommunikation *von* Nachhaltigkeit, *über* Nachhaltigkeit und *für* Nachhaltigkeit wird vorgestellt und in den nachfolgenden Unterkapiteln weiter ausgeführt. In → **Kapitel 4** wird das Konzept einer Bildung für nachhaltige Entwicklung (BNE) eingeführt und dessen Bedeutung für die programmatische Gestaltung von Veranstaltungen erläutert. → **Kapitel 5** beschäftigt sich mit nachhaltigen Eventtechnologien. Die Auswirkungen des Klimawandels auf die Veranstaltungen und die Möglichkeiten von Veranstaltungen einen Beitrag zum Klimaschutz zu leisten, werden in → **Kapitel 6** diskutiert. In → **Kapitel 7** wird das Handlungsfeld Mobilität näher in den Blick genommen und Anforderungen an eine nachhaltige Mobilität anhand der Strategiefelder Vermeiden, Verlagern und Verringern bzw. Verbessern vorgestellt. Als übergreifendes Kapitel führt → **Kapitel 8** in nachhaltiges Ressourcenmanagement von Veranstaltungen und Aspekte einer nachhaltigen (öffentlichen) Beschaffung und eines Abfallmanagements im Sinne des Kreislaufgedankens ein. → **Kapitel 9** widmet sich der Nachhaltigkeit des Veranstaltungsortes und der Unterkünfte anhand von Nachhaltigkeitsbewertungssystemen und besonderen Anforderungen des Natur- und Umweltschutzes. → **Kapitel 10** beleuchtet die Nachhaltigkeit von Veranstaltungs- und Produktionstechnik und thematisiert eine effiziente Energieversorgung und -nutzung. → **Kapitel 11** beschäftigt sich mit Aspekten der Wasser- und Sanitärversorgung und erläutert Anforderungen an eine nachhaltige Reinigung. Anhand von sechs Kategorien (u. a. Speiseplanung, Produktauswahl etc.) erörtert → **Kapitel 12** die Möglichkeiten einer nachhaltigen Gestaltung des Caterings und rechtliche Aspekte sowie wichtige Labels. Ergänzend zu vorherigen Kapiteln mit sozialgesellschaftlichem Fokus (z. B. Partizipation, Bildung) werden in einem abschließenden → **Kapitel 13** Inklusion, Sicherheit und Unternehmenskultur als weitere zentrale soziale Aspekte diskutiert.

<table>
<tr><th colspan="6">HANDLUNGSFELDER EINES NACHHALTIGEN VERANSTALTUNGSMANAGEMENTS</th></tr>
<tr><td colspan="6">strategische Aspekte</td></tr>
<tr><td colspan="3">Nachhaltigkeitsmanagement</td><td colspan="3">Kommunikation und Partnerschaften</td></tr>
<tr><td colspan="3">Programm und Bildung</td><td colspan="3">Digitalisierung</td></tr>
<tr><td colspan="6">ökologische Aspekte</td></tr>
<tr><td colspan="3">Klimaschutz</td><td colspan="3">Mobilität und Logistik</td></tr>
<tr><td colspan="3">Ressourcen, Beschaffung und Abfall</td><td colspan="3">Veranstaltungsort und Unterkunft</td></tr>
<tr><td colspan="2">Energie und Veranstaltungstechnik</td><td colspan="2">Wasser, Sanitär und Reinigung</td><td colspan="2">Gastronomie und Catering</td></tr>
<tr><td colspan="6">sozioökonomische Aspekte</td></tr>
<tr><td colspan="2">Inklusion und Barrierefreiheit</td><td colspan="2">Sicherheit und Gesundheit</td><td colspan="2">Unternehmenskultur</td></tr>
<tr><td colspan="3">betriebliche Wirtschaftlichkeit</td><td colspan="3">regional-wirtschaftliche Entwicklung</td></tr>
</table>

Abb. 7: Handlungsfelder eines nachhaltigen Veranstaltungsmanagements (eigene Darstellung)

1.5 Zusammenfassung

In diesem Kapitel standen eine Begriffsbestimmung von Veranstaltungen und Events sowie eine Einführung in Veranstaltungs- und Eventmanagement im Vordergrund. Neben der Typisierung von Veranstaltungen wurde der Veranstaltungsmarkt in Deutschland näher in den Blick genommen sowie aktuelle Forschung und Trends vorgestellt. Anschließend wurden der Begriff der Nachhaltigkeit und das Leitbild einer nachhaltigen Entwicklung erläutert. Das Kapitel endet mit dem Konzept und der Definition von nachhaltigen Veranstaltungen sowie einen Überblick über zentrale Handlungsfelder, die im weiteren Verlauf des Lehrbuches adressiert werden.

1.6 Reflexionsfragen

1. Was ist der Unterschied zwischen Veranstaltungen und Events? Nennen Sie beispielhaft Veranstaltungen, die Sie selbst kennen.
2. Konzipieren Sie, orientiert an den 7-W-Fragen, eine Veranstaltung zum Thema „Nachhaltigkeit an Hochschulen“.
3. Lesen Sie in Sakschewski/Paul (2017, S. 131) zu den Kompetenzanforderungen in der Veranstaltungsbranche. Was macht diese im projektbezogenen Kontext von Veranstaltungen so besonders?
4. Reflektieren Sie die Entwicklung der Modelle zur Nachhaltigkeit. Wie hat sich die Bedeutung der ökologischen Dimension verändert?
5. Wann ist eine Veranstaltung eine „nachhaltige Veranstaltung“? Recherchieren Sie nach beispielhaften Veranstaltungen, nennen Sie entsprechend Themen und Inhalte dieser und fassen Sie Aspekte einer nachhaltigen Veranstaltungsorganisation zusammen.

2 Nachhaltigkeitsmanagement

Die Lernfragen zu diesem Kapitel finden Sie unter:
https://narr.kwaest.io/s/1180

2.1 Management nachhaltiger Veranstaltungen

Für eine nachhaltige Organisation von Veranstaltungen ist eine Auseinandersetzung der Veranstalter:innen mit dem **Nachhaltigkeitsmanagement** der Veranstaltung bzw. der Organisation, die veranstaltet, notwendig. Dabei kann die nachhaltige Organisation einer Veranstaltung auch Ausgangspunkt für weitere strukturelle und strategische Entwicklungsprozesse sein.

Die Operationalisierung von Nachhaltigkeit in der Organisation erfordert die **Entwicklung eines Leitbilds**. Dies können Leitlinien, Prinzipien oder Werte sein, die für die Durchführung einer Veranstaltung bzw. die Organisator:innen handlungsleitend sind. Mit Hilfe eines Leitbildes wird das **Selbstverständnis der Organisation** für eine nachhaltige Entwicklung festgelegt („Umwelt- oder Nachhaltigkeitspolitik"). Das Leitbild ist wegweisend für die Integration von Nachhaltigkeit in Strukturen und Prozesse, um daraus Ziele und Steuerungsansätze abzuleiten. Es sollte zur Unternehmenskultur passen und kann sich z. B. an global verankerten Leitbildern, wie den 17 SDGs oder an Nachhaltigkeitskodizes der Veranstaltungsbranche, wie z. B. *fairpflichtet*, orientieren. Mit der Formulierung und Veröffentlichung eines Leitbildes verpflichtet sich die Organisation, Verantwortung für eine nachhaltige Entwicklung zu übernehmen.

In den Prozess der Entwicklung oder Überarbeitung eines Leitbildes sollten alle relevanten **Anspruchsgruppen** einbezogen werden.

Anspruchsgruppen oder Stakeholder[25] sind Personen bzw. Personengruppen, die von den jeweiligen gesellschaftlichen, politischen bzw. organisationalen Prozessen und Entscheidungen gegenwärtig und in Zukunft direkt oder indirekt betroffen sind.

Für die Gestaltung des weiteren Prozesses ist es wichtig, Verantwortlichkeiten innerhalb der Organisation zu klären (z. B. Umwelt- oder Nachhaltigkeitsmanager:in, Referent:innen für Umwelt oder Nachhaltigkeit sowie Ansprechpersonen aus allen relevanten Arbeitsbereichen) und schließlich ein Nachhaltigkeitsteam aufzubauen. Nachhaltigkeitsmaßnahmen sollten sowohl von den höchsten Entscheidungsebenen mitgetragen werden (*top-down*) als auch alle Mitarbeitenden einbeziehen und die Möglichkeit zur Mitgestaltung geben (*bottom-up*). Der Blick von der Organisation von innen nach außen ins Organisationsumfeld (*insight-out*) sowie umgekehrt, von außen nach innen (*outsight-in*), ist wichtig, um die wechselseitigen Abhängigkeiten der Organisation und ihrem Umfeld (insb. Gesellschaft und Umwelt) abzubilden. Eine nachhaltige Entwicklung kann schließlich nur als partizipativer Prozess gestaltet werden, der alle beteiligten Akteure anspricht und mitnimmt.

Die Einführung eines **Umwelt- und Nachhaltigkeitsmanagements** in Organisationen kann verschiedene Gründe haben, wie beispielsweise die:

- Identifikation nachhaltigkeitsbezogener Verbesserungspotenziale für strategische Entscheidungen
- Anforderungen von Anspruchsgruppen wie z. B. Geldgeber:innen, Besucher:innen, Nichtregierungsorganisationen (NGOs)
- Anforderungen von regulatorischen Instanzen (z. B. *Corporate Social Responsibility* (CSR) Berichtspflicht").

In der Diskussion um die Umsetzung eines **betrieblichen Nachhaltigkeitsmanagements** kursieren verschiedene Begriffe und damit verbundene Ansätze, wobei sich bisher noch keiner der Begriffe für die Nachhaltigkeitsaktivitäten von Organisationen durchgesetzt hat bzw. nur Teile hiervon abbildet:[26]

25 Die Begriffe „Anspruchsgruppen“ und „Stakeholder“ werden im Folgenden synonym verwendet.

26 Baumast (2019); Baumast/Pape (2022).

- **Umweltmanagement:** Das Begriffsverständnis von Umweltmanagement ist angelehnt an die *Eco-Management and Audit Scheme* (EMAS)-Verordnung (EG-Öko-Audit-Verordnung) und kann als Teilbereich des Managements einer Organisation verstanden werden, die sich mit dem Umweltschutz beschäftigt. Umweltmanagement kann als Vorläufer von Nachhaltigkeitsmanagement verstanden werden.
- **Nachhaltigkeitsmanagement/Corporate Sustainability (CS):** In Anlehnung an das Verständnis von Umweltmanagement wird darunter der Teilbereich des Managements verstanden, der sich mit Nachhaltigkeit beschäftigt – also mit den Auswirkungen der unternehmerischen Tätigkeit auf Umwelt, Gesellschaft und Wirtschaft. Unterstützung im Aufbau einer Nachhaltigkeitsstrategie und bei der Berichterstattung bietet z. B. der Deutsche Nachhaltigkeitskodex (DNK).
- **Corporate Social Responsibility (CSR):** Das Begriffsverständnis von CSR wird im Grünbuch der Europäischen Kommission („Europäische Rahmenbedingungen für die soziale Verantwortung der Unternehmen der EU (CSR)") festgehalten. Es beschreibt die Verantwortung von Unternehmen für ihre Auswirkungen auf die Gesellschaft. Das bezieht sich vor allem auf die Einhaltung von Gesetzen und auf die Integration sozialer, umweltbezogener, ethischer, Kunden- und Menschenrechtsanliegen in Geschäftsstrategie und -praktiken. Das Begriffsverständnis von *Social Responsibility* aus der ISO 26000 (Leitfaden für gesellschaftliche Verantwortung) geht über die in der CSR-Definition festgelegten Forderungen zur Einhaltung von Gesetzen und Normen hinaus.
- **Corporate Governance:** In Anlehnung an das "G" aus der Abkürzung ESG (*Environmental, Social, Governance*) bezieht sich Corporate Governance auf die Belange einer „guten Unternehmensführung". Kodizes, wie der Deutsche Corporate Governance Kodex (DCGK) beschreiben gesetzliche Regelungen, Empfehlungen und Anregungen.
- **Corporate Citizenship (CC)/Gesellschaftliches Engagement:** CC hat keinen konkreten Fokus auf nachhaltigkeitsbezogene Aktivitäten, sondern beschreibt Formen des Engagements für Unternehmen, wie beispielsweise Spenden- und Sponsoring-Maßnahmen, pro-bono-Aktivitäten, die Einrichtung von Stiftungen oder Freistellung von Mitarbeiter:innen für ehrenamtliche Zwecke sowie strategische Zusammenarbeit mit Regierungs- oder Nicht-Regierungs-Organisationen.
- **Corporate Accountability:** Ausgehend von der Annahme einer verstärkten Rechenschaftspflicht von Organisationen, um einen breiteren

demokratischen Prozess des Diskurses und der Entscheidungsfindung zu ermöglichen, wird gefordert, dass jede Organisation prüft, wie sie sogenannte Anspruchsgruppen oder Stakeholder identifiziert, sich mit ihnen auseinandersetzt und auf ihre berechtigten Erwartungen und Interessen eingeht. Die Notwendigkeit von Rechenschaftspflicht und Transparenz haben ein zunehmendes Interesse an der Nachhaltigkeitsberichterstattung geweckt.

Für Nachhaltigkeitsleistungen und -wirkungen von Veranstaltungen existieren verschiedene Ansätze und Methoden. Prinzipiell ist zu beachten, dass die Ansätze und Methoden entweder **auf einzelne Veranstaltungen** und/oder **auf die Veranstaltungsorganisation bzw. Veranstaltungshäuser** angewandt werden können bzw. sich hierauf beziehen. Entscheidend für die Umsetzung und den Erfolg ist, dass die gewählten Ansätze und Methoden zur Veranstaltung bzw. zum Veranstaltungshaus passen. In den folgenden Kapiteln wird zunächst auf die Messung und dann auf die Steuerung von Nachhaltigkeit bei Veranstaltungen bzw. Veranstaltungshäusern – sprich: dem Nachhaltigkeitsmanagement – eingegangen.

2.2 Messung der Nachhaltigkeit von Veranstaltungen

2.2.1 Ganzheitliche Mess- und Bewertungsansätze

Die Etablierung eines Nachhaltigkeitsmanagements setzt die Erhebung von Daten und die damit einhergehende Messung der Nachhaltigkeitsleistung der Veranstaltung bzw. des Veranstaltungshauses voraus, denn für die Steuerung und Verbesserung der betrieblichen Nachhaltigkeit ist die Erfassung des aktuellen Standes der Nachhaltigkeitsleistung wesentlich. Jedoch erfordert dies umfassende Kenntnisse über die ökologischen, sozialen sowie ökonomischen Aspekte im Unternehmen bzw. auch über die Unternehmensgrenzen hinaus und wie diese Aspekte zu analysieren und zu bewerten sind. Für die Messung der Nachhaltigkeitsleistung von Veranstaltungen bzw. von Veranstaltungshäusern werden somit zunächst die Erhebungsbereiche und schließlich Erhebungsinstrumente aufgezeigt; sprich, welche Daten wie erhoben werden können.

Einen **Ansatz zur Messung der Nachhaltigkeit von Veranstaltungen** zeigen Wall/Behr (2010) auf. Aufbauend auf der Analyse einschlägiger Eventliteratur erfassen sie vier nachhaltigkeitsbezogene Bereiche nachhaltiger Veranstaltungen sowie neun Kernziele mit 25 Themenfeldern.

Die vier nachhaltigkeitsbezogenen Bereiche lauten:

1. physisch-funktionelle Herausforderungen an die Veranstaltungsorganisation, z. B. bezüglich der Energie- oder Wasserversorgung;
2. Berücksichtigung von Stakeholderinteressen zur Legitimierung der Veranstaltung, z. B. durch Inklusion von Anspruchsgruppen;
3. Events als Treiber sozio-ökonomischer und sozio-kultureller Kommunalentwicklung, z. B. durch die Steigerung des kommunalen Bruttosozialprodukts;
4. programmatische und inhaltliche Auseinandersetzung mit Themen nachhaltiger Entwicklung, z. B. durch die Umsetzung bildungsorientierter Konzepte auf Events.

Die → Tab. 1 fasst die neun Kernziele und 25 Themenfelder zusammen. Zu den Themenfeldern zugeordnete **Wirkungs- und Leistungsindikatoren** erlauben es, Aussagen für die Nachhaltigkeitswirkung von Veranstaltungen zu treffen. Während die Wirkungsindikatoren Aussagen zur Wirkung der Veranstaltung treffen und einhergehen mit Zielen für die Nachhaltigkeit der Veranstaltung, kann die Nachhaltigkeit der Veranstaltung zunächst über die Leistungsindikatoren erfasst werden. Über verschiedene Erhebungsmethoden (z. B. Umfragen, Bestandsaufnahmen, Rechnungswesen, Abrechnungen, Interviews, Dokumentationen, Beobachtungen etc.) werden quantitative und qualitative Daten zu den Indikatoren erhoben und ausgewertet.

Nr.	Kernziele	Themenfelder
1	Wirtschaftlichkeit	Finanzen
		Zufriedenstellung von Zielgruppen
		Perspektive des Events
2	Gewährleistung von Gesundheit und Sicherheit	Sicherheit und Risiko
		Arbeitsbedingungen und -sicherheit
3	nachhaltige Wertschöpfungskette	Produkte
		Dienstleistungen
4	nachhaltige Ressourcennutzung	Energie
		Wasser
		Abfall
		Material
5	Emissionsreduzierung	CO_2
		Lärm
		sonstige Emissionen
6	Schutz des sozialen und natürlichen Umfelds	Veranstaltungsfläche und Biodiversität
		Verkehr
7	Erfüllung der Ansprüche der Stakeholder	Teilhabe der Anspruchsgruppen
		soziale Gemeinschaft
		lokale Kultur und Tradition
8	nachhaltige Kommunalentwicklung	regionalwirtschaftliche Entwicklung
		Lebensqualität
		Infrastrukturentwicklung
		Perspektiven der Region
9	Bildung für nachhaltige Entwicklung	Information über Nachhaltigkeit
		Nachhaltigkeitsbewusstsein und -werte

Tabelle 1: Kernziele und Themenfelder (in Anlehnung an Wall/Behr 2010)

Eine weitere Herangehensweise ist die Betrachtung von **Wirkungen bzw. Effekte der Veranstaltung.**[27] Dies unterstützt insbesondere bei der Identifikation und Bewertung von Umwelt- und Nachhaltigkeitsaspekten (→ Kapitel 2.3.1). Holzbaur et al. (2021) nennen folgende Kategorien als wichtige Wirkungsbereiche von Veranstaltungen:

- Ressourcenschonung und Energieverbrauch beim Event und im Umfeld (Anreise, Kommunikation), Schutz der natürlichen Umwelt und Erhaltung der Biodiversität an den Veranstaltungsorten (Locations);
- soziale und wirtschaftliche Aspekte bezüglich Mitarbeitenden und Teilnehmenden, Partizipation durch Teilhabe in der Planung und beim Event, Rücksicht auf die Kultur;
- „Event für alle" im Sinne einer umfangreichen Partizipation (niedrigschwelliges Angebot, Barrierefreiheit in jeglicher Hinsicht) und eines gesellschaftlichen Nutzens für alle Anspruchsgruppen;
- Verantwortung für die Nachhaltigkeit bei der Beschaffung bezüglich der indirekten Auswirkungen (beispielsweise auf globale Gerechtigkeit, Ressourcenverbrauch, Umweltauswirkungen, regionale Wirtschaft);
- Förderung von Maßnahmen zur nachhaltigen Entwicklung (im Rahmen des Events, durch Gewinnung von Akteuren oder durch aktives und passives Sponsoring);
- Beitrag zur BNE (Sensibilisierung, Information).

Köhler (2013) strukturiert die Wirkungen von Veranstaltungen durch die Einteilung in verschiedene Arten von Eventeffekten und beschreibt jeweils positive und negative Effekte. Folgende vier Effekte führt er auf:

- **ökonomische Effekte:** Wirkungen auf die regionale Wirtschaft und den Tourismus, wie z. B. die Schaffung von Arbeitsplätzen oder die Steigerung des Bekanntheitsgrads (positiv) sowie Preissteigerungen (negativ);
- **soziale Effekte:** Wirkungen auf die einheimische Bevölkerung, wie z. B. Unterhaltung und sozialer Austausch (positiv) sowie Störung der Lebensqualität der Einwohner:innen, z. B. durch Lärm oder ein erhöhtes Müllaufkommen (negativ);

27 vgl. Holzbaur et al. (2021); Köhler (2013).

- **ökologische Effekte:** Wirkungen auf die Umwelt, wie z. B. Schaffung von Bewusstsein für umweltbezogene Themen (positiv) sowie Umweltbelastungen, z. B. durch CO_2-Emissionen (negativ);
- **sonstige Effekte:** strukturübergreifende Wirkungen, wie z. B. Aufbau von Kooperationen (positiv) sowie Eventfolgekosten durch unausgenutzte Infrastruktur und architektonische Verunstaltung (negativ).

Neben der Priorisierung von Themenfeldern bzw. Nachhaltigkeitsaspekten mit einer hohen negativen Wirkung, ist zu betrachten, bei welchen Handlungsfeldern und mit welchen Maßnahmen Veranstalter:innen direkt bzw. indirekt Einfluss haben.

Auch die Gemeinwohl-Ökonomie (GWÖ) zielt auf die Befriedigung der Bedürfnisse lebender und zukünftiger menschlicher Generationen, im Einklang mit demokratischen Grundwerten und innerhalb der ökologischen Grenzen des Planeten.[28] Als ein zukunftsweisendes Konzept für ein alternatives Wirtschaftssystem rückt sie die menschlichen Bedürfnisse ins Zentrum und versteht Geld nicht als Zweck von Wirtschaft, sondern viel mehr als Mittel zum Erreichen eines höheren Zweckes – dem Gemeinwohl. Ein wichtiges Instrument für die Etablierung einer GWÖ ist die **Gemeinwohlbilanzierung**. Sie dient der Organisationsentwicklung und Bewertung von unternehmerischen wie auch gemeinnützigen Tätigkeiten. Damit eignet sie sich insbesondere für die Bilanzierung der gesamten Organisation, aber auch für die Bilanzierung von einzelnen Veranstaltungen.

Beispiel | Gemeinwohlbilanz der ARGE Kultur

Neben oft ökologisch ausgerichteten Beispielen, nutzen Veranstalter:innen und Veranstaltungshäuser jüngst auch ganzheitlichere und ethisch fundierte Vorhaben wie z. B. das Wirtschaftsmodell der Gemeinwohl-Ökonomie (GWÖ), der ein breites Spektrum von Bewertungskriterien und Werten zugrunde liegt.[29] Kulturbetriebe, wie die ARGE Kultur (Salzburg, Österreich) oder das Theater Salz und Pfeffer (Nürnberg) orientieren sich an diesem Wirtschaftsmodell und haben jüngst Gemeinwohlbilanzen erstellt **[OR-2.1]** http://s.narr.digital/zslq2 **[OR-2.2]** http://s.narr.digital/wqfua. Der Sportverein St. Pauli

28 Felber (2011).

29 Gruber/Herzig (2022).

(Hamburg), der bereits Aspekte der Gemeinwohlökonomie und des Deutschen Nachhaltigkeitskodex in seiner Nachhaltigkeitsbewertung integriert, verkündete jüngst eine Gemeinwohlbilanz parallel zu seiner klassischen Bilanz erstellen zu wollen, um zu zeigen, dass ethisches Wirtschaften möglich und dringend geboten ist **[OR-2.17]** http://s.narr.digital/3pa93.

2.2.2 Messung der ökologischen Nachhaltigkeit von Veranstaltungen

Für die **Messung der ökologischen Nachhaltigkeit von Veranstaltungen** sind folgende Nachhaltigkeitsaspekte relevant:

- Veranstaltungsort und Unterkunft sowie Flächennutzung;
- Ressourcennutzung, insbesondere Energie, Wasser, Materialien, Abfall;
- Mobilität und Transportdienstleistungen;
- Beschaffung von Produkten und Dienstleistungen, inkl. Verpflegung;
- Treibhausgasemissionen und andere Emissionen wie z. B. Lärm.

Für die Messung der ökologischen Nachhaltigkeit von Veranstaltungen nach Wall/Behr (2010) werden Indikatoren für die Nachhaltigkeit in der Wertschöpfungskette, nachhaltige Ressourcennutzung und Emissionsreduzierung und Schutz des natürlichen und sozialen Umfelds herangezogen. Dazu zählen Wirkungs- und Leistungsindikatoren wie z. B. Anteil der Materialien und Produkte mit Label für ökologische und soziale Produktion, Energieverbrauch, Wasserverbrauch, Abfallmenge, direkte und indirekte Treibhausgasemissionen etc. Die Erhebung der meist quantitativen Daten erfolgt mit Hilfe verschiedener Instrumente, wie z. B. Analysen aus dem Rechnungswesen, Abrechnung der Energie- oder Wasserverbräuche oder Umfragen zur An- und Abreise der Besucher:innen.

Ein weiterer Ansatz zur Messung der ökologischen Nachhaltigkeit von Events stammt von Boggia et al. (2018), wobei die Begriffe Nachhaltigkeit und ökologische Nachhaltigkeit teilweise synonym verwendet werden.[30] Der entwickelte METER-Index (*Measuring Events Through Environmental Research*) besteht aus neun Kategorien und dazugehörigen Subkategorien.

30 vgl. Mair/Smith (2021).

Die Subkategorien können entweder mit ja/nein oder nach prozentualem Anteil z. B. an eingesparter Energie, an fairen Produkten etc. beantwortet werden. Die Messung der ökologischen Nachhaltigkeit von Veranstaltungen erfolgt über die Erhebung von Daten zu den einzelnen Kategorien und Eingabe und Auswertung der Daten über eine Webplattform[31], der ein eigens entwickeltes Messsystem zugrunde liegt. Pro Kategorie wird ein Index berechnet, mit dem Aussagen über die Nachhaltigkeit der einzelnen Kategorien und schließlich über die Nachhaltigkeit der gesamten Veranstaltung getroffen werden können. Das Ergebnis kann mittels eines Nachhaltigkeitsdiagramms dargestellt werden. Je geringer der Index, desto geringer die ökologische Nachhaltigkeit der Veranstaltung; je höher der Index, desto ökologisch nachhaltiger ist die Veranstaltung.

Schließlich können zur Messung der ökologischen Nachhaltigkeit von Veranstaltungen **Umwelt-/Öko- oder Klimabilanzen** einzelner Veranstaltungen bzw. von Veranstaltungshäusern erstellt werden.

Die **Ökobilanz**, auch Umweltbilanz genannt bzw. aus dem Englischen *Life Cycle Assessment* (LCA), ist ein Verfahren zur Erfassung und Bewertung von Umweltwirkungen von einzelnen Produkten oder sämtlicher Umweltauswirkungen von Organisationen bzw. Veranstaltungen.[32] Dabei werden die Umweltauswirkungen eines Produkts oder einer Dienstleistung entlang der gesamten Wertschöpfungskette bilanziert, d. h. Stoff- und Energieströme von der Ressourcenbereitstellung über die Herstellung, den Transport und die Nutzung bis hin zur Entsorgung betrachtet. Einerseits wird die Entnahme abiotischer und biotischer Ressourcen inklusive der Flächeninanspruchnahme erfasst. Abiotische Ressourcen sind Mineralien oder fossile Energieträger, biotische Ressourcen sind pflanzliche und tierische Biomasse. Andererseits wird die Freisetzung von Schadstoffen in Luft, Wasser und Boden bilanziert. Die DIN EN ISO 14040 und die DIN EN ISO 14044 bieten ein standardisiertes Verfahren für die Durchführung einer Ökobilanz.

Umweltbilanzen können des Weiteren in Form von Fußabdrücken abgebildet werden. Fußabdrücke sind ein leicht verständlicher Indikator zur mengenmäßigen Erfassung von Stoff- und Energieströmen. Die Berechnung von Fußabdrücken kann pro Person oder Haushalt erfolgen, auf Produkt-,

---

31 Die Webplattform ist nicht mehr öffentlich zugänglich.

32 Im Rahmen eines *Life Cycle Sustainability Assessment* (LCSA) werden neben ökologischen auch soziale Auswirkungen betrachtet. Das *Life Cycle Costing* (LCC) schaut sich wiederrum die wirtschaftlichen Auswirkungen, also die Lebenszykluskosten, an.

Dienstleistungs- oder Organisationsebene bis hin zur Berechnung von Fußabdrücken auf Stadt[33]-, Regional- oder Länderebene bzw. der Welt (Bsp.: *Earth Overshoot Day*). Der **ökologische Fußabdruck** gibt somit an, in welchem Ausmaß natürliche Ressourcen in Anspruch genommen werden. Der persönliche ökologische Fußabdruck lässt sich auf der Homepage des *Global Footprint Network* berechnen, indem verschiedene Auskünfte zur eigenen Lebensweise eingegeben werden. Das Ergebnis wird in globalen Hektaren ausgegeben und es wird aufgezeigt, welcher der betrachteten Bereiche (Lebensmittel, Unterkunft, Mobilität, Waren und Dienstleistungen) welchen Anteil am eigenen Fußabdruck hat. Da sich die Berechnung von Fußabdrücken je nach Branche unterscheiden kann, gibt es anwendungsbezogene Besonderheiten, z. B. für die Landwirtschaft, für die Industrie oder eben für die Veranstaltungsbranche. Je größer der Fußabdruck desto größer die Umweltauswirkung. Das Ziel ist daher, den Fußabdruck zu verkleinern und so die Umweltauswirkung zu verringern. Die vier relevantesten Methoden sind:

- ökologischer Fußabdruck, auch Flächen-Fußabdruck (*Ecological Footprint* oder *Land Footprint*, gemessen in: gha);
- CO_2-Fußabdruck (*Carbon Footprint*, gemessen in: kg, t);
- Wasser-Fußabdruck (*Water Footprint*, gemessen in: cbm);
- Material-Fußabdruck (*Material Footprint*, gemessen in: kg, t).

Die Messung der ökologischen Nachhaltigkeit von Veranstaltungen über Fußabdrücke oder Input-Output-Analysen ist kompliziert und die Durchführung wird als sehr schwierig eingestuft, insbesondere wenn keine Expert:innen involviert sind.[34] Veranstaltungs- bzw. branchenspezifische Rechner und Datenblätter ermöglichen einen niedrigschwelligen Einstieg.

In der Veranstaltungsbranche gibt es insbesondere Beispiele für:

- **Umwelt-/Ökobilanzen**, z. B. unter Einsatz von EMAS wie beim Evangelischer Kirchentag **[OR-2.3]** 🔗 http://s.narr.digital/76w8f oder in Form von beauftragten Studien wie die Umweltbilanz von „Über Lebenskunst" **[OR-2.4]** 🔗 http://s.narr.digital/sdaz0 sowie

33 Schnauss (2001).

34 Collins/Flynn (2008).

- **Klimabilanzen**, z. B. unter Einsatz von CO_2-Rechnern wie der *KlimAktiv CO_2-Rechner* für Veranstaltungen **[OR-2.5]** http://s.narr.digital/hd24s oder mit Hilfe branchenspezifischer Datentabellen wie beispielsweise die Tabelle aus dem Projekt Klimabilanzen in Kulturinstitutionen **[OR-2.6]** http://s.narr.digital/bkfjh, die bei der Erhebung unterstützen.
- Es gibt auch **kombinierte Bilanzen** wie beispielsweise die Klima- und Umweltbilanz der Gesellschaft für internationalen Zusammenarbeit (GIZ) **[OR-2.7]** http://s.narr.digital/bbwb1. Eine Umweltbilanzierung mittels EMAS bildet schließlich die Grundlage für ein integriertes Umweltmanagementsystem (→ Kapitel 2.3). Das Klimamanagement von Veranstaltungen und die damit einhergehende Klimabilanzierung wird in → Kapitel 6 ausführlich erläutert.

2.2.3 Messung der sozio-ökonomischen Nachhaltigkeit

Für die Messung der sozio-ökonomischen Nachhaltigkeit von Veranstaltungen sind folgende Nachhaltigkeitsaspekte besonders relevant:

- Arbeitsbedingungen und Rechte von Arbeitnehmer:innen;
- Qualifizierung, Aus- und Weiterbildung;
- Gewährleistung von Gesundheit und Sicherheit;
- Inklusion und Barrierefreiheit;
- Erfüllung der Ansprüche der Stakeholder;
- Förderung einer BNE;
- Wirtschaftlichkeit und Entwicklungsmöglichkeiten;
- nachhaltige Kommunalentwicklung.

Während, wie bei der Messung der ökologischen Nachhaltigkeit, zunächst quantitative Daten Auskunft über die Nachhaltigkeit der Veranstaltung geben können, spielen hier zudem qualitative Erhebungsinstrumente eine wesentliche Rolle. Eine Besonderheit des METER-Index ist beispielsweise der partizipatorische Ansatz, mit dem eine Bewertung der (ökologischen) Nachhaltigkeit von Veranstaltungen über eine Befragung der Teilnehmer:innen bzw. Besucher:innen möglich gemacht wird. Das ermöglicht eine Abfrage zur Erfüllung der Ansprüche der Stakeholder.

2.3 Nachhaltigkeitsmanagement und Zertifizierung

2.3.1 Umwelt- und Nachhaltigkeitsmanagement

Für das Umwelt- bzw. Nachhaltigkeitsmanagement bei Veranstaltungen kann auf existierende Standards zurückgegriffen werden. Die wichtigsten Managementsysteme und Berichterstattungsinstrumente für Veranstaltungen bzw. Veranstaltungsstätten auf europäischer und internationaler Ebene sind:

- **ISO 20121 Event Sustainability Management Systems**
- **Eco-Management and Audit Scheme (EMAS)**
- **Global Reporting Initiative (GRI) for Event Organizers**

Ein zentrales Managementsystem und ein internationaler, freiwilliger Standard ist die **ISO 20121** für *Event sustainability management systems.* Als internationaler Standard ist die ISO 20121 für alle Veranstaltungen, unabhängig von der Größe, vom Veranstaltungsort oder dem Thema anwendbar.

Beispiel | ISO 20121 zertifizierte Veranstaltungen

- Olympische und paraolympische Spiele, London, 2012
- Microsoft Convergence, New Orleans, 2009
- UN-Klimakonferenz COP15, Kopenhagen, 2009
- FIS Alpine Skiweltmeisterschaft, Åre, 2019
- Expo Weltausstellung, Mailand, 2015
- Olympische Winterspiele, Pyeong Chang, 2018
- Sydney Festival, Australien
- Tocatì Festival, Italien

Als Managementsystem für die Organisation von Veranstaltungen empfehlen BMU/UBA (2020) die Anwendung des freiwilligen europäischen **Umweltmanagementsystems EMAS** (Verordnung [EG] Nr. 1221/2009 vom 25. November 2009). EMAS „bietet Organisatorinnen und Organisatoren von Veranstaltungen den passenden Rahmen, um interne Verantwortlichkeiten der verschiedenen Ebenen und Umweltziele festzulegen, die Maßnahmen kontrolliert umzusetzen und ihre Umweltleistungen mithilfe der

„Umwelterklärung“ für die interessierte Öffentlichkeit darzustellen.“[35] Im Mittelpunkt steht dabei die Erreichung eines **kontinuierlichen Verbesserungsprozesses** (KVP). Dies wird durch die Definition und Beschreibung von Prozessen sowie Verantwortlichkeiten in der Organisation erzielt.

Beispiel | EMAS zertifizierte Veranstaltungen

Der evangelische Kirchentag hat sich 2002 im Rahmen einer Bundesförderung erstmals mit dem systematischen Aufbau eines Kontrollsystems zu den Umweltwirkungen des Kirchentages befasst. Seit 2004 ist das zentrale Büro des Kirchentags in Fulda EMAS-zertifiziert. Seit 2007 werden die Geschäftsstellen der jeweiligen Kirchentagsstadt und die Veranstaltung selbst nach EMAS zertifiziert.

Weitere Veranstaltungen bzw. Veranstaltungshäuser, die nach EMAS zertifiziert sind, sind:

- 9. Vertragskonferenz des Übereinkommens über die biologische Vielfalt, 2018
- Zukunftsfestival (BMU), 2016
- 23. Klimakonferenz der Vereinten Nationen (COP23)
- Allianz Arena, München
- Frankenstadion, Nürnberg

Ein weiterer wichtiger internationaler Standard wurde von der **Global Reporting Initiative (GRI)** mit dem sektorspezifischen Leitfaden für *Event Organizers* veröffentlicht. Die *GRI* ist eine internationale gemeinnützige Non-Profit-Organisation, die als Multi-Stakeholder-Initiative seit über zwanzig Jahren Unternehmen, Zivilgesellschaften, Hochschulen und öffentliche Einrichtungen an der Entwicklung eines Berichtsrahmenwerkes beteiligt. Dieser de-facto-Standard für die Nachhaltigkeitsberichterstattung enthält branchenspezifische Standards. Der Branchenleitfaden der *GRI* für Event Organizers wurde für das sogenannte *GRI*-G4-Rahmenwerk entwickelt, das im Jahr 2018 von den *GRI*-Standards abgelöst wurde.[36]

35 BMU/UBA (2020: 50).
36 Herzig (2023).

Die Implementierung eines Managementsystems unterstützt Organisationen dabei, alle wesentlichen Bereiche einer Veranstaltung unter Nachhaltigkeitsaspekten zu erfassen. Der Prozess von der Entscheidung bis zur Zertifizierung dauert bei EMAS z. B. ca. ein Jahr (→ Abb. 8) und kann sich je nach Unternehmensgröße verkürzen oder verlängern.

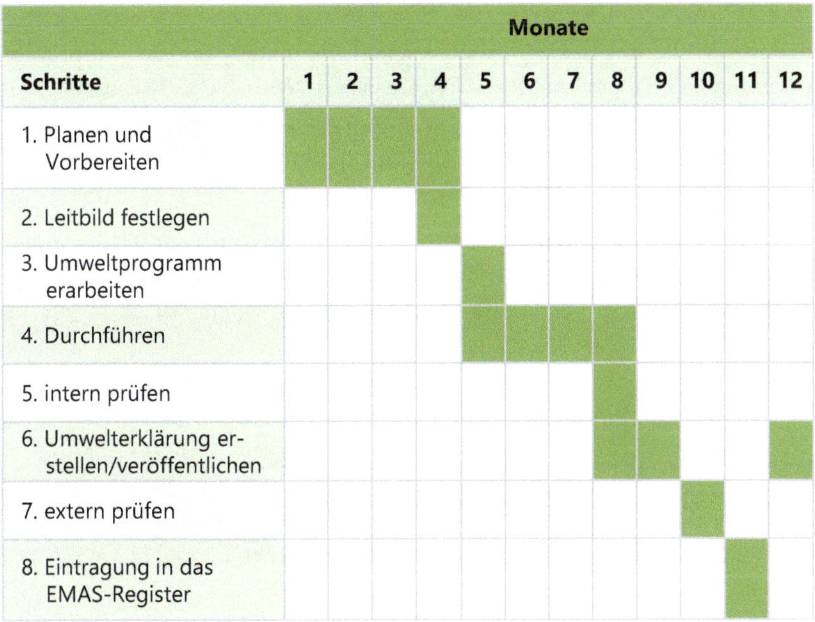

Abb. 8: Der Projektplan zur EMAS-Zertifizierung (in Anlehnung an UGA 2020)

In Anlehnung an die EMAS-Verordnung und die ISO 20121 sollte zunächst der Kontext der Organisation beschrieben, die Interessensgruppen erfasst und geltende Verpflichtungen ermittelt werden. Es folgt eine Identifikation und Bewertung von Umwelt- bzw. Nachhaltigkeitsaspekten und daran anknüpfend die Formulierung von Zielen und Maßnahmen. Aus diesen vier Bereichen können schließlich Chancen und Risiken für das Umwelt- und Nachhaltigkeitsmanagementsystem abgeleitet werden.

All diese Schritte lassen sich der Planungsphase zuordnen und werden nachfolgend erläutert. Der Planungsphase folgt dann die Festlegung eines Leitbilds und/oder Leitlinien, aus denen sich beispielsweise Kriterien bzw. Mindeststandards ableiten lassen, und die Erarbeitung eines Umwelt- bzw.

Nachhaltigkeitsprogramms, das schließlich durchgeführt und geprüft werden muss. Daran anknüpfend wird ein Umwelt- bzw. Nachhaltigkeitsbericht oder eine Umwelt- (bzw. Nachhaltigkeits)erklärung erstellt, die geprüft und wie beispielsweise bei EMAS in das EMAS-Register eingetragen wird.

Organisatorischer Kontext

Bei der Bestimmung des organisatorischen Kontextes geht es um die strategisch relevanten Themen für die Organisation. Nach ISO 20121, A.3 werden diese nach internem und externem Kontext unterschieden. Der **externe Kontext** kann folgende Aspekte miteinbeziehen:

- das kulturelle, soziale, politische, rechtliche, regulatorische, finanzielle, technologische, wirtschaftliche, natürliche und wettbewerbliche Umfeld auf internationaler, nationaler, regionaler oder lokaler Ebene;
- die wichtigsten Triebkräfte und Trends, die sich auf die Ziele der Organisation auswirken;
- Beziehungen zu externen Interessengruppen sowie deren Wahrnehmungen und Werte.

Der **interne Kontext** umfasst folgende Aspekte:

- Governance, Organisationsstruktur, Rollen und Verantwortlichkeiten;
- Richtlinien, Ziele und die Strategien, die zu deren Erreichung eingesetzt werden;
- die Fähigkeiten, verstanden als Ressourcen und Wissen (z. B. Kapital, Zeit, Menschen, Prozesse, Systeme und Technologien);
- Informationssysteme, Informationsflüsse und Entscheidungsprozesse (sowohl formell als auch informell);
- Beziehungen zu den internen Interessengruppen sowie deren Wahrnehmungen und Werte;
- die Kultur der Organisation;
- Standards, Richtlinien und Modelle, die von der Organisation angenommen wurden;
- Form und Umfang der vertraglichen Beziehungen.

Anspruchsgruppen und deren Erwartungshaltung (Stakeholdermanagement)

Grundlage eines Nachhaltigkeitsmanagements ist die Identifikation von gesellschaftlichen, politischen, wirtschaftlichen und künstlerischen Akteuren, also Unternehmen, kommunale Kräfte, politische Parteien und zivilgesellschaftliche Gruppen die am Gesamtprozess mitwirken.

Beachtung geltender Verpflichtungen

Ein wichtiger Grund für das Nachhaltigkeitsmanagement ist die Einhaltung von Gesetzen und Verordnungen. Dazu zählen rechtliche Anforderungen, wie das Arbeitsschutzgesetz (ArbSchG), die Arbeitsstättenverordnung (ArbStättV) oder die Datenschutz-Grundverordnung (DSGVO) sowie normative Anforderungen an das Arbeits- und Gesundheitsmanagement (ISO 45001) oder das Umweltmanagement (ISO 14001).[37] Eine Übersicht über rechtliche und normative Anforderungen an Unternehmen für ein ganzheitliches Nachhaltigkeitsmanagement befindet sich in (Eisele 2021: 11). Risch-Kerst/Kerst (2011) fassen in dem Lehr- und Praxisbuch „Eventrecht kompakt“ die für die Veranstaltungsbranche wesentlichen rechtlichen Anforderungen zusammen. Im vorliegenden Lehrbuch wird an entsprechenden Stellen auf rechtliche Aspekte hingewiesen, wie z. B. in Zusammenhang mit dem Veranstaltungsort (z. B. Naturschutzgesetze), mit dem Catering (z. B. Verpackungsgesetz) oder der Barrierefreiheit (z. B. Behindertengleichstellungsgesetz).

Identifikation und Bewertung von Nachhaltigkeitsaspekten

Die Identifikation und Bewertung von Nachhaltigkeitsaspekten ist wichtige Grundlage für die konzeptionelle Arbeit. Managementsysteme und Standards führen diese beispielhaft auf. Nicht alle Umwelt- und Nachhaltigkeitsaspekte sind für jede Organisation gleichermaßen relevant. Zudem können Organisationen sich unterschiedliche Schwerpunkte setzen (z. B. klimafreundliche Veranstaltung oder barrierefreies Event).

Die ISO 20121 führt eine Liste von Themen auf, die bei der Organisation von Veranstaltungen beachtet werden können. Die EMAS-Verordnung un-

37 Eisele (2021).

terscheidet in direkte und indirekte Umweltaspekte, die bei der Organisation von Veranstaltungen zu betrachten sind. Das Verfahren zur Ermittlung relevanter Nachhaltigkeitsaspekte erfolgt individuell durch die Veranstaltung, das Veranstaltungshaus oder anbindende Akteure (z. B. Künstler:innen) und muss dokumentiert werden. Nachhaltigkeitsaspekte mit bedeutenden Auswirkungen auf Umwelt und Gesellschaft werden quantifiziert, wobei z. B. bei EMAS bestimmte Kernindikatoren als Kenngrößen in der abschließenden EMAS-Umwelterklärung veröffentlicht werden müssen und mit den Ergebnissen vorangegangener Erhebungen in Verbindung gesetzt werden.

Wissen | Kernindikatoren der EMAS-Verordnung

Diese betreffen ...

- Energieeffizienz,
- Materialeffizienz,
- Wasser,
- Abfall,
- biologische Vielfalt und
- Emissionen.

Begleitend zur Identifikation von Nachhaltigkeitsaspekten können Prozessanalysen (z. B. ABC-Analyse, Wesentlichkeitsanalyse), Befragungen (z. B. von Mitarbeiter:innen) und Dialoge (z. B. mit Interessensgruppen) durchgeführt werden. Damit kann die Wesentlichkeit der Umwelt- und Nachhaltigkeitsaspekte bestimmt und Aussagen zur Handlungsrelevanz getroffen werden. Bei der ABC-Analyse, nach einem Verfahren des *Umweltbundesamtes* (UBA), werden beispielsweise die Umweltaspekte in drei Kategorien eingeteilt. Die Relevanz bemisst sich dabei nach dem Ausmaß des Ressourcenverbrauchs:

- A = besonders bedeutender Umweltaspekt von hoher Handlungsrelevanz
- B = Umweltaspekt mit durchschnittlicher Bedeutung und Handlungsrelevanz
- C = Umweltaspekt mit geringer Bedeutung und Handlungsrelevanz

Der *Evangelische Kirchentag* hat die in → Abb. 9 dargestellten Umweltaspekte definiert und anhand der ABC-Analyse bewertet.

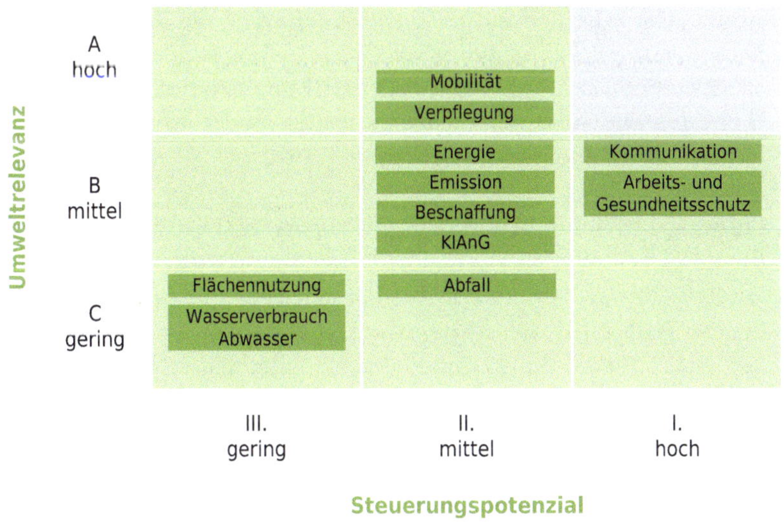

Abb. 9: ABC-Analyse des Evangelischen Kirchentags (in Anlehnung an Deutscher Evangelischer Kirchentag 2019)

2.3.2 Leitfäden und weitere Managementansätze

Zentraler Leitfaden in Deutschland ist der **Leitfaden für eine nachhaltige Organisation von Veranstaltungen**, herausgegeben vom Bundesministerium für Umwelt, Naturschutz und nukleare Sicherheit in Zusammenarbeit mit dem UBA (BMU/UBA 2020).

Darüber hinaus gibt es:

- **unternehmens- bzw. organisationsspezifische Leitfäden und Toolboxes** wie z. B. der *Guide – Sustainable Event Management* der GIZ **[OR-2.8]** 🔗 http://s.narr.digital/kbv5m, die *Event N Toolbox* der Freien Universität Berlin **[OR-2.9]** 🔗 http://s.narr.digital/5gt92, die Plattform *Nachhaltige Events* der Migros Genossenschaft (Schweiz) **[OR-2.10]** 🔗 http://s.narr.digital/ozlb5;
- **branchen- bzw. kontextspezifische Leitfäden**, wie z. B. der *Green Events – Leitfaden* der Deutscher Pfadfinderschaft Sankt Georg **[OR-2.11]** 🔗 http://s.narr.digital/o6jdq, der *Inspirador 1.3 – Internationaler Leitfaden für ein nachhaltiges Kulturmanagement* des Goethe-In-

stituts **[OR-2.12]** 🔗 http://s.narr.digital/2vleb, der *Leitfaden für die umweltverträgliche Gestaltung von Open-Air-Veranstaltungen der Sounds of Nature Foundation e. V.* **[OR-2.13]** 🔗 http://s.narr.digital/a5kws, der *Green Touring Guide* für Musiker Künstler- und Tourmanager, Veranstalter, Venues und Bookingagenturen **[OR-2.14]** 🔗 http://s.narr.digital/ze3v8;
- **länderspezifische bzw. regional verortete Leitfäden**, wie z. B. *Events: Das Gleiche in Grün* der Stadt Hamburg **[OR-2.15]** 🔗 http://s.narr.digital/0xdev, *Green Event BW* Leitfaden für nachhaltige Veranstaltungen **[OR-2.16]** 🔗 http://s.narr.digital/j5nvg; die *Infothek Green Events* der Bundesministerien und der Bundesländer Niederösterreich, Oberösterreich, Salzburg, Steiermark und Wien **[OR-2.17]** 🔗 http://s.narr.digital/0mt7a.

Eine weitere Herangehensweise zur strategischen Planung nachhaltiger Veranstaltungen ist die **Sustainable Event Design Matrix**.[38] Fünf Elemente bzw. Aspekte nachhaltiger Veranstaltungen (*strategy, event and experience, sustainability, education for sustainable development, safety*) werden mit zwei Sichtweisen bzw. Phasen (*Vision/Stakeholder-Sicht, Mission/Team-Sicht*) kombiniert. Das resultiert in eine Matrix mit zehn Kernelementen (→ Tab. 2). Die erste Phase ist bestimmt durch die Fragestellung „Was wollen wir erreichen?“ (Vision/Stakeholder) und die zweite Phase durch die Fragestellung „Wie können wir es erreichen?“ (Mission/Team).

Sustainable Event Design Matrix	**Vision/Stakeholder Was wollen wir erreichen?**	**Mission/Team Wie wollen wir es erreichen?**
Strategy *Make it succesful*	1	6
Event and Experience *Make it special*	2	7
Sustainability *Make it compatible with the future*	3	8

38 Holzbaur et al. (2021).

Education for Sustainable Development *Make and impact*	4	9
Safety *Make it safe and secure*	5	10

Tabelle 2: Struktur der Sustainable Event Design Matrix (in Anlehnung an Holzbaur et al. 2021)

Jedem dieser zehn Kernelemente liegen jeweils vier Entscheidungselemente zugrunde. Daraus ergibt sich eine Eventmatrix von 40 Elementen. Die Sustainable Event Design Matrix ebnet den Weg für die Entwicklung nachhaltiger Veranstaltungen – ausgehend von der Eventvision bis zur operativen Planung.

Tipp

Holzbaur, U., Brommer-Kern, E. (2021). Perspektiven der Veranstaltungsplanung. In: Quick Guide Nachhaltige Business-Meetings und -Events. Quick Guide. Springer Gabler, Wiesbaden.

2.3.3 Siegel, Selbstverpflichtungen und Gütezeichen

Es gibt eine Reihe an Zertifizierungsmöglichkeiten bzw. Siegel und Gütezeichen, die genutzt werden können, um das nachhaltige Veranstaltungsmanagement nach außen zu kommunizieren. Dazu zählen beispielhaft:

Green Globe Siegel

Das *Green-Globe*-Siegel wurde ursprünglich für die Reise- und Tourismusindustrie entwickelt und anschließend an die Veranstaltungsbranche angepasst. Der Standard bietet den Unternehmen einen professionellen, branchengerechten Rahmen zur umfassenden Bewertung ihrer Leistung im Bereich der Nachhaltigkeit, basierend auf den drei Säulen Umweltfreundlichkeit, soziale Verantwortung und wirtschaftliche Rentabilität.[39]

39 EVVC Europäischer Verband der Veranstaltungs-Centren e. V. (2023).

A Greener Festival

A Greener Festival ist eine gemeinnützige Organisation mit Sitz in Großbritannien. Ihr Ziel ist es die Veranstaltungsbranche dabei zu unterstützen, nachhaltiger zu werden. Dafür bieten sie neben einer unabhängigen Prüfung und Verifizierung von Veranstaltungen in Hinblick auf deren Nachhaltigkeit auch Schulungen, CO_2-Analysen und Beratungen für Veranstaltende, Veranstaltungsorte, Tourneen, Künstler:innen, Festivals, Sportveranstaltungen, Lieferant:innen und lokale Behörden für alle Veranstaltungsarten weltweit an.[40]

Fairpflichtet

Der *EVVC Europäischer Verband der Veranstaltungs-Centren e. V.* und das *GCB German Convention Bureau e. V.* haben einen Nachhaltigkeitskodex für die Veranstaltungsbranche *fairpflichtet* entwickelt. Damit werden Leitlinien der unternehmerischen Verantwortung für Nachhaltigkeit bei der Organisation und Durchführung von Veranstaltungen formuliert.[41]

Code of Conduct für eine nachhaltige Club- und Festivalkultur

Seit Herbst 2021 können sich Veranstalter:innen und Festivalorganisator:innen in Form einer freiwilligen Selbstverpflichtung zum nachhaltigen Handeln im Clubbetrieb bekennen. Der *Code of Conduct* ist als Nachhaltigkeitstool zu verstehen und Grundlage für die Ausarbeitung eines Nachhaltigkeitskonzeptes. Seit dem Frühjahr 2023 ist der *Code of Conduct* auch für Outdoor-Veranstaltungen anwendbar.[42]

Sound for Nature-Gütezeichen

Seit 2003 können Festivals mit dem *Sounds for Nature*-Gütezeichen ausgezeichnet werden. Damit erhalten die ausgezeichneten Festivals ein Aushängeschild, mit dem sie sich als umweltverträgliche Veranstaltung von anderen

40 A Greener Festival (2023).
41 fairpflichtet – Nachhaltigkeitskodex der Veranstaltungswirtschaft (2019).
42 Clubtopia (2021); clubliebe e. V. (2023).

abheben können. Die Vergabe erfolgt in Form einer Selbstverpflichtungserklärung auf Basis des Leitfadens und ist für ein Jahr gültig.[43]

Sustainable Company fwd certified

Das Label *Sustainable Company* wurde von der Bundesvereinigung für Veranstaltungswirtschaft entwickelt und zertifiziert Unternehmen aus dem Bereich der Live-Kommunikation zu ihren Nachhaltigkeitsleistungen. Der Kriterienkatalog umfasst dabei elf Bereiche und wird durch eine unabhängige Zertifizierung geprüft.[44]

Österreichisches Umweltzeichen für Green Events

Das Umweltzeichen wird vom österreichischen Umweltministerium vergeben und kennzeichnet Veranstaltungen, die in Bezug auf Nachhaltigkeit und Umweltschutz besonders vorbildlich sind.[45]

GreenEvent - KlimaLand Südtirol Alto Adige

Die Landesagentur für Umwelt und Klimaschutz Autonome Provinz Bozen – Südtirol hat die Zertifizierung *GreenEvent* entwickelt. *GreenEvents* sind demnach Veranstaltungen, die nach Kriterien der Nachhaltigkeit geplant, organisiert und umgesetzt werden. Ein Leitfaden beschreibt den Zertifizierungsprozess und den Weg zur Vergabe der Auszeichnung *GreenEvent*.[46]

ClimatePartner „klimaneutral"

ClimatePartner ist ein führender internationaler Anbieter von Lösungen zur Erfassung und Berechnung von Emissionen und für Klimaschutz-Projekte. Im Rahmen von Events und Meetings berät *ClimatePartner* nicht nur zur klimafreundlichen Ausrichtung von Veranstaltungen, sondern übernimmt auch die Berechnung und Ausweisung der CO_2-Emissionen. Eine Kommunikation des Engagements ist über ein vom TÜV-Austria-zertifziertes System,

---

43 SfN – Sounds for Nature (2012).
44 Bundesvereinigung Veranstaltungswirtschaft e. V. (2023).
45 Bundesministerium Klimaschutz, Umwelt, Energie, Mobilität, Innovation und Technologie (2023).
46 Landesagentur für Umwelt und Klimaschutz Autonome Provinz Bozen – Südtirol (2023).

das Label „klimaneutral“ und auf Wunsch im Rahmen einer Urkunde möglich.[47]

TÜV NORD CERT – Zertifizierungen „Event Carbon Footprint“ und „Klimaneutrales Event“

Für Unternehmen, Vereine, Verbände und andere Organisator:innen von Veranstaltungen bietet die *TÜV NORD CERT GmbH* zwei Zertifizierungen zur Überprüfung von Veranstaltungen in Hinblick auf Aspekte des Klimaschutzes. Im Rahmen einer Zertifizierung des CO_2-Fußabdrucks für Events wird die Berechnung der Treibhausgasemissionen einer Veranstaltung durch die *TÜV NORD CERT GmbH* verifiziert. Darüber hinaus bestätigt das Prüfzeichen „Klimaneutrales Event“ die Kompensation von CO_2-Emissionen einer Veranstaltung durch den Kauf von Zertifikaten aus anerkannten Klimaschutzprojekten.[48]

2.4 Zusammenfassung

Im Kapitel Nachhaltigkeitsmanagement wurde zunächst die Erarbeitung eines gemeinsamen Leitbilds und die partizipative Zusammenarbeit mit Anspruchsgruppen in Zusammenhang mit dem Nachhaltigkeitsmanagement von Veranstaltungen hervorgehoben. Schließlich wurden unterschiedliche Begriffe und Ansätze, wie Umwelt- und Nachhaltigkeitsmanagement, *Corporate Governance* und *Corporate Accountability* vorgestellt. Ein gutes Nachhaltigkeitsmanagement erfordert die Auseinandersetzung mit Kriterien und Indikatoren ökologischer und sozio-ökonomischer Aspekte. In → Kapitel 2.2 wurden daher zunächst Mess- und Bewertungssysteme und -instrumente erläutert. Anschließend wurde in → Kapitel 2.3 auf die Anforderungen und Möglichkeiten eines ganzheitlichen Nachhaltigkeitsmanagements, z. B. mittels EMAS, eingegangen. Wichtige Leitfäden und Siegel wurden abschließend zusammengefasst.

---

47 ClimatePartner (2023).
48 TÜV NORD CERT GmbH .

2.5 Reflexionsfragen

1. Recherchieren Sie nach Veranstaltungen, die Nachhaltigkeit im Leitbild integriert haben. Welche Gemeinsamkeiten und Unterschiede können Sie feststellen?
2. Welche Wirkungs- und Leistungsfaktoren für die Messung der Nachhaltigkeit von Veranstaltungen nach Wall/Behr (2010) werden zu den Themenfeldern aufgeführt?
3. Wurden Sie bereits einmal selbst vor, während oder nach dem Besuch einer Veranstaltung von den Veranstalter:innen befragt? Wenn ja, zu welchen Themen und auf welche Weise (digital, vor Ort etc.)?
4. Wie werden die drei Dimensionen der Nachhaltigkeit (ökologisch, ökonomisch, sozial) in den Managementsystemen EMAS, ISO 20121 und *GRI Event Organizers* aufgegriffen? Benennen Sie Gemeinsamkeiten und Unterschiede.
5. Wählen Sie zwei der genannten Leitfäden für die nachhaltige Organisation von Veranstaltungen aus (→ Kapitel 2.3.2). Lesen Sie sich die Leitfäden durch. Wie sind diese aufgebaut, welche wesentlichen Handlungsfelder werden dort benannt?

3 Kommunikation und Partnerschaften

Die Lernfragen zu diesem Kapitel finden Sie unter:
https://narr.kwaest.io/s/1181

3.1 Nachhaltigkeitskommunikation und Partizipation

> „Es mögen Fische sterben oder Menschen, das Baden in Seen oder Flüssen mag Krankheiten erzeugen, es mag kein Öl mehr aus den Pumpen kommen und die Durchschnittstemperaturen mögen sinken oder steigen: solange darüber nicht kommuniziert wird, hat dies keine gesellschaftlichen Auswirkungen." (Luhmann 2004).

Mit diesem Zitat wird häufig die Rolle der Kommunikation für eine gesellschaftliche Auseinandersetzung mit einer nachhaltigen Entwicklung eingeleitet. Es macht deutlich, dass die Probleme und Lösungsansätze einer nicht-nachhaltigen Entwicklung erst durch die Kommunikation darüber sichtbar werden und an Bedeutung gewinnen. **Nachhaltigkeitskommunikation ist ein Verständigungsprozess über eine zukunftsgesicherte gesellschaftliche Entwicklung.**[49] Die Aufgabe der Nachhaltigkeitskommunikation besteht darin, „ein Verständnis vom Verhältnis von Mensch und Umwelt, in den gesellschaftlichen Diskurs einzubringen, ein kritisches Bewusstsein für die Probleme dieser Beziehung zu entwickeln und sie dann mit sozialen Werten und Normen in Beziehung zu setzen".[50] Kommunikation über Nachhaltigkeit findet z. B. in den Bereichen Zivilgesellschaft, Bildung, Massenmedien, Wissenschaft, Politik und Wirtschaft statt. Fischer (2019) unterscheidet zudem explizite und implizite Thematisierung von Nachhaltigkeit in der Kommunikation. Eine explizite Thematisierung findet sich z. B. in politischen Nachhaltigkeitsstrategien, Nachhaltigkeitsberichten von Organisationen oder Programmen zu BNE wieder. Bei der impliziten Thematisierung wird der Begriff nicht unbedingt direkt verwendet, aber Be-

49 Godemann/Michelsen (2007); Godemann (2021).
50 Godemann/Michelsen (2011); zit. n.Fischer (2019).

züge zu den damit einhergehenden Herausforderungen (z. B. Klimawandel, Hunger) hergestellt. Forschung zur Nachhaltigkeitskommunikation geht bisher vor allem auf Fragen der strategischen Kommunikation, auf die Werbewirkungsforschung sowie die Medienforschung ein.[51]

Eine weitere Differenzierung bezieht sich darauf, wie kommuniziert wird.[52] Unter Kommunikation *von* Nachhaltigkeit kann der Transfer von Informationen von einem Sender zu einem Empfänger verstanden werden (z. B. Nachhaltigkeitsberichte), bei Kommunikation *über* Nachhaltigkeit steht der Austausch und die gemeinsame Verständigung im Vordergrund (z. B. Dialogveranstaltungen) und Kommunikation *für* Nachhaltigkeit zielt darauf ab, den Wandel in Richtung einer nachhaltigen Entwicklung zu unterstützen (z. B. Bildungsprogramme im Sinne einer BNE).

Beispiel | Nationale Plattform Bildung für nachhaltige Entwicklung (BNE)

Die nationale Plattform BNE ist das oberste Lenkungsgremium des nationalen BNE-Prozesses. Neun Partnernetzwerke arbeiten daran, BNE in die Breite zu tragen. Das Partnernetzwerk „Medien" hat 2014 unterschiedliche Beiträge zu den medialen Möglichkeiten für eine Nachhaltigkeitskommunikation in einem „open book" zusammengetragen **[OR-3.1]** http://s.narr.digital/lna0z.

Nachhaltigkeitskommunikation ist auch mit dem Anspruch verbunden, gesellschaftliche Such-, Lern- und Gestaltungsprozesse hin zu einer nachhaltigen Entwicklung zu unterstützen. Damit ist sie eng verknüpft mit dem Begriff der Partizipation.[53] Partizipation leitet sich vom lateinischen *participatio* ab und bedeutet „Beteiligung, Teilnahme, Mitwirkung, Mitbestimmung".

> „**Partizipation** umfaßt alle Formen der Einflußnahme auf die Ausgestaltung kollektiv verbindlicher Vereinbarungen durch Personen und Organisationen, die nicht routinemäßig mit diesen Aufgaben betraut sind" (Renn 2005: 227).

51 Hoppe/Wolling (2017).
52 Fischer (2019).
53 Stoltenberg/Fischer (2017).

Es geht um die Teilhabe bzw. die Einbeziehung der relevanten Anspruchsgruppen an gesellschaftlichen, politischen und organisationalen Prozessen und Entscheidungen sowie Verfahren, mit denen relevante Anspruchsgruppen den Transformationsprozess hin zu einer nachhaltigen Entwicklung mitgestalten und Einfluss nehmen können.[54] Entscheidend ist, dass entsprechende Verfahren genutzt werden, mit denen für die komplexen Probleme Lösungsmöglichkeiten entwickelt werden können.

Partizipation lässt sich anhand von **Partizipationsstufen** beschreiben. Dazu gibt es unterschiedliche Darlegungen. Schönhuth/Jerrentrup (2019) führen die Unterscheidung des österreichischen Nachhaltigkeitsministeriums nach Information (I), Konsultation (K) und Mitbestimmung (M) auf. Knolle (2011) erläutert den Grad von Partizipation ebenso entlang der Bereiche Information („informative participation"), Konsultation („consultative participation") und Mitbestimmung („decisional participation"). In beiden Fällen werden Information und Konsultation bereits als Stufen bzw. Grad der Partizipation dargestellt, während in anderen Darlegungen diese Bereiche als Vorstufe der Partizipation angesehen werden. Dazu ist vor allem die Partizipationspyramide von Straßburger/Rieger (2019) zu nennen (→ Abb. 10). Aus institutionell-professioneller Perspektive wird wie folgt unterschieden:

- Vorstufen der Partizipation: (1) Informieren, (2) Meinung erfragen bzw. Konsultation und (3) Lebensweltexpertise einholen bzw. Einbeziehung;
- Stufen der Partizipation: (4) Mitbestimmung zulassen, (5) Entscheidungskompetenz teilweise abgeben sowie (6) Entscheidungsmacht übertragen.

Aus Perspektive der Bürger:innen (Anspruchsgruppen) wird eine weitere Stufe (7) zur Selbstorganisation ergänzt.

54 Knolle (2011).

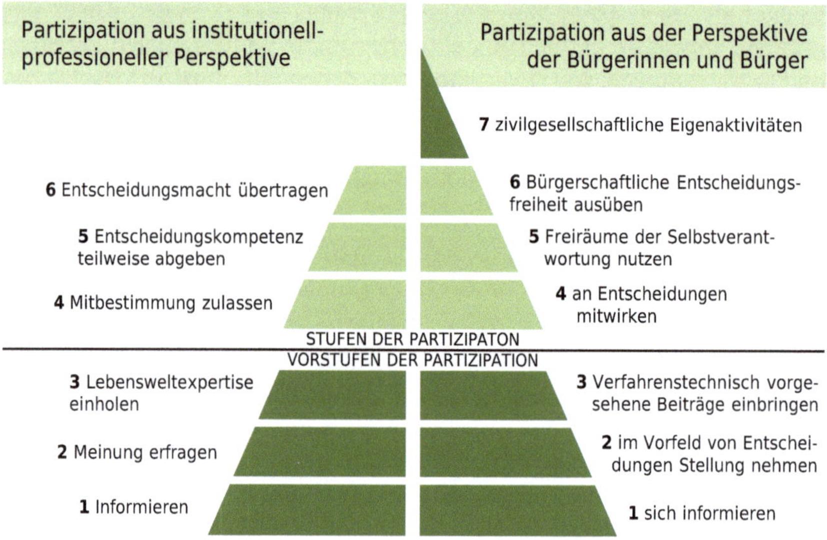

Abb. 10: Die Partizipationspyramide (in Anlehnung an Straßburger/Rieger 2019)

Wittek (2002) fasst schließlich Konsultation, Kooperation und Partizipation als die drei Grundtypen diskursiver Verfahren zur Erstellung von Nachhaltigkeitsindikatoren-Systemen (NI-Systemen) im Rahmen von prozessorientierten Nachhaltigkeitsstrategien zusammen. Mit Blick auf die Entwicklung von Nachhaltigkeitsstrategien für Veranstaltungen werden diese Grundtypen nun näher betrachtet, um die noch vorgelagerte Information ergänzt und mit der Differenzierung, wie man kommuniziert, in Verbindung gesetzt.

Folgendes Beispiel veranschaulicht verschiedene Partizipationsstufen, insbesondere Information und Kooperation.

Beispiel | Unterschiedliche Partizipationsstufen von Veranstaltungen

Die Wiener Theatergruppe *toxic dreams* hat 2011 den ökologischen Fußabdruck ihrer Produktion „The 100 % environmentally friendly show“ berechnet. Das Ergebnis der ressourcenbezogenen Folgen der Show wurden an das Publikum kommuniziert (**Information**) und dazu eingeladen, zu einer Reduzierung des Fußabdrucks beizutragen. Dafür sollte das Publikum angeben, welche Aktivitäten sie wie oft durchführen wollten, um dem Fußabdruck der Theaterproduktion wieder auszugleichen. Zum Beispiel einen Tag auf Fleisch zu verzichten, einen Tag mit dem Fahrrad, statt mit dem Auto zu fahren etc. (**Kooperation**). Das Ergebnis: Der Fußabdruck wurde fast doppelt kompensiert.

Bei Information und Konsultation geht es primär darum, Akzeptanz für vordefinierte Entscheidungen zu schaffen (Information) bzw. die Perspektive verschiedener Anspruchsgruppen einzuholen (Konsultation). Im Unterschied dazu soll durch Kooperation eine wechselseitige und abgestimmte Zusammenarbeit zur Erreichung nachhaltigkeitsbezogener Ziele stattfinden. Unter Kooperation kann die freiwillige, gleichrangige Zusammenarbeit unterschiedlicher Akteure (z. B. Unternehmen, Zivilgesellschaft, Verwaltung) verstanden werden, mit der die Erreichung individueller, nachhaltigkeitsbezogener Ziele unterstützt wird. Partizipation soll schließlich den Anspruchsgruppen ermöglichen, von Beginn an bei Entscheidungsprozessen mitbestimmen und aktiv auf den Transformationsprozess Einfluss nehmen zu können. Hier setzt auch das Potenzial von Veranstaltungen an, BNE zu fördern. Die → Abb. 11 veranschaulicht die unterschiedlichen Stufen am Beispiel der Entwicklung einer Nachhaltigkeitsstrategie einer Veranstaltung.

<table>
<tr><td>Information</td><td>Akzeptanz zu einer bereits entwickelten Nachhaltigkeitsstrategie der Veranstaltung schaffen.</td><td rowspan="2">Kommunikation von Nachhaltigkeit</td><td></td><td rowspan="3"></td></tr>
<tr><td>Konsultation</td><td>Einholung einer Einschätzung oder einer Beratung zu einer bereits entwickelten Nachhaltigkeitsstrategie der Veranstaltung.</td><td rowspan="3">Kommunikation über Nachhaltigkeit</td></tr>
<tr><td>Kooperation</td><td>Arbeitsteilige, wechselseitig abgestimmte Entwicklung und Umsetzung einer Nachhaltigkeitsstrategie durch Partner:innen mit verschiedenen, definierten Aufgabenbereichen.</td><td rowspan="2"></td></tr>
<tr><td>Partizipation</td><td>Reicht von der Mitbestimmung über die tlw. Entscheidungskompetenz bis hin zur Entscheidungsmacht und bezieht sich z. B. auf:
▪ Die Entwicklung und Umsetzung einer Nachhaltigkeitsstrategie der Veranstaltung.
▪ Die Programmgestaltung im Sinne einer Bildung für Nachhaltige Entwicklung.</td><td>Kommunikation für Nachhaltigkeit</td></tr>
</table>

Abb. 11: Partizipationsstufen mit Blick auf nachhaltigkeitsbezogene Zielsetzungen (eigene Darstellung in Anlehnung an Wittek 2002; Fischer 2019)

Bei der Kommunikation mit den verschiedenen Anspruchsgruppen von Veranstaltungen gibt es verschiedene Handlungsmaxime, Methoden und Instrumente, mit denen die Nachhaltigkeit der Veranstaltung gefördert werden kann. Diese werden im nächsten Kapitel behandelt.

Tipp

Fischer, Daniel (2019): Nachhaltigkeitskommunikation. In: Ursula Kluwick und Evi Zemanek (Hrsg.): Nachhaltigkeit interdisziplinär. Konzepte, Diskurse, Praktiken: ein Kompendium. Wien, Köln, Weimar: Böhlau Verlag (UTB Kulturwissenschaft, 5227), S. 51–69.

3.2 Nachhaltige Eventkommunikation

Für die Kommunikation im Rahmen der nachhaltigen Organisation von Veranstaltungen können drei Arten von Nachhaltigkeitskommunikation unterschieden werden:

- Die Kommunikation bzw. Information *von* Nachhaltigkeit der Veranstaltung, z. B. über umfassende Nachhaltigkeitsberichte, Umwelterklärungen oder Informationen zu den Nachhaltigkeitsaktivitäten auf der Website (⟶ Kapitel 3.3). Aber insbesondere auch im Sinne der Öffentlichkeitsarbeit der Veranstaltung und der Ansprache der Besucher:innen zur Nachhaltigkeit der Veranstaltung vor, während und nach der Veranstaltung.
- Die Kommunikation *über* die Nachhaltigkeit der Veranstaltung, z. B. im direkten und persönlichen Austausch mit den unterschiedlichen Anspruchsgruppen im Sinne von Konsultation, Kooperation und Partizipation, mit dem Ziel Partnerschaften aufzubauen und gemeinsam ein Nachhaltigkeitskonzept zu entwickeln (⟶ Kapitel 3.4 und ⟶ Kapitel 3.5).
- Die Kommunikation *für* Nachhaltigkeit durch Veranstaltungen, z. B. Programme und Angebote im Sinne einer BNE. Diese ist für die Programmgestaltung ein leitendes Instrument und wird in Kapitel Programm und Bildung (⟶ Kapitel 4) ausführlicher behandelt.

3.3 Umwelt- und Nachhaltigkeitsberichterstattung

Die nachhaltige Organisation von Veranstaltungen basiert auf der Übernahme von Verantwortung für die Auswirkungen des organisationalen Handelns auf die Gesellschaft und die Umwelt. Die verschiedenen Anspruchsgruppen erwarten von den Veranstalter:innen jedoch nicht nur, dass sie die Verantwortung dafür übernehmen, soziales Wohlergehen sowie ökologische Nachhaltigkeit zu fördern und negative externe Effekte zu vermeiden, zu verringern oder bestenfalls auszugleichen, sondern auch, dass sie ihre Auswirkungen transparent darlegen (und entsprechend handeln). Die Anforderungen an Transparenz und Rechenschaftspflichten hat das Interesse an der Nachhaltigkeitsberichterstattung erheblich erhöht. Sie ist einer der sich am dynamischsten entwickelnden Bereiche unternehmerischer Nachhaltigkeitskommunikation, zunehmend auch für die Veranstaltungsbranche.[55]

Ein Grund hierfür ist auch, dass **Umwelt- und Nachhaltigkeitsberichte** vermehrt Gegenstand von Regulierungen sind. Mit der derzeitigen Weiterentwicklung der nachhaltigkeitsbezogenen Berichtspflicht in Europa in Form der sogenannten *Corporate Sustainability Reporting Directive* (CSRD) werden zukünftig (stufenweise ab 2025) alle großen Unternehmen, die mindestens zwei von drei Merkmale erfüllen (Bilanzsumme von über 20 Mio. Euro, Nettoumsatzerlös von über 40 Mio. Euro und/oder mehr als 250 Beschäftige) bzw. alle an der Börse gelisteten Unternehmen (ausgenommen Kleinstunternehmen) dazu angehalten sein, einen Nachhaltigkeitsbericht zu erstellen[56].

Auch mit dem Einsatz von Managementsystemen ist die Berichterstattung in Form von Umwelt- oder Nachhaltigkeitsberichten teilweise vorgegeben. Eine Umwelterklärung ist beispielsweise ein verpflichtender Bestandteil des ansonsten freiwilligen Umweltmanagementsystems gemäß EMAS. Berichterstattungsinstrumente unterstützen außerdem beim Aufbau und der Umsetzung einer Nachhaltigkeitsstrategie (wie z. B. beim DNK).[57] Insgesamt dient die **Umwelt- und Nachhaltigkeitsberichterstattung** zum einen der internen Dokumentation und zum anderen der Berichterstattung gegenüber Anspruchsgruppen (z. B. Besucher:innen, Förderpartner:innen etc.). Schließlich kann auch die Entwicklung der Nachhaltigkeit der Veranstaltung über einen Zeitverlauf sichtbar gemacht werden. Die Berichterstattung (print oder online) kann sich an etablierten Standards, wie z. B. dem *DNK* oder den Standards der *GRI* für *Event Organizers* orientieren. Die Berichterstattung kann aber auch unabhängig davon erfolgen, z. B. in Form von individuell erstellten Nachhaltigkeitsberichten. In jedem Fall sollte sie in eine dialogorientierte Nachhaltigkeitskommunikation sinnvoll eingebettet sein.

55 Gruber/Herzig (2022).
56 DNK (2021); Herzig (2023).
57 Herzig/Pianowski (2022).

Beispiele für eine gelungene Nachhaltigkeitsberichterstattung und deren Einbettung in das Umwelt- bzw. Nachhaltigkeitsmanagement sind die Teilnahme von verschiedenen Kulturbetrieben am Umweltkooperationsprojekt *ÖKOPROFIT* **[OR-3.2]** 🔗 http://s.narr.digital/ly2vp oder die Zertifizierung der Kulturstiftung des Bundes und der Allianz Arena in München gemäß EMAS **[OR-3.3]** 🔗 http://s.narr.digital/3agsg. Seit 2020 müssen das Deutsche Schauspielhaus, das Thalia-Theater und die Staatsoper Hamburg (sowie weitere öffentliche Einrichtungen der Hansestadt) einen Nachhaltigkeitsbericht veröffentlichen.[58] Damit folgt die Hamburger Finanzbehörde anderen Ländern und Kommunen wie Berlin und Freiburg und fordert öffentlich finanzierte Betriebe dazu auf, sich mit den Nachhaltigkeitszielen der Vereinten Nationen auseinandersetzen. Eine Berichterstattung soll mindestens nach dem *DNK* erfolgen, wobei weitergehende Standards, wie die der *GRI*, ebenfalls zulässig sind. Gegenstand dieser Berichterstattung ist in vielen Fällen auch die Organisation von Veranstaltungen und die Kommunikation *von* Nachhaltigkeit der Veranstaltungen.

Die Schaffung einer gemeinsamen Informationsbasis in Form von Berichten ist zudem eine wesentliche Grundlage für eine gelingende Kommunikation *über* Nachhaltigkeit (Konsultation, Kooperation und Partizipation). Die Programmgestaltung im Sinne einer BNE steht für Kommunikation für *Nachhaltigkeit* und ermöglicht es schließlich v. a. Gäste und Besucher:innen von Veranstaltungen für eine nachhaltige Entwicklung zu sensibilisieren, Handlungskompetenzen und die Selbstwirksamkeit zur Gestaltung des Wandels zu fördern.

3.4 Stakeholderkommunikation

3.4.1 Stakeholdermanagement

Kommunikation und Partizipation in den unterschiedlichen Ausprägungen findet sowohl vor, während und nach der Planung und Durchführung einer Veranstaltung statt. Wie bereits im vorherigen Absatz aufgezeigt, werden die verschiedenen **Anspruchsgruppen** dabei in den unterschiedlichen Phasen der Veranstaltung unterschiedlich involviert. Der erste Schritt ist

58 RNE (2020).

die Identifikation der Anspruchsgruppen. Folgende Fragen können dabei leitend sein:[59]

- Welche Abteilungen und beruflich qualifizierten Mitarbeiter:innen (z. B. Techniker, Veranstaltungskaufleute) gibt es innerhalb des Unternehmens?
- Welche Interessen vertreten die jeweiligen Abteilungen und Mitarbeiter:innen bzw. vertreten sie gemeinsame Interessen?
- Welche externen Dienstleister:innen und Partner:innen sind bei der Veranstaltung involviert?
- Welche externen Personen oder Personengruppen sind durch die Veranstaltung bzw. das Veranstaltungshaus betroffen?
- Sind diese Personen oder Personengruppen in Initiativen organisiert oder werden sie von bestimmten Organisationen vertreten?

Die im Wesentlichen zu adressierenden Anspruchsgruppen für Veranstaltungen lassen sich in folgende Gruppen grob untergliedern:

- Leitungsebene, Team bzw. Mitarbeiter:innen;
- Dienstleister:innen, z. B. externe Dienstleistenden, wie Energie-, Wasser- und Abfallversorger, Druckereien, Catering, Veranstaltungsort, digitale Infrastruktur, Polizei, Rettungsdienste; Programmbeitragende, wie Referent:innen, Ausstellende, Künstler:innen;
- Finanzpartner:innen, auch solche die ggf. entstehende Mehrkosten durch Nachhaltigkeit (mit) finanzieren;
- weitere Partner:innen im Bereich Nachhaltigkeit, z. B. Verbündete, im Sinne von weiteren Veranstaltenden, die eine nachhaltige Entwicklung angehen (wollen); Fachberater:innen, die Veranstaltende bei dem Prozess begleiten; Fachverbände und andere Organisationen, die branchenspezifische Informationen, Beratung und Bildung anbieten; Presse und Medien;
- Anwohner:innen, die Kommune bzw. Gemeinde;
- Gäste, Besucher:innen und/oder Teilnehmer:innen;
- Medien, z. B. Presse, Radio;
- weitere Interessensgruppen wie z. B. NGOs, weitere Verbände, politische Parteien.

59 GIZ/Helpdesk (o. J.).

Beispielhaft skizziert Brennan (2021) die wesentlichen Akteur:innen von Musikveranstaltungen in einer vereinfachten Darstellung → Abb. 12. Er betont zugleich, dass die Verbindungen in der Realität deutlich komplexer sind. Die offensichtlichsten Akteur:innen sind die Künstler:innen und das Publikum, die am Veranstaltungsort zusammenkommen. Darüber hinaus gibt es Akteure, die verstärkt „hinter den Kulissen" wirken. So kümmert sich ein:e Manager:in im Namen der Künstler:innen um geschäftliche Verhandlungen und stellt die Verbindung zur Agentur, dem:der Veranstalter:in und dem Veranstaltungsort her, die wiederrum Spezialisten in ihren Bereichen sind. In einer erweiterten Darstellung hebt Brennan (2021) hervor, dass alle Akteur:innen mit ökologischen Fragestellungen konfrontiert sind und eine entsprechende Auseinandersetzung erfolgen sollte. So hat das Publikum über die Wahl des Verkehrsmittel zum Veranstaltungsort Einfluss, die Tourplanungen können hier ebenfalls nach entsprechender Abstimmung zwischen Künstler:in, Manager:in und Agent:in optimiert und Wegstrecken reduziert werden und der Veranstaltungsort sowie die veranstaltende Organisation hat Einfluss auf ihren eigenen Fuhrpark und die Ressourcennutzung am Standort.

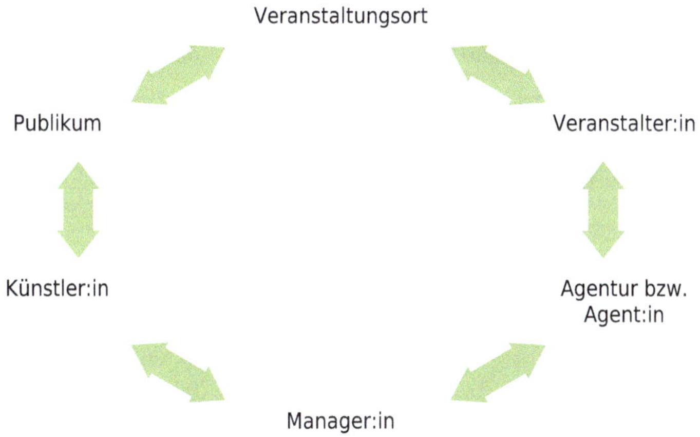

Abb. 12: Akteure und Verbindungen am Beispiel eines Musikfestivals (in Anlehnung an Brennan 2021)

Anspruchsgruppen lassen sich in interne und externe oder in primäre und sekundäre Anspruchsgruppen unterscheiden. Interne Anspruchsgruppen agieren innerhalb der Organisation (z. B. Mitarbeitende), während externe außerhalb der Organisation mit ihr interagieren (z. B. Kund:innen). Primäre Anspruchsgruppen sind für die Organisation von existenzieller Bedeutung (z. B. Mitarbeitende), während sekundäre nicht von existenzieller Bedeutung (z. B. NGO) sind. Des Weiteren können Anspruchsgruppen danach unterschieden werden, ob es sich um marktlich (z. B. Dienstleisende) bzw. nicht-marktliche Anspruchsgruppen (z. B. Polizei) handelt. Wichtig ist auch, zu beschreiben, welche Rolle die Anspruchsgruppe spielt bzw. welche Ressourcen (z. B. Arbeitskraft, Material, Geld) sie für den Erfolg einer Veranstaltung einbringt. Anhand dieser Einteilungen lassen sich die Einstellung, der Einfluss und die Betroffenheit der Anspruchsgruppen ermitteln. Mit der resultierenden Bewertung der Anspruchsgruppen, können dann im Anschluss geeignete Wege und Strategien der Kommunikation und Partizipation abgeleitet werden. Es gibt verschiedene Methoden zur Identifikation von Anspruchsgruppen und Bewertung der Erwartungshaltung (z. B. Stakeholdermapping, Stakeholderanalyse).

Beispiel | Stakeholdermapping

Walker (2013) führt eine praxiserprobte Vorgehensweise für das Stakeholdermapping auf. Ein ausdifferenziertes Stakeholdermapping ist vor allem für Großveranstaltungen und Veranstaltungen mittlerer Größenordnung relevant, insbesondere, wenn diese wiederkehrend geplant werden. Bei kleineren Veranstaltungen ist z. B. die Teilhabe an der Gestaltung der Veranstaltung durch verschiedene Anspruchsgruppen von größerer Bedeutung.

Diese bilden schließlich die Grundlage für die Ermittlung von Maßnahmen, mit denen Anspruchsgruppen *über* die Nachhaltigkeit der Veranstaltung informiert werden bzw. zur Entwicklung der Nachhaltigkeit der Veranstaltung beitragen können.

3.4.2 Kommunikation mit Anspruchsgruppen

Mitarbeiter:innen und Mitwirkende

Im Team (Leitung, Mitarbeiter:innen in Haupt- und Ehrenamt) sollten früh Zuständigkeiten geklärt und Schulungen ermöglicht werden. Maßgeblich für die interne Kommunikationsstrategie ist die Organisationsstruktur der Veranstaltung bzw. des Veranstaltungshauses.

Mitarbeiter:innen und Mitwirkende sind vor Ort für die Umsetzung des Nachhaltigkeitskonzeptes zuständig und vertreten dieses nach außen, z. B. gegenüber den Teilnehmer:innen, Partner:innen. Bei einer nachhaltigen Veranstaltung sollten Mitarbeiter:innen und Mitwirkende daher nicht nur informiert, sondern am Veränderungs- und Entwicklungsprozess beteiligt sein bzw. ihn gemeinsam gestalten. Kooperation und die verstärkte Zusammenarbeit aller Beteiligten bilden den Schlüssel für die erfolgreiche Umsetzung nachhaltiger Veranstaltungen. Dabei gilt es auch gegebenenfalls aufkommende Widerstände anzunehmen und einen an den Bedarfen der Mitarbeiter:innen orientierten Umgang damit zu finden. Für die Organisation von Veranstaltungen unter Nachhaltigkeitsaspekten ist es wichtig, dass alle Beteiligten ein Gefühl der Dringlichkeit und Notwendigkeit erkennen und sich daraus Vision und Strategie entwickeln lassen.[60]

Beispiel | Stakeholder-Dialog Nachhaltigkeit 2018, GIZ

Der Ergebnisbericht vom *Sustainability Office* der *GIZ* zum Stakeholder-Dialog Nachhaltigkeit 2018 fasst die Ergebnisse der Onlinebefragung sowie des Stakeholder-Tags zur Nachhaltigkeit zusammen **[OR-3.4]** 🔗 http://s.narr.digital/ktz25.

Eine von Beginn an abgestimmte Planung des Nachhaltigkeitskonzeptes der Veranstaltung sowie die Dokumentation von Fortschritten bzw. Hindernissen unterstützen eine transparente Kommunikation. Je nach Organisationsgröße dient dafür der direkte Austausch, z. B. in Form von regelmäßigen Arbeitstreffen. Bei größeren Organisationen können zunächst Befragungen und Workshops initiiert und weitere Schritte z. B. über die Bildung von

60 Walter (2017).

Arbeitsgruppen bzw. -kreisen organisiert werden. Schließlich sollte ein regelmäßiger Informationsfluss zu den weiteren Entwicklungen obligatorisch sein und an die üblichen Kommunikationskanäle der Organisation angegliedert werden.

Drei Arten von interner Kommunikation in Unternehmen können im Wesentlichen unterschieden werden[61]:

1. persönliche Kommunikation (zw. Leitung und Team, aber auch zwischen Kolleg:innen in Form von Arbeitstreffen, Workshops etc.);
2. gedruckte Medien (z. B. Handreichungen, Zeitschriften, Broschüren);
3. elektronisch gestützte Kommunikation (z. B. E-Mail, Intranet, Blogs, Social Media).

Dienstleister:innen und Finanzpartner:innen

Bei Veranstaltungen sind zahlreiche externe Dienstleister:innen, wie z. B. Energie-, Wasser- und Abfallversorgungsbetriebe, Druckereien, Cateringbetriebe, Feuerwehr, Polizei, Sicherheitsdienste sowie Programmbeitragende, wie Referent:innen, Moderator:innen, Künstler:innen, Aussteller:innen und viele mehr beteiligt. Zunächst muss definiert werden, mit wem man zusammenarbeiten möchte – also welche Anforderungen und Kriterien die Dienstleister:innen erfüllen sollten (z. B. Bio-Zertifizierung des Cateringbetriebs) bzw. welche Eigenschaften ausgeschlossen werden können (z. B. keine Zusammenarbeit mit Finanzpartner:innen, die in die Rüstungsindustrie investieren). Den Anforderungen können die Dienstleister:innen z. B. im Rahmen eines Verhaltenskodex („Code of Conduct") zustimmen. Nachhaltigkeitskriterien können auch mit den Vertragsvereinbarungen konkretisiert und schriftlich festgehalten werden.

Beispiel | Nachhaltigkeitskriterien für Aussteller:innen

Nachhaltigkeitskriterien für Aussteller:innen, die auch vertraglich festgehalten werden sollten, können z. B. sein:

- Aussteller:innen verpflichten sich zu der Einhaltung anti-diskriminierender Leitbilder.

61 Mast (2020).

- Aussteller:innen verpflichten sich zu der Einhaltung der Arbeitsschutzbestimmungen.
- Aussteller:innen verpflichten sich zu der Reduktion von Abfall und fachgerechter Entsorgung nicht-vermeidbaren Abfalls gemäß des Abfallkonzepts.
- Aussteller:innen verpflichten sich zu einem sparsamen und effizienten Umgang mit natürlichen Ressourcen, z. B. Energie und Wasser.[62]

Dienstleister:innen müssen mindestens über das Vorgehen und die Erwartungen im Zuge der Nachhaltigkeitsstrategie informiert werden. Idealerweise und besonders bei langjährigen Partnerschaften werden sie bereits in die Entwicklung involviert. Je höher die Stufe der Partizipation, desto zeitaufwendiger. Formate betreffen z. B. Interviews mit Stakeholdern, Workshops und weitere Dialogveranstaltungen. Wenngleich auch der Prozess großzügig geplant werden muss, führt er jedoch in der Regel zu einer erhöhten Akzeptanz und sorgt für eine bessere Wahrnehmung der Anforderungen durch die Dienstleister:innen im Zuge des Nachhaltigkeitskonzeptes (z. B. Umstellung auf vegetarisches Catering). Einzelne Maßnahmen werden dann in Ausschreibungsunterlagen und Vertragsvereinbarungen festgehalten.

Fördergeber:innen und Finanzpartner:innen fordern zunehmend die Beachtung von Nachhaltigkeitskriterien ein. Sie können auch potenzielle Mehrkosten durch Nachhaltigkeitsmaßnahmen mitfinanzieren.

Beispiel | Forderung nach Nachhaltigkeitskriterien

Die Finanzbehörde der Freien und Hansestadt Hamburg fordert Unternehmen der öffentlichen Hand beispielsweise dazu auf, einen Nachhaltigkeitsbericht zu veröffentlichen.[63] Betroffen von diesem Schritt sind rund 30 öffentliche Unternehmen, die entweder eine Bilanzsumme von über 20 Mio. Euro aufweisen, über 40 Mio. Euro Umsatzerlöse erzielen oder mehr als 250 Beschäftigte haben. Dazu zählen auch Kulturinstitutionen wie das Deutsche Schauspielhaus, das Thalia-Theater und die Staatsoper Hamburg. Die Berichterstattung reflektiert die Er-

62 Green Events Hamburg (2021).
63 RNE (2020).

wartungshaltung der Behörde, dass sich öffentlich finanzierte Betriebe mit den Nachhaltigkeitszielen der Vereinten Nationen (Sustainable Development Goals – SGDs) auseinandersetzen. Die Berichterstattung soll mindestens nach dem DNK erfolgen, wobei weitergehende Standards (z. B. *GRI*) ebenfalls zulässig sind. Auch die Berliner Senatsverwaltung für Finanzen fordert von den Berliner Landesunternehmen seit dem Berichtsjahr 2018 Nachhaltigkeitsberichte ein[64]; zunächst von den großen Beteiligungsunternehmen, während kleine und mittlere Unternehmen ab dem Berichtsjahr 2022 in die zweijährliche Berichterstattung aufgenommen werden. Es ist zu erwarten, dass weitere Länder und Kommunen folgen.

Kooperationspartner:innen

Austausch und Dialog über die Nachhaltigkeit von Veranstaltungen mit anderen Veranstalter:innen, Fachberater:innen sowie Verbänden und Bündnissen können motivierend und handlungsleitend sein. Kollegiale Beratung unter Veranstalter:innen und Fachveranstaltungen zeigen einerseits die Prozesse und Good Practices anderer auf und ermöglichen andererseits fachspezifische Impulse von außen.

Beispiel | Kollegiale Vernetzungsgruppen

Das *Forum Nachhaltige Wissenschaft* diskutiert über Möglichkeiten, den akademischen Alltag nachhaltiger zu gestalten. Angesprochen sind Wissenschaftler:innen, Verwaltungsfachleute, Studierende, Aktivist:innen und Umweltexpert:innen sowie ein breiteres umweltpolitisch interessiertes Publikum **[OR-3.5]** 🔗 http://s.narr.digital/noy7m.

Hessische soziokulturelle Zentren, die Mitglied in der *Landesarbeitsgemeinschaft der Kulturinitiativen und soziokulturellen Zentren in Hessen e. V. (LAKS)* sind, treffen sich zu regelmäßigen Fachaustauschen im Rah-

---

64 Senatsverwaltung für Finanzen (2020).

men des **Forum Nachhaltigkeit LAKS Hessen**. Neben Fachimpulsen wird v. a. der gegenseitige Austausch und Vernetzung unterstützt.

Seit Januar 2021 gibt es eine **Vernetzungsgruppe Theater und Nachhaltigkeit**, die sich über ein Wiki, eine Telegram sowie Signal-Gruppe und auf Facebook organisiert **[OR-3.6]** http://s.narr.digital/gkw0v. Darüber hinaus finden alle paar Monate Vernetzungstreffen statt.

Branchenspezifische Verbände verfügen über handlungsleitende Informationen und Visionen, wie z. B. der Kodex für Nachhaltigkeit *fairpflichtet* vom *German Convention Bureau* (GCB), der in Kooperation mit dem Europäischen Verband der Veranstaltungs-Centren (EVVC) erarbeitet wurde. Kooperationen zwischen Wissenschaft und Praxis können Prozesse begleiten, unterstützen und Handlungsleitfäden entwickeln, wie z. B. den Nachhaltigkeitskodex in der Soziokultur, der ein Ergebnis des Forschungsprojektes „Jetzt in Zukunft" des Instituts für Kulturpolitik der Universität Hildesheim in Kooperation mit dem Bundesverband Soziokultur darstellt.[65]

3.5 Öffentlichkeitsarbeit und Ansprache der Gäste

Das Ziel, die Veranstaltung nachhaltig durchzuführen, sollte frühzeitig öffentlich kommuniziert werden. Bereits mit der Bekanntmachung und Einladung kann darauf hingewiesen werden. Maßnahmen zur Kommunikation von Nachhaltigkeit für die Öffentlichkeit und Besucher:innen werden in die Phasen vor, während und nach der Veranstaltung eingeteilt. Neben der zielgruppengerechten, barrierefreien und inklusiven Ansprache, spielt bei der Kommunikation der Einsatz von Print- und Merchandise-Produkten sowie die digitale Strategie eine entscheidende Rolle für die Nachhaltigkeit der Veranstaltung.

65 Schneider et al. (2021).

3.5.1 Vor der Veranstaltung

Informationen zur Veranstaltung (z. B. Bekanntmachungen, Einladungen, Anmeldung etc.) erfolgen

- digital (z. B. E-Mail, Website, soziale Medien);
- in Print (z. B. postalisch, Zeitschriften, Flyer);
- durch persönliche Ansprache (z. B. 1:1 Gespräche, Bewerbung auf anderen Veranstaltungen).

Für eine ideale Kommunikation ist eine zielgruppengerechte Ansprache unter Einsatz passender Kommunikationskanäle entscheidend. Die Veranstalter:innen sollten sich daher in einem ersten Schritt mit den Zielgruppen (→ Kapitel 3.4.1), deren Bedürfnissen und Kommunikationskanälen auseinandersetzen. Eine grundsätzliche Abwägung ist der Einsatz einer digitalen Strategie bei der Kommunikation. Eine abgestimmte Online- und Offlinekommunikation, auch crossmediale Kommunikation genannt, sowie der Einsatz digitaler Tools in Zusammenhang mit dem Kommunikationskonzept gewinnen zunehmend an Bedeutung.[66] So haben zahlreiche Veranstaltungen mittlerweile eine eigene Website, nutzen soziale Medien (v. a. *Facebook*, *Instagram*, *Twitter*, *YouTube*, *Google+*, *LinkedIn*, *Xing*) für die zielgruppenfokussierte Bewerbung und Software für das Teilnehmer:innenmanagement. Worauf im Hinblick auf eine nachhaltige IT-Infrastruktur zu achten ist, wird im → Kapitel 8.3 näher betrachtet.

Bei gedruckten und postalisch versendeten Einladungen sowie Bekanntmachungen über Plakate und Flyer ist darauf zu achten, dass Druckprodukte aus nachwachsenden Rohstoffen mit entsprechenden Siegeln verwendet werden (→ Kapitel 8.3). Eine papiersparende und trotzdem persönliche Variante ist eine direkte Ansprache via E-Mail. Der E-Mail kann eine Datei (z. B. Einladungsschreiben, Flyer) angehängt werden und/oder ein Hinweis zu einem Link auf eine Website mit aktuellen Informationen zur Veranstaltung.

66 Zanger (2021).

Beispiel | CO_2-Emissionen von Brief- und E-Mail-Versand

Im Jahr 2020 wurden weltweit täglich 300 Mrd. E-Mails versendet und empfangen. Diese Anzahl soll bis 2025 auf ca. 375 Mrd. E-Mails pro Tag wachsen[67], während es 2015 noch ca. 205 Mrd. E-Mails waren[68]. In Deutschland wurden im gesamten Jahr 2018 848,1 Mrd. E-Mails versendet, 2015 waren es noch 544,2 Mrd. E-Mails.[69] Im Durchschnitt entstehen durch den Versand einer Standard E-Mail 4 g CO_2e, mit einem angehängten Bild ca. 50 g CO_2e. Durch den Versand eines Briefes entstehen durchschnittlich 26 CO_2e. Auch wenn bei einer Standard E-Mail im Vergleich zu einem Brief weniger CO_2-Emissionen entstehen, kommt die Studie von Wohllebe (2019) beim Vergleich der ökologischen Nachhaltigkeit von Brief- und E-Mail-Versand im Dialogmarketing zu dem Ergebnis, dass der Versand von E-Mails 50 mal mehr CO_2-Emissionen verursacht als der Briefversand. Grund dafür ist, dass E-Mails praktisch nichts kosten und die Menge an E-Mails insgesamt zunimmt. Man spricht hier auch von einem Rebound-Effekt.[70]

Mit der **Einladung** wird in der Regel auch das Anmeldeverfahren kommuniziert (z. B. öffentliche Veranstaltung ohne Anmeldung, vorherige Anmeldung erforderlich, begrenzte Anzahl an Plätzen etc.). Anmeldungen sind insbesondere für eine bedarfsgerechte Planung wichtig, z. B. zur Abfrage von Essensgewohnheiten und Unverträglichkeiten (⟶ Kapitel 12.3) oder für die Anzahl an Tagungsunterlagen (⟶ Kapitel 8.3). Das Anmeldeverfahren kann mit Online-Tools ermöglicht werden, wobei hier je nach Zielgruppen sowie im Sinne von Barrierefreiheit und Inklusion zusätzlich weitere Varianten in Betracht gezogen werden sollten.

Ein digitales **Einladungs- und Veranstaltungsmanagement** unterstützt die Reduzierung von Printmaterialien und den damit oftmals verbundenen Versand per Post. Bereits der erste Kontakt zur Zielgruppe, die Ankündigung und Einladung zur Veranstaltung, erfolgt digital über die Website, Social-Media-Kanäle oder persönlich via E-Mail. Dasselbe gilt für Anmeldung und Registrierung zur Veranstaltung. Weitere Materialien wie

67 Statista (2022b).
68 Statista (2015).
69 Statista (2019).
70 Dorner (2019).

z. B. Plakate, Programme, Broschüren und Anreiseinformationen können ebenso online kommuniziert und über QR-Codes zugänglich gemacht werden. Bei größeren Events ist es sinnvoll mit einer umfassenden digitalen Lösung, wie z. B. einer App zu arbeiten, die alle Funktionen und Informationen vereint.

Für digitale Anmeldungen und das Teilnehmer:innenmanagement können Anwendungen von kommerziellen Anbieter:innen (z. B. ticketmaster, eventbrite), Open-Source-Anwendungen (z. B. attendize, pretix) oder eigens entwickelte Anwendungen eingesetzt werden. In Zusammenhang mit der Digitalisierung von Events im Sinne der Verbindung von Online und Offline Kommunikation spielt der Datenschutz und die europäische Datenschutz-Grundverordnung (DSGVO) eine große Rolle.[71]

3.5.2 Während der Veranstaltung

Während der Veranstaltung sollten Ansprechperson(en) für Nachhaltigkeit vor Ort vertreten sein. Unterstützt wird nachhaltiges Handeln der Teilnehmer:innen, Gäste und Besucher:innen durch eine klare und einheitliche Beschilderung und Informationen zu Nachhaltigkeitsaspekten (z. B. über Banner, mündliche Ansagen etc.). Bei Veranstaltungen auf Freiflächen (z. B. Festivals) sollten die Interessen der Anwohner:innen bereits im Vorfeld an die Gäste kommuniziert werden, aber auch während der Veranstaltung auf Rücksichtnahme hingewiesen werden (z. B. Lautstärke zu vorgesehen Zeiten, Abfallentsorgung, Beachtung von Wegen). Auch Kooperationspartner:innen können Raum bekommen, um über ihre Nachhaltigkeitsmaßnahmen zu informieren.

3.5.3 Nach der Veranstaltung

Die Wahrnehmung und Zufriedenheit von Mitarbeiter:innen, Partner:innen und Besucher:innen kann analog (z. B. Ansprechperson vor Ort, Briefkasten) oder digital (z. B. mittels Onlinebewertungsbögen, E-Mail Adresse für Feedback, Umfragen) während und nach der Veranstaltung erfasst werden. Wie in den vorherigen Kapiteln dargestellt, spielt die Mitwirkung der Anspruchsgruppen bei der Umsetzung und Evaluierung der Nachhaltigkeit von Veranstaltungen eine zentrale Rolle.

---

71 Zanger (2021).

3.6 Zusammenfassung

Nachhaltigkeitskommunikation ist ein Verständigungsprozess über eine zukunftsfähige, gesellschaftliche Entwicklung. Nachhaltigkeitskommunikation ist auch mit dem Anspruch verbunden, gesellschaftliche Such-, Lern- und Gestaltungsprozesse hin zu einer nachhaltigen Entwicklung zu unterstützen. Damit ist sie eng verknüpft mit den Begriffen der Partizipation. Drei Arten der Nachhaltigkeitskommunikation wurden unterschieden und in den jeweiligen Kapiteln erläutert. Die drei Arten sind:

1. Die Kommunikation *von* Nachhaltigkeit der Veranstaltung durch Umwelt- und Nachhaltigkeitsberichterstattung, aber auch durch Zertifikate und Siegel.
2. Die Kommunikation *über* die Nachhaltigkeit der Veranstaltung mit Anspruchsgruppen, wie Mitarbeiter:innen, Dienstleister:innen und insbesondere mit Gästen. In diesem Zusammenhang wurde auch das Stakeholdermanagement als übergreifender Ansatz vorgestellt.
3. Die Kommunikation *für* die Nachhaltigkeit durch Veranstaltungen, insbesondere durch das Bildungskonzept BNE.

Die Kommunikation *von* Nachhaltigkeit wurde über die Einführung in Umwelt- und Nachhaltigkeitsberichterstattung erläutert. Die Kommunikation *über* Nachhaltigkeit wurde zunächst über Ausführungen zum Management und der Kommunikation mit Anspruchsgruppen eingeleitet. Abgerundet wurde das Kapitel mit einem Einblick in die Öffentlichkeitsarbeit und Ansprache der Gäste, wobei zwischen den Phasen vor, während und nach der Veranstaltung unterschieden wurde.

3.7 Reflexionsfragen

1. Welche Arten von Nachhaltigkeitskommunikation lassen sich voneinander unterscheiden? Erläutern Sie die jeweilige Art und nennen Sie einschlägige Beispiele.
2. Welche unterschiedlichen Umwelt- und Nachhaltigkeitsberichterstattungsinstrumente gibt es? Nennen Sie Beispiele von ökologischen, ökonomischen und sozialen Aspekten, die zu Transparenz der nachhaltigen Veranstaltungsorganisation beitragen.

3. Recherchieren Sie auf Websites von Veranstaltungen und Veranstaltungshäusern nach der Kommunikation *von* Nachhaltigkeit. Wie wird das Engagement dargestellt? Nennen Sie Unterschiede und Gemeinsamkeiten von 2–3 verschiedenen Darstellungen.
4. Was sind Anspruchsgruppen bzw. Stakeholder? Listen Sie relevante Anspruchsgruppen von Veranstaltungen auf und halten Sie unterschiedliche Bedürfnisse stichwortartig fest.
5. Welche Veranstaltung haben Sie zuletzt besucht (z. B. Konzert, Abschlussfeier etc.).
   a. Wie wurde vor, während und nach der Veranstaltung mit Ihnen kommuniziert?
   b. Inwiefern wurden nachhaltigkeitsbezogene Aspekte an Sie kommuniziert?
   c. Fassen Sie Empfehlungen für weitere nachhaltigkeitsbezogene Kommunikationsmaßnahmen an den oder die Veranstalter:in zusammen.

4 Programm und Bildung

Die Lernfragen zu diesem Kapitel finden Sie unter:
https://narr.kwaest.io/s/1182

4.1 Exkurs: Bildung für nachhaltige Entwicklung (BNE)

Seit vielen Jahrzehnten, und spätestens seit den Veröffentlichungen der Werke *Silent Spring* durch *Rachel Carson* im Jahr 1962 und *Grenzen des Wachstums* durch den *Club of Rome* im Jahr 1972, wissen wir von den Auswirkungen menschlichen Handelns und Wirtschaftens auf die Umwelt. Die negativen Auswirkungen sind in den letzten Jahrzehnten jedoch vielmehr gestiegen als das wir sie reduzieren konnten. Wieso verändern wir unser Handeln nicht, obwohl wir damit der Umwelt und auch dem Menschen schaden?

Die Umweltpsychologie versucht Antworten darauf zu finden.[72] Sie verweist auf die Möglichkeit gezielter Interventionsprogramme (z. B. Informationsprogramme zum Energiesparen). Interventionsmethoden reichen von Information über Instruktion bis hin zu Trainings oder Workshops, wobei insbesondere beteiligungsorientierten Verfahren eine hohe Wirksamkeit zugewiesen wird. Auch sollten Bedingungen so gestaltet werden, dass nachhaltiges Handeln unterstützt wird. Letztlich zielen Interventionen darauf ab, dass Menschen ihre Einstellungen und/oder das Verhalten ändern.

Tipp

Schmitt, C. T., & Bamberg, E. (2018). Psychologie und Nachhaltigkeit. Springer Fachmedien Wiesbaden.

Bildung für nachhaltige Entwicklung (BNE) ist ein **Bildungskonzept**, das es Menschen ermöglichen möchte, an einer gerechten Gestaltung der

72 Bamberg/Schmitt (2018).

Gesellschaft engagiert und verantwortungsbewusst mitwirken zu können. Denn Bildung ist eine wesentliche Voraussetzung für die Fähigkeit, sich mit Umwelt- und Nachhaltigkeitsfragen auseinanderzusetzen. BNE will daher Bewusstsein für nachhaltigkeitsrelevante Probleme schaffen, den Erwerb von Wissen über diese Probleme ermöglichen und die erforderlichen Kompetenzen im Umgang mit diesen erschließen.[73]

Die Entwicklung von BNE reicht zurück in die 1970er-Jahre, in denen erste Ansätze zur Umwelterziehung und -bildung entwickelt wurden. Mit der Agenda 21 wurde die Rolle der Bildung in Hinblick auf eine nachhaltige Entwicklung gestärkt und im Zuge der UN-Weltdekade (2005–2014) „Bildung für nachhaltige Entwicklung" damit begonnen, BNE weltweit in nationale Bildungssysteme zu verankern. Mittlerweile bezieht sich BNE auf Lerninhalte sowie auf die Pädagogik und die Lernumgebungen, was z. B. im Begriff des *Whole Institution Approach* zum Ausdruck kommt.

> „Wenn ein Lernort, beispielsweise eine Schule oder ein Verein, einen **Whole Institution Approach** verfolgt, ist Bildung für nachhaltige Entwicklung (BNE) nicht nur ein Querschnittsthema im Unterricht – auch die Lernprozesse und Methoden werden auf BNE ausgerichtet. Der Lernort orientiert die Bewirtschaftung der eigenen Institution an Prinzipien der Nachhaltigkeit, indem beispielsweise Lernende, Lehrende und Verwaltungsmitarbeitende bewusst mit Energie und Ressourcen umgehen, einen Schulgarten pflegen oder für die Verpflegung regionale und fair erzeugte Bio-Produkte bevorzugen."[74]

Fest verankert ist BNE in den 17 SDGs. **Ziel 4 (Hochwertige Bildung)** fordert eine inklusive, gleichberechtigte und hochwertige Bildung sowie Möglichkeiten für Lebenslanges Lernen für alle – als Voraussetzung zur Erreichung der Nachhaltigkeitsziele.

Soziale und ökologische Verantwortung sowie globale Gerechtigkeit sind **die zentralen Werte einer BNE**. In zivilgesellschaftlichen Prozessen können und sollten diese Werte auch immer wieder (neu) ausgehandelt und reflektiert werden. Ein Beispiel dafür ist die Erd-Charta, für die in einem mehr als zehnjährigen Prozess vier Grundsätze erarbeitet und damit eine Vision für eine nachhaltige Entwicklung geschaffen wurde. Auch der Verabschiedung der 17 SDGs liegt ein langjähriger Aushandlungs- und Reflexionsprozess zwischen den Staaten der Vereinten Nationen zugrunde. Die

73 Michelsen/Fischer (2015); Stoltenberg/Fischer (2017).

74 BNE Portal (2022).

17 Nachhaltigkeitsziele fassen schließlich auch Kernprobleme zusammen, die die Themen und Inhalte einer BNE ausmachen. Beispiele für **Themen und Inhalte** sind Welternährung (SDG 2), Geschlechtergerechtigkeit (SDG 5), Klimawandel (SDG 13) oder Biodiversität (SDG 15).

Tipp

- Michelsen, Gerd; Fischer, Daniel (2015): Bildung für nachhaltige Entwicklung. Wiesbaden: Hessische Landeszentrale für politische Bildung.
- Nationale Plattform Bildung für nachhaltige Entwicklung (2017): Nationaler Aktionsplan Bildung für nachhaltige Entwicklung. Der deutsche Beitrag zum UNESCO-Weltaktionsprogramm. Berlin.
- BNE-Portal des Bundesministeriums für Bildung und Forschung **[OR-4.1]** http://s.narr.digital/r0jwq.
- Erklärfilm der Deutschen UNESCO-Kommission **[OR-4.2]** http ://s.narr.digital/g9wx9.

BNE geht dabei über die reine Vermittlung von Faktenwissen hinaus. Es geht vielmehr um **System-, Ziel- und Handlungswissen**, das mittels partizipativer und kollaborativer Methoden und Formen erarbeitet und Kompetenz zur Mitgestaltung erworben wird. Die sogenannte **Gestaltungskompetenz** zeichnet sich durch zwölf Teilkompetenzen aus, die in → Abb. 13 aufgezeigt und erläutert werden.[75]

75 Michelsen/Fischer (2015); Stoltenberg/Burandt (2014).

Kompetenz für voraus-schauendes Denken und Handeln (Antizipation) Entwicklungen für die Zukunft gilt es zu bedenken sowie Chancen und Risiken von aktuellen und künftigen, auch unerwarteten Entwicklungen zu thematisieren.	**Kompetenz, interdisziplinär zu arbeiten** Ein angemessener Umgang mit Komplexität erfordert das Erkennen und Verstehen von System-zusammenhängen. Das Verstehen des Prinzips der Retinität, der „Gesamtvernetzung" aller menschlichen Tätigkeiten und Erzeugnisse mit der sie tragenden Natur, ist von fundamentaler Bedeutung.	**Kompetenz zur Perspektivübernahme** Phänomene sollen in ihrem weltweiten Bindungs- und Wirkungszusammenhang erfasst und lokalisiert werden, Lösungen für globale Probleme in weltweiten Kooperationen gesucht werden.	**Kompetenz zum Umgang mit unvollständigen und über-komplexen Informationen** Risiken, Gefahren und Unsicherheiten sollen erkannt und abgewogen werden können.
Partizipationskompetenz Von zentraler Bedeutung für eine zukunftsfähige Bildung ist die Fähigkeit zur Beteiligung an nachhaltigen Entwicklungs- und Gestaltungsprozessen.	**Kompetenz zur Kooperation** Hierbei geht es darum, gemeinsam mit anderen planen und handeln zu können.	**Kompetenz zur Bewältigung individueller Entscheidungs-dilemmata** Zielkonflikte bei der Reflexion über Handlungsstrategien berücksichtigen zu können, ist von Bedeutung, um mit Entscheidungsdilemmata umgehen zu können.	**Fähigkeit zur Empathie und zur Solidarität** Das Konzept der Nachhaltigkeit ist eng mit dem Ziel verbunden, mehr Gerechtigkeit zu fördern. Sich in diesem Sinne engagieren zu können, macht es erforderlich, individuelle und kollektive Handlungs- und Kommunikationskompetenzen im Zeichen weltweiter Solidarität auszubilden.
Kompetenz, sich und andere motivieren zu können Sich mit Nachhaltigkeit zu befassen und Zukunft in ihrem Sinne zu gestalten, erfordert ein hohes Maß an Motivation.	**Kompetenz zur Reflexion über individuelle wie kulturelle Leitbilder** Es geht darum, das eigene Verhalten als kulturell bedingt wahrzunehmen und sich mit gesellschaftlichen Leitbildern auseinandersetzen zu können.	**Kompetenz zum moralischen Handeln** Vorstellungen von Gerechtigkeit als Entscheidungs- und Handlungs-grundlage nutzen können, ist eine wichtige Voraussetzung, um das eigene Handeln im Sinne einer nachhaltigen Entwicklung gestalten zu können.	**Kompetenz zum eigenständigen Handeln** Selbständig planen und handeln können steht im Mittelpunkt dieser Teilkompetenz.

Abb. 13: Teilkompetenzen einer Bildung für nachhaltige Entwicklung (BNE) (eigene Darstellung in Anlehnung an Michelsen/Fischer 2015; Stoltenberg/Burandt 2014)

Die wesentliche Herausforderung besteht in der Einbindung der Lernenden.[76] Dies bezieht sich sowohl auf die Form des Lernens und die Methoden, die Beteiligung und Partizipation ermöglichen, als auch auf die Gestaltung der Lernorte und -umgebungen (Stichwort: *Whole Institution Approach* bzw. *Practice what you preach*).

Lernorte lassen sich nach Bildungsbereichen unterscheiden in die:

- formale Bildung (z. B. an Schulen, Berufsschulen oder Universitäten);
- non-formale Bildung bzw. außerschulische Bildung (z. B. an Umweltbildungszentren, Jugend- oder Kulturzentren);
- informelle Bildung und lebenslange Lernprozesse als Teil der Alltagserfahrung in der Familie, Freizeit, Ausbildung, Beruf oder Ehrenamt.

Der *Whole Institution Approach* ist auch für Organisationen ohne expliziten Bildungsauftrag relevant. In diesem Zusammenhang wird auch von der Entwicklung von **Nachhaltigkeitsstrategien und -konzepten** in und durch Unternehmen, Agenturen sowie Vereine oder eben auch für Veranstaltungen gesprochen. Die Strategien können in Anlehnung an Standards und Normen entwickelt werden (→ Kapitel 2). Neben dem Potenzial, BNE in die (Rahmen-)Programme von Veranstaltungen zu integrieren (→ Kapitel 4.2), werden bei Nachhaltigkeitsstrategien und -konzepten alle Handlungsfelder einer nachhaltigen Veranstaltungsorganisation strategisch betrachtet und organisatorisch verankert. Wenn beide Aspekte berücksichtigt werden handelt es sich um eine „nachhaltige Veranstaltung". BNE kann schließlich auch strukturell in den Bildungslandschaften ganzer Kommunen verankert sein und so auf lokaler Ebene einen Beitrag zur Erreichung der 17 SDGs leisten.

Für den Erwerb von Gestaltungskompetenzen braucht es **neue Formen des Lernens** – weg vom passiven Erwerb von präsentiertem Wissen hin zu einer aktiven Wissenskonstruktion.[77] Ausschlaggebend dafür sind die Methoden und Arbeitsweisen sowie die Lernumgebungen und -orte, mit denen der Kompetenzerwerb gefördert werden kann. Die **Methodenvielfalt** reicht von Projektarbeiten, Partner- und Teamarbeit, Umweltpraktika, Rollen- und Planspielen, künstlerischen Projekten, Computersimulationen, Zukunftswerkstätten bis hin zum Philosophieren sowie Methoden der Gesprächsführung und Mediation. Mit Blick auf Methoden und Arbeitsweisen

76 Michelsen/Fischer (2015).
77 Michelsen/Fischer (2015).

kann BNE einerseits Teil des Unterrichts in formalen Bildungseinrichtungen sein, wie z. B. das Schuljahr der Nachhaltigkeit in Hessen.

Beispiel | Schuljahr der Nachhaltigkeit (SdN)

Das SdN verbindet interdisziplinären Unterricht mit Aktivitäten zur nachhaltigen Entwicklung in der gesamten Schule, dem sog. *Whole School Approach*: In den Bildungsmaterialien des SdN werden zentrale Nachhaltigkeitsthemen auf der Grundlage des Hessischen Kerncurriculums für den Sachunterricht anschlussfähig aufbereitet. Außerschulische Multiplikatorinnen und Multiplikatoren bieten mit den Materialien interaktive Lernwerkstätten in den Schulklassen an. Sie beraten Lehrkräfte und Schulleitungen, bilden sie fort und aktivieren die gesamte Schulgemeinde für nachhaltiges Handeln.[78]

BNE kann andererseits durch non-formales und informelles Lernen praktiziert werden. Über ein breites Spektrum an Lernorten und -umgebungen, Themen sowie Methoden kann BNE unterstützt und angeregt werden, z. B. über die Kommunikation *für* Nachhaltigkeit durch Veranstaltungen.

4.2 Kommunikation *für* Nachhaltigkeit: Programmgestaltung

In diesem Kapitel beschäftigen wir uns mit der Kommunikation *für* Nachhaltigkeit durch Veranstaltungen. Im Vordergrund steht die Programmgestaltung im Sinne einer Bildung für nachhaltige Entwicklung (BNE). Bei Veranstaltungen für Nachhaltigkeit findet sich BNE überwiegend im Hauptprogramm wieder. Nachhaltig organisierte Veranstaltungen kommunizieren ihre Nachhaltigkeitsbestrebungen eher anhand des Rahmenprogramms. Eine ganzheitlich nachhaltige Veranstaltung ergibt sich sowohl aus einem inhaltlichen als auch organisatorischem Nachhaltigkeitsfokus (→ Kapitel 1.4). Folgende Systematik (→ Abb. 14) gibt einen Überblick, wie Nachhaltigkeit bzw. BNE bei Veranstaltungen aufgegriffen werden kann:

78 HMUKLV (2023).

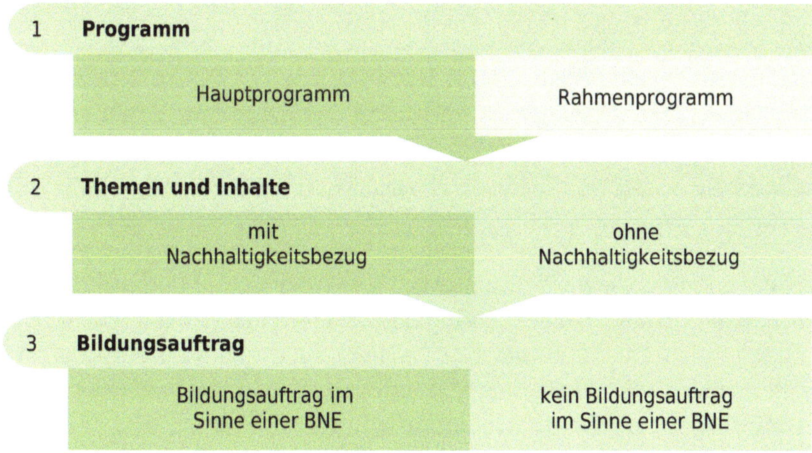

Abb. 14: Möglichkeiten der Programmgestaltung im Sinne von BNE (eigene Darstellung)

Für das **Hauptprogramm** sind die inhaltliche Zusammensetzung und das Ziel der Veranstaltung richtungweisend. Bei Veranstaltungen mit inhaltlichem Nachhaltigkeitsbezug ist das gesamte Hauptprogramm darauf ausgerichtet. Nachhaltigkeitsaspekte werden hier in Form von Workshops, Diskussionsbeiträgen, Dialogen, Weiterbildungen, Ausstellungen, Auftritten, Produktpräsentationen etc. aufgegriffen. Daraus ergibt sich oftmals automatisch ein Bildungsauftrag im Sinne einer BNE und eine Veranstaltung für Nachhaltigkeit. Zahlreiche dieser Beispiel-Veranstaltungen sind auch nachhaltig organisiert – also „**Nachhaltige Veranstaltungen**".

Beispiel | Öko-Feldtage als „Nachhaltige Veranstaltung"

- Veranstaltungstyp: Business-Event, Bildungsevent
- Veranstaltungsgröße: 11.500 Besucher:innen im Jahr 2022
- Anlass: Förderung ökologischer Landwirtschaft

Die Öko-Feldtage bieten seit 2017 deutschlandweit einen zentralen Treffpunkt für Öko-Landwirt:innen sowie allen, die an ökologischer und nachhaltiger Landwirtschaft interessiert sind. Thematisch ist die Veranstaltung eindeutig unterschiedlichen Zielen einer nachhaltigen Entwicklung zuzuordnen und greift diese durchgängig im Rahmen des

Haupt- als auch Rahmenprogrammes auf. Darüber hinaus bieten die Öko-Feldtage eine Plattform für Innovationen und Diskussionen rund um eine zukunftsfähige, umweltfreundliche Landwirtschaft. Besucher:innen werden zum Handeln angeregt, ein Bildungsauftrag im Sinne einer BNE ist gegeben. Schließlich legen die Veranstalter:innen Wert auf Umwelt- und Ressourcenschutz, was sich in einer nachhaltigen Veranstaltungsorganisation wiederspiegelt. Neben Komposttoiletten gibt es ein vielfältiges vegetarisches und veganes Angebot in Bio-Qualität. Die Kombination aus Themen und Inhalten mit Nachhaltigkeitsbezug (hier: ökologischer Landbau) und einer nachhaltigen Veranstaltungsorganisation macht die Ökofeldtage zu einer „nachhaltigen Veranstaltung". **[OR-4.3]** http://s.narr.digital/unsa5

Auch **Rahmenprogramme** können mit Nachhaltigkeitsbezug bzw. im Sinne einer BNE umgesetzt werden. Dabei spielt es zunächst keine Rolle, ob die Veranstaltung einen inhaltlichen Nachhaltigkeitsbezug z. B. im Hauptprogramm hat oder nicht. Die Veranstaltenden können beispielsweise gemeinnützigen Projekten und Initiativen eine Plattform (z. B. Informationsstände, Markt der Möglichkeiten) für die Kommunikation ihrer Anliegen bieten, so dass diese in den Dialog mit Gästen treten können. Zudem können Besucher:innen im Zuge des Rahmenprogramms zu Aspekten einer nachhaltigen Veranstaltungsorganisation informiert werden, z. B. zu einem ökologischen Verpflegungsangebot.

Einen guten Überblick über die Einordnung von **Themen und Inhalten** mit Nachhaltigkeitsbezug liefern beispielsweise die 17 Nachhaltigkeitsziele. Die Zuordnung kann für das Haupt- und Rahmenprogramm erfolgen und inhaltlich (z. B. zu bestimmten Workshop-Themen) als auch organisatorisch (z. B. zur Gestaltung des Verpflegungsangebots, Engagement von regionalen Aussteller:innen, Referent:innen, Künstler:innen) umgesetzt werden. Die weitere Ausgestaltung ist von dem Veranstaltungstyp, dem Ziel der Veranstaltung sowie von dem oder der Veranstalter:in abhängig.

Immer dann, wenn Veranstaltungen einen inhaltlichen Schwerpunkt auf Nachhaltigkeit setzen, findet eine weitere Sensibilisierung unterschiedlichster Akteure statt. Veranstaltungen können dabei einen dezidierten **Bildungsauftrag** verfolgen. Zentral sind dann die Methoden und Arbeitsweisen, auf die zurückgegriffen und mit denen eine gute BNE-Praxis gelebt wird. Eine Weiterbildung (z. B. der Zertifikatslehrgang „CSR-Manager (IHK)“) kann folglich passiv Nachhaltigkeitswissen vermitteln (kein Bildungsauftrag im Sinne einer BNE) oder eine aktive Wissenskonstruktion mit Nachhaltigkeitsbezug (Bildungsauftrag im Sinne einer BNE) ermöglichen. Veranstaltungen können somit rein informativer Natur sein oder über partizipative Formate zur Mitgestaltung und zum Handeln ermutigen, z. B. in Kooperation bzw. durch Einbindung und gemeinsame Gestaltung mit den Adressat:innen (z. B. Student:innen, Besucher:innen, Bürger:innen). Beispiele hierfür sind partizipative Theaterstücke, Bürgerbeteiligungsformate oder Projektstudien an Universitäten die allesamt Themen und Inhalte einer nachhaltigen Entwicklung aufgreifen (→ Beispiel).

Beispiel | Klimawandel – Wandelklima

Seit 2013 gibt es das *Transition Theater* in Marburg, dass mit seinen interaktiven Theaterabenden Zuschauende zum Nachdenken über gesellschaftliche Fragen bringt. „Klimawandel – Wandelklima“ ist ein Theaterworkshop mit anschließenden Aufführungen, das sich an junge Menschen ab 12 Jahren richtet (Hauptprogramm mit Nachhaltigkeitsbezug). Im Forumtheater werden gemeinsam Ideen gesammelt, Handlungen ausgedacht, Textpassagen festgelegt und Szenen erprobt. Das beginnt mit einem mehrtägigen Workshop. Neben der Aufführung am Ende zum Abschluss des Workshops sind weitere Aufführungen vorgesehen, um möglichst viele Menschen zu erreichen, denn ein Forumtheater regt gesellschaftliche Diskussions- und Veränderungsprozesse an. Auch das Publikum kann und soll sich einmischen (Bildungsauftrag im Sinne einer BNE). **[OR-4.4]** http://s.narr.digital/oww6t

4.3 Zusammenfassung

Das → Kapitel 4 erläuterte in einem Exkurs zunächst das Konzept und die Bedeutung einer BNE für Veranstaltungen. Schließlich wurde der Bildungsauftrag von Veranstaltungen in diesem Zusammenhang konkretisiert und Beispiele für nachhaltige Veranstaltungen vorgestellt.

4.4 Reflexionsfragen

1. Widmen Sie sich den Gestaltungskompetenzen. Sie sind Veranstalter:in einer Workshopreihe auf einer Streuobstwiese mit dem Titel „Streuobstwiese im Wandel der Jahreszeiten". An vier Tagen, verteilt über das Jahr, finden ganztägige Workshops statt. Wie und mit welchen Aktivitäten können Sie die Gestaltungskompetenzen in Ihre Veranstaltung einbinden?
2. Recherchieren Sie nach geeigneten Methoden und Formate, um BNE bei einer Messeveranstaltung (z. B. *BioFach*) zu integrieren.
3. Welches Thema im Zuge der Nachhaltigkeitsdebatte ist Ihnen ein besonderes Anliegen? Konzipieren Sie vor diesem Hintergrund eine Veranstaltung *für* Nachhaltigkeit.

5 Digitalisierung

Die Lernfragen zu diesem Kapitel finden Sie unter:
https://narr.kwaest.io/s/1183

5.1 Digitalisierung und Nachhaltigkeit

Die Digitalisierung unserer Lebens- und Arbeitswelt schreitet zügig voran. Sie hat dabei Einfluss auf den globalen Energie- und Ressourcenverbrauch und Auswirkungen auf das Klima. Die Auswirkungen der Digitalisierung auf den Energieverbrauch sind schwierig abzuschätzen.[79] Die Effekte können je nach Szenario positiv oder negativ sein und somit entweder in einer Reduzierung oder einer Erhöhung des Energie- und Ressourcenverbrauchs resultieren.[80] Mit Blick auf die soziale Nachhaltigkeit werden Fragestellung zur sozialen Teilhabe diskutiert. Dies betrifft z. B. den gleichberechtigten Ausbau und Zugang zu digitalen Infrastrukturen oder datenschutzrechtliche Aspekte.[81]

> Unter **Digitalisierung** versteht man den „Einzug unzähliger Geräte und Anwendungen der Informations- und Kommunikationstechnologien (Hard- und Software) in unterschiedliche Lebens- und Wirtschaftsbereiche."[82]

Ansätze einer „zukunftsfähigen" Digitalisierung finden sich laut Lange/Santarius (2018) in den Leitprinzipen „Digitale Suffizienz", „Konsequenter Datenschutz" und „Gemeinwohlorientierung" wieder. Mit der digitalen Suffizienz ist die Frage verbunden, wie viel Digitalisierung nötig ist. Der konsequente Datenschutz verfolgt Fragestellungen zum Dateneigentum und der Privatsphäre. Das Leitprinzip der Gemeinwohlorientierung beschäftigt sich

79 , Kapitel 5.2.6.3 WBGU (2019).
80 WBGU (2019); Randhahn et al. (2020).
81 WBGU (2019), → Kapitel 2.2.2.
82 Lange/Santarius (2018).

mit kooperativen Plattformen und Open Source. Die Forschungsgruppe „Digitalisierung und sozial-ökologische Transformation“ untersucht beispielsweise verschiedene Auswirkungen digitaler Dienstleistungen. Die Projektergebnisse sind in einer Videoreihe zusammengefasst **[OR-5.1]** http://s.narr.digital/bolad.

5.2 Digitalisierung und Veranstaltungen

In der Event- und Veranstaltungswirtschaft werden unzählige Geräte und Anwendungen, auch **Eventtechnologien** genannt, eingesetzt. Entsprechende Technologien finden sich z. B. im Ticketing oder zur Förderung der Interaktion zwischen Teilnehmer:innen wieder. Sogenannte **Event-Apps** stellen veranstaltungsbezogene Informationen mobil und in digitaler Form bereit. Sie haben sich mittlerweile zu umfassenden Eventmanagementsystemen weiterentwickelt und erfüllen verschiedene Funktionen.[83] Dazu zählen:

- Bereitstellung von Informationen wie die Tagungs-Agenda oder Lagepläne;
- Interaktionen wie Live-Abstimmungen oder Q&A-Sessions;
- Aufbau von Netzwerken wie Nutzer:innenprofile, Teilnehmer:innenlisten, Chats oder die Vereinbarung von Meetings;
- Teilnehmer:innenmanagement und Kommunikation zwischen Veranstalter:innen und Teilnehmer:innen
- Kontakt- und Informationsaustausch über *Lead-Retrieval-Systeme*;
- Event-App-Plattformen, die ein langfristiges Beziehungsmanagement, insbesondere bei wiederkehrenden Veranstaltungen, ermöglichen.[84]

Basierend auf einer Marktanalyse haben Vogel/Thomas (2020) mehr als 100 EventTech-Lösungen kategorisiert. In einer Matrix unterscheiden sie Technologien in z. B. Technologien für das Ticketing, Event-Apps, Technologien für virtuelle oder hybride Events, jene für Interaktionen, Übersetzung und VR-Erlebnisse, bis hin zu Technologien für die Gesichtserkennung.

Während der Coronapandemie wurden schließlich zahlreiche Veranstaltungen in Präsenz abgesagt und in den digitalen Raum verlegt. Dies hat das Angebot virtueller und hybrider Veranstaltungen stark befördert und

83 Brězan (2020).
84 Brězan (2020).

insgesamt den Einsatz digitaler Technologien in der Veranstaltungsbranche verstärkt. Insbesondere hybride Veranstaltungen, die sowohl eine analoge als auch virtuelle Teilnahme ermöglichen, gewinnen zunehmend an Bedeutung. Große Ophoff (2022) fasst beispielsweise Vor- und Nachteile von Onlineveranstaltungsformaten zusammen (→ Abb. 15).

	Vorteile	Nachteile
ONLINE	▪ preiswert ▪ zeiteffektiv für die Teilnehmer:innen ▪ zeiteffektiv für Redner:innen (da der Aufwand reduziert ist, können hochrangige Redner:innen gewonnen werden) ▪ gut geeignet für Teilnehmer:innen mit wenig Zeit ▪ schneller planbar und umsetzbar ▪ Teilnahme unabhängig vom Ort möglich ▪ geringe Umweltbelastungen	▪ kurze Aufmerksamkeitsspanne im digitalen Format ▪ hohe Konkurrenz verschiedener digitaler Angebote ▪ wenig direkter persönlicher Austausch ▪ Erwartung: kostenlos
PRÄSENZ	▪ mit allen Sinnen erleben ist möglich ▪ Eintauchen in das Thema der Veranstaltung ▪ Networking gut möglich, Anlässe für Networking, Catering, Pausen ▪ etablierte Finanzierungsmodelle ▪ Ausstellungen, hands on	▪ teuer ▪ zeitaufwändig ▪ großer Planungsaufwand ▪ Umweltbelastungen durch Anreise und Unterkunft

Abb. 15: Vor- und Nachteile von Onlineveranstaltungsformaten (in Anlehnung an Große Ophoff 2022)

5.3 Nachhaltige Eventtechnologien

Wie sollten Eventtechnologien vor dem Hintergrund der Nachhaltigkeit gestaltet sein? Wie und wofür werden diese genutzt, um Nachhaltigkeit bei Veranstaltungen zu unterstützen bzw. wo tun sie dies nicht? Bisher finden Nachhaltigkeitsaspekte in Zusammenhang mit Eventtechnologien jedoch wenig Beachtung.[85]

85 Vogel/Thomas (2020); Große Ophoff (2022).

Folgende Aspekte werden in den nachfolgenden Kapiteln diskutiert:

1. Um virtuelle und hybride Veranstaltungen durchführen zu können, ist eine entsprechende Infrastruktur erforderlich, die den Teilnehmer:innen den Zugang zur Veranstaltung ermöglicht – also Soft- und Hardware, mit denen Videokonferenzen, virtuelle Messeauftritte oder Life-Übertragungen umsetzbar sind.[86] **Gestaltungsoptionen** für nachhaltige Soft- und Hardware werden in → Kapitel 4.2.1 betrachtet.
2. Eventtechnologien können die Umsetzung nachhaltiger Veranstaltungen unterstützen. Das **Potenzial von Eventtechnologien** für nachhaltige Veranstaltungen wird anhand von Handlungsfeldern in → Kapitel 4.2.2 betrachtet.
3. Virtuelle und hybride Veranstaltungen können die Auswirkungen von Veranstaltungen auf Umwelt und Klima reduzieren. Daher werden **Einsparpotenziale**, insb. von CO_2-Emissionen, durch virtuelle (und hybride) Veranstaltungen, in → Kapitel 4.2.3 erörtert.

5.3.1 Gestaltungsoptionen nachhaltiger Soft- und Hardware

Im Mittelpunkt der folgenden Betrachtung steht die Sensibilisierung für Anforderungen an Soft- und Hardwareprodukte sowie deren Nutzung. Zudem werden einzelne nachhaltige Eventtechnologien vorgestellt.

Ein Bewertungsinstrument für Softwareprodukte ist das Umweltzeichen *Blauer Engel* für ressourcen- und energieeffiziente Softwareprodukte (DE-ZU 215).[87] Die Nachhaltigkeit von Softwareprodukten wird anhand von 11 Kriterien in drei Bereichen bewertet:

1. **Ressourcen- und Energieeffizienz:** Softwareprodukte sollen ihre Funktionalität mit einem minimalen Ressourcenaufwand und Energiebedarf erbringen.
2. **Potenzielle Hardware-Nutzungsdauer:** Software darf nicht dazu beitragen, dass bestehende Hardware vorzeitig durch eine leistungsstärkere ersetzt werden muss, weil sie den Leistungsanforderungen der Software nicht gerecht wird.

---

86 in Abgrenzung zu weiteren digitalen Tools, wie z. B. für Social Media, Bürokommunikation etc.

87 Gröger et al. (2018); Blauer Engel (2020).

3. **Nutzungsautonomie:** Ein Softwareprodukt soll die Autonomie des Nutzer:innen im Umgang mit dem Produkt nicht einschränken und keine Abhängigkeit schaffen.

Tipp

Gröger, J. (2019): Leitfaden zur umweltfreundlichen öffentlichen Beschaffung von Software. Hrsg. v. UBA.

Das Institut für ökologische Wirtschaftsforschung geht über die Ressourcen- und Energieeffizienz von Produkten hinaus und benennt Gestaltungsoptionen für nachhaltige Soft- und Hardware (→ Abb. 16).[88]

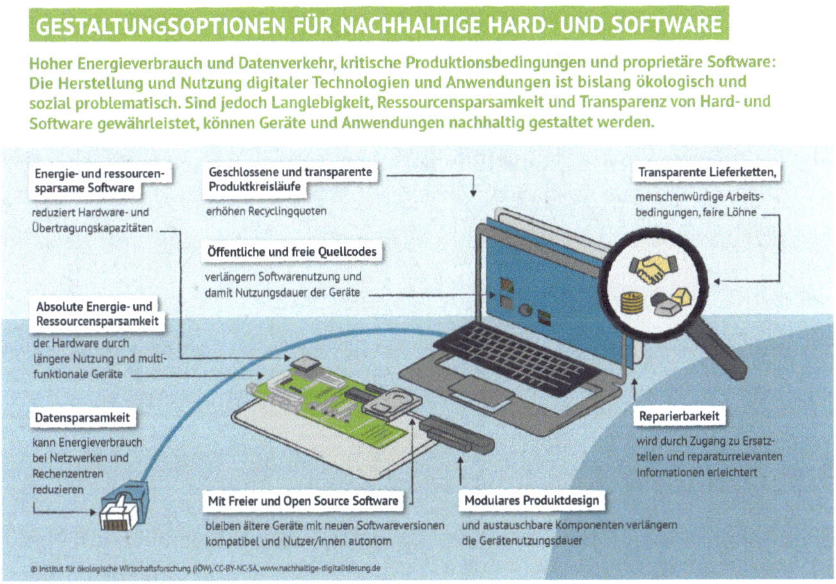

Abb. 16: Gestaltungsoptionen für nachhaltige Hard- und Software (IÖW o. J.)

88 Pohl et al. (2021).

Weitere Kriterienkataloge benennen zudem als Anforderung die Barrierefreiheit von Softwareprodukten.[89] Außerdem vertiefen Hoffmann-Wagner/Jostes (2021) wichtige Aspekte für die Konzeption von virtuellen und inklusiven Eventformaten anhand von drei Anforderungen:

1. **Planerische Anforderungen:** Dazu zählen u. a. die verbindliche Aussage darüber, dass die Veranstaltung prinzipiell barrierefrei sein soll, Anforderungen an Barrierefreiheit für die Räumlichkeiten, z. B. im Zuge der Produktion und bei der Aufzeichnung sowie in der Eventkommunikation sowie Schulungen des Personals zur Barrierefreiheit virtueller Veranstaltungen.
2. **Technische Anforderungen:** Bei der Suche und Auswahl von Technik-Tools sollten bestimmte Aspekte beachtet werden, wie z. B. Navigierbarkeit über die Tastatur über Tastaturkombinationen, Untertitel für ein (Live-)Schriftdolmetschen etc.
3. **Dramaturgische Anforderungen:** Dazu zählen u. a. Briefing der Moderation und Referent:innen zur Barrierefreiheit, gutes Setting (z. B. gut sichtbare Gesichter, ablenkungsfreier Hintergrund); die Kleidung aller Personen, die am Event teilnehmen, sollte möglichst einfarbig sein oder ruhige Muster haben. Gleiches gilt für einen etwaigen virtuellen Hintergrund.

Tipp

Hoffmann-Wagner, K., Jostes, G. (2021). Virtuelle Eventformate. In: Barrierefreie Events. Springer Gabler, Wiesbaden.

5.3.2 Potenziale durch Eventtechnologien

Die ökologischen, ökonomischen und sozialen Potenziale von Eventtechnologien für die Nachhaltigkeit von Veranstaltungen wurden im Forschungsprojekt IT 4 Green Events[90] nach sieben Handlungsfeldern untergliedert (→ Abb. 17).

---

89 nachhaltig.digital.agieren (2021).

90 Vogel/Thomas (2020); Fukas et al. (2022).

Handlungsfeld	EventTech-Lösung	Erläuterung	ÖL	ÖN	SO
Mobilität	virtuelle Messen	Vermeidung von An- und Abfahrten	•	•	•
	hybride Veranstaltungen		•	•	•
	mehrseitige Konferenzen		•	•	•
	Verkehrsmanagementsysteme	Reduktion des Verkehrs bzw. Lenkung auf umweltfreundliche Verkehrsmittel	•	•	
Ressourcen	Digitalisierung sämtlicher Printprodukte	Reduktion des Papierverbrauches	•	•	
	digitale Give-aways		•	•	
	digitale Visitenkarten		•	•	
Catering	digitale Planung der Essen	Reduktion der Entsorgungsmengen	•	•	
Veranstaltungsmanagement	Eventmanagement-Lösungen	Reduktion von Papier, Zeitersparnisse & Verbesserung der Prozesse	•	•	
Kommunikation	Event-Apps	Kommunikation der digitalen und nachhaltigen Maßnahmen	•		
	RFID, NFC, iBeacon – Kontextspezifische Kommunikation	Tracking des Ortes erlaubt die kontextspezifische Kommunikation			•
Interaktion	Networking/ Matchmaking Apps	Verbesserung der Teilnehmer:inneninteraktionen und der Wertschätzung realer Events			•
	Q&A, Umfragen	Integration der Teilnehmer:innen			•

Abb. 17: Potenziale von Eventtechnologien nach Handlungsfeldern (in Anlehnung an Vogel/Thomas 2020)

Fukas et al. (2022) betonen jedoch auch, dass zahlreiche Potenziale digitaler Eventtechnologien nicht ausgeschöpft werden. Gründe hierfür sind:

- mangelnde Erfahrungen und Kenntnisse, wie digitale Technologien im Sinne einer ressourcenschonenden Tagung eingesetzt werden können;
- fehlendes Know-how zur Nutzung digitaler Technologien bei Fach- und Führungskräften der Eventbranche;

- mangelnde Einbindung des Themas *Digitales Tagen* in der Aus-, Fort- und Weiterbildung für die Veranstaltungsbranche.

Im Projekt *Green Meeting Know-how Box* hat die Universität Osnabrück eine Wissensmanagement- und Lernplattform entwickelt, die Aus- und Weiterbildung im Veranstaltungs- und Eventmanagement unterstützen und Nachhaltigkeitsinhalte mit Hilfe digitaler Tools vermitteln kann.[91]

5.3.3 Einsparpotenzial digitaler Veranstaltungen

Der Rat für Nachhaltige Entwicklung (RNE) (2022) nennt Vorteile virtueller Veranstaltungen:

> „Offensichtlich ist, dass eine digitale oder hybride Veranstaltung weniger Treibhausgasemissionen verursacht und Ressourcen verbraucht als eine analoge. So reisen keine oder weniger Gäste an, und der ökologische Fußabdruck durch die genutzten Verkehrsmittel und Hotels verringert sich. Da der Transport Expertenschätzungen zufolge für 70 bis 95 Prozent der von Veranstaltungen verursachten Emissionen verantwortlich ist, fällt diese Einsparung stark ins Gewicht."

Der gesamte Einspareffekt von Umweltressourcen und CO_2-Emissionen ist schwer zu berechnen, da weitere Faktoren hinzukommen, die häufig nicht beeinflusst und nur geschätzt werden können.

Beispiel | Onlinejahreskonferenz RNE

Der *RNE* arbeitet mit Schätzungen und hat z. B. seine Onlinekonferenz 2020, die rein virtuell stattfand, in Zusammenarbeit mit *ClimatePartner* auf Basis solcher Näherungswerte bilanziert und kompensiert.[92]

Weitere Studien, wie die des *UBA* zu Klimawirkungen von Cloud-Diensten wie Video-Streaming oder Onlinedatenspeicherung, geben weiteren Einblick in den Einfluss von Eventtechnologien auf Klima- und Ressourcenschutz.[93] Ein Ergebnis der Studie ist, dass beim Video-Streaming über einen

91 Fukas et al. (2022).
92 RNE (2022).
93 UBA (2020a).

Glasfaser-Anschluss die geringste (2 g CO_2) und bei einer Datenübertragung mit UMTS (3G) die höchste CO_2-Belastung (90 g CO_2) entsteht, wobei die Datenverarbeitung im Rechenzentrum mit jeweils 1,45 g CO_2 pro Stunde für alle Übertragungstechniken relativ gering ist.

Beispiel | Einsparmöglichkeiten beim Videostreaming für Verbraucher:innen

In einem Factsheet nennt das UBA (2020) Einsparmöglichkeiten für Verbraucher:innen beim Videostreaming. So können beispielsweise:

- Datenmengen von Videoinhalten über Einstellungen einer geringeren Videoqualität reduziert;
- die Autoplay-Funktion, insbesondere von Werbevideos, deaktiviert;
- bevorzugt über kabelgebundene Breitbandnetze oder WLAN-Netze (statt Mobilfunk) gestreamt werden.

Weitere Einsparpotenziale sind die Verpflegung der Teilnehmer:innen am jeweiligen Ort der Teilnahme, veränderte Bedingungen an den Veranstaltungs- und Teilnahmeorten (u. a. Heizbedarf, Stromverbrauch, Sanitäranlagen etc.) und die technischen Ausstattungen der Teilnehmer:innen (u. a. Computer, Webcam, Headset etc.). Veranstalter:innen können grundsätzlich nur bedingt beeinflussen, wie sich die Teilnehmer:innen während der Veranstaltung ernähren, wie sie heizen oder welche technischen Geräte sie nutzen. Eine Möglichkeit ist, den Teilnehmer:innen im Vorfeld Vorschläge und Handlungsempfehlungen zu kommunizieren.

Beispiel | Digital Lunchbreak

Das Abschlusssymposium des Forschungsprojektes *Nachhaltigkeitskultur entwickeln. Praxis und Perspektiven soziokultureller Zentren (Jetzt in Zukunft)* der Universität Hildesheim fand virtuell statt. Das Symposium dauert von 10:15 bis ca. 14:30 Uhr. Neben einer digitalen Kaffeepause war eine halbstündige Mittagspause (Digital Lunchbreak) vorgesehen. Dafür wurden den Teilnehmer:innen im Vorfeld drei klimafreundliche Rezepte per Mail zugesendet. Je nach Gericht gab es dann drei virtuelle Pausenräume, in denen sich die Teilnehmer:innen treffen konnten:

- Raum 1: Kürbis-Curry Suppe (170 g CO_2)
- Raum 2: Linsen-Möhren-Salat (110 g CO_2)
- Raum 3: Karotten-Chinakohl-Pfanne (210 g CO_2)

Im Gegensatz zu Präsenzveranstaltungen, zu denen die Teilnehmer:innen an den Veranstaltungsort anreisen, spielt bei virtuellen und hybriden Veranstaltungen der Veranstaltungsort eine untergeordnete Rolle. Für die Produktion und Aufzeichnung virtueller Veranstaltungen können zwar Studios oder Veranstaltungsstätten gebucht werden. Dort treffen dann höchstens die Veranstalter:innen und weitere Beitragende (z. B. Referent:innen, Künstler:innen) zusammen. Gleiches gilt für hybride Veranstaltungen, wobei hier den Teilnehmer:innen zudem die Möglichkeit geboten wird, auch vor Ort teilzunehmen. Es handelt sich dann meist um einen begrenzteren Teilnehmer:innenkreis.

5.4 Zusammenfassung

Das Kapitel beginnt mit der Bedeutung der Digitalisierung für eine nachhaltige Entwicklung bzw. umgekehrt. Die Digitalisierung kann eine nachhaltige Entwicklung einerseits unterstützen (z. B. Verfügbarkeit von Umwelt- und Nachhaltigkeitsdaten), andererseits kann sie nicht-nachhaltige Entwicklungen, z. B. zunehmender Energie- und Ressourcenverbrauch, befördern. Eine Auseinandersetzung mit nachhaltigen Eventtechnologien ist noch jung und wurde in diesem Kapitel anhand von drei Aspekten diskutiert:

- Gestaltungsoptionen nachhaltiger Soft- und Hardware;
- Potenziale durch Eventtechnologien;
- Einsparpotenzial digitaler Veranstaltungen.

Die Digitalisierung spielt für Veranstaltungen zunehmend eine Rolle, ob in Verbindung mit der Kommunikation, der Umsetzung virtueller Eventformate, der Steuerung technischer Geräte oder der digitalen Erfassung von Umwelt- und Nachhaltigkeitsdaten. Entsprechende Zusammenhänge werden in den jeweiligen Kapiteln dazu hergestellt.

5.5 Reflexionsfragen

1. Diskutieren Sie die Vor- und Nachteile von Onlineveranstaltungsformaten nach Große Ophoff (2022) unter sozialen Aspekten.
2. Wie lauten die 11 Kriterien des *Blauen Engel* für ressourcen- und energieeffiziente Softwareprodukte. Schätzen Sie ein, wie diese in der Praxis bereits umgesetzt werden können. Kennen Sie Anbieter nachhaltiger Softwareprodukte?
3. Welchen Beitrag können Sie als Teilnehmer:in für die Nachhaltigkeit einer Onlineveranstaltung leisten? Bennen Sie mögliche Beiträge vor, während und nach der Veranstaltung.
4. Welche Potenziale von Eventtechnologien erläutern Vogel/Thomas (2020) für die einzelnen Handlungsfelder? Nennen Sie weitere Potenziale.
5. Off-Topic: Das Data Detox Kit (https://datadetoxkit.org/de/privacy/essentials/) zeigt alltägliche Schritte auf, mit denen digitale Privatsphäre, Sicherheit und Wohlbefinden kontrolliert werden können. Schauen Sie sich die Maßnahmen zur Durchführung eines Daten-Detox mit dem Smartphone an und wenn Sie mutig sind, führen Sie den Detox durch.

6 Klimaschutz

Die Lernfragen zu diesem Kapitel finden Sie unter:
https://narr.kwaest.io/s/1184

6.1 Klimawandel

Das Klima unserer Erde verändert sich. Grund dafür sind der natürliche und der menschengemachte **Treibhauseffekt**. Letzterer führt zu einem zunehmenden Ausstoß von Treibhausgasen – auch Treibhausgasemissionen genannt (nachfolgend „THG-Emissionen“ oder CO_2-Emissionen), beispielsweise durch

- die Verbrennung fossiler Brennstoffe wie Kohle, Öl und Gas für den weltweiten Heiz-, Kühl- und Energiebedarf,
- die energieintensive Herstellung von Waren wie Transportmittel, Textilien oder Möbel,
- die landwirtschaftliche Produktion und Verarbeitung oder
- Personen- und Gütertransporte.

Ein Anstieg der Treibhausgase in der Atmosphäre führt wiederrum zur **Erderwärmung**, also zu einer Erhöhung der durchschnittlichen Temperatur an der Erdoberfläche (→ Abb. 18).

Je höher die Temperatur steigt, desto gefährdeter ist unser Klima und somit unser Ökosystem Erde. Daher empfiehlt der Weltklimarat (engl. *Intergovernmental Panel on Climate Change*, kurz: IPCC), die Erwärmung auf möglichst 1,5 Grad zu begrenzen. Das Ziel, Maßnahmen zum Klimaschutz zu treffen ist auch im 13. Nachhaltigkeitsziel der Vereinten Nationen reflektiert. Zur Erreichung des 1,5 Grad Ziels müssen THG-Emissionen vermieden, reduziert und nicht vermeidbare THG-Emissionen kompensiert werden. Das Kyoto-Protokoll führt sechs Treibhausgase auf, die maßgeblich zum menschengemachten Treibhausgaseffekt beitragen: Kohlendioxid (CO_2), Methan (CH_4), Lachgas (N_2O), wasserstoffhaltige Fluorkohlenwasserstoffe (HFKW), perfluorierte Kohlenwasserstoffe (FKW) und Schwefelhexafluorid

(SF_6). Den größten Anteil haben CO_2-Emissionen, daher spricht man häufig von CO_2 bzw. CO_2e[94].

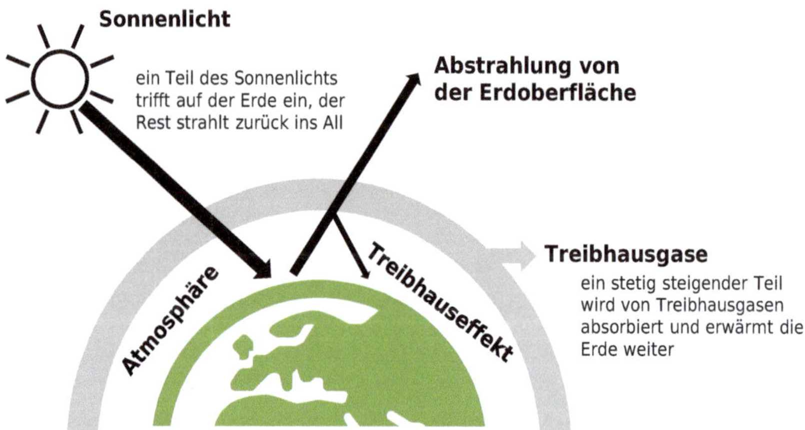

Abb. 18: Einfache Darstellung des Treibhauseffekts (eigene Darstellung in Anlehnung an Klimatopia o. J.)

Das **Kyoto-Protokoll** ist ein Vertrag der Vereinten Nationen zur Begrenzung der THG-Emissionen. Der rechtlich bindende Vertrag wurde 1997 auf der dritten Klimakonferenz (COP3) in Kyoto verabschiedet.[95]

6.2 Klimabilanzierung von Veranstaltungen

Bei der Durchführung von Veranstaltungen entstehen einerseits THG-Emissionen und andererseits sind Veranstaltungen von Veränderungen, die mit dem Klimawandel einhergehen, zunehmend betroffen. Fritz et al. (2021) erläutern z. B., dass der Einfluss des Klimawandels sich in zunehmenden Risiken durch Unwetterereignisse wie Starkregen, lokale Gewitter oder Hitzeperioden ausdrückt. Dies führt zu Abbrüchen von Veranstaltungen, erhöhten notärztlichen Einsätzen wegen Kreislaufkollaps und Dehydrierung

94 CO_2e ist die Abkürzung für „CO_2-Äquivalente", einer Maßeinheit, die die Klimawirkung der unterschiedlichen Treibhausgase (neben Kohlendioxid zählen dazu Methan, Lachgas und weitere) vergleichbar macht.

95 BMUV (2002).

oder hitzebedingten Gesundheitsproblemen. Bei Veranstaltungen im Winter, insbesondere bei Sportveranstaltungen, bestehen Risiken im Hinblick auf „termingerechten“ Schnee und für den Kongress- und Tagungstourismus liegen mögliche Risiken in zukünftigen Mobilitätseinschränkungen durch steigende Energiepreise oder einer sinkenden Attraktivität des Standorts aufgrund von Überhitzung der Städte.

Tipp

Fritz, O.; Pröbstl-Haider, U.; Ginner, K.; Formayer, H. (2021): Festivals, kulturelle Events, Großveranstaltungen, Sportgroßveranstaltungen und Lifestyle Events. In: Pröbstl-Haider, U.; Lund-Durlacher, D.; Olefs, M.; Prettenthaler F. (Hrsg.): Tourismus und Klimawandel. Berlin, Heidelberg: Springer Berlin Heidelberg, S. 179–191.

Eine **Klima- bzw. CO_2-Bilanz** erfasst die THG-Emissionen einer Veranstaltung. Aus ihr lassen sich Haupt-Emissionsfaktoren, wie z. B. An- und Abreise der Besucher:innen sowie Maßnahmen zur Vermeidung und Reduzierung ableiten. Schließlich wird die Menge an unvermeidbaren THG-Emissionen bilanziert, die dann z. B. kompensiert werden können. Die Erstellung einer Klima- bzw. CO_2-Bilanz kann sich an das *Greenhouse Gas Protocol* (GHG-Protocol) anlehnen.[96] Das **GHG-Protocol** ist ein Methodenstandard, der dabei unterstützt wesentliche Emissionsquellen zu identifizieren. Dabei wird zwischen direkten und indirekten Emissionen unterschieden, die durch die Einteilung in Scope 1, Scope 2 und Scope 3 näher definiert und im Folgenden kurz erläutert werden.[97]

Scope 1: Direkte THG-Emissionen

Direkte THG-Emissionen aus Quellen, die sich im Besitz oder unter der Kontrolle des Unternehmens befinden (z. B. Kraftstoffverbrauch des Fuhrparks, Energieeinsatz für Wärmeerzeugung).

96 WRI/WBCSD (2022).
97 WBCSD/WRI (2004).

Scope 2: Indirekte energiebedingte THG-Emissionen

THG-Emissionen, die indirekt durch den Bezug und Verbrauch von Energie durch das Unternehmen verursacht werden (z. B. gekaufter Strom und Fernwärme).

Scope 3: Andere indirekte THG-Emissionen

Alle indirekten THG-Emissionen, die nicht dem Unternehmen gehören bzw. von ihm kontrolliert werden können. Sprich: THG-Emissionen aus vor- bzw. nachgelagerten Prozessen, die in Verbindung mit eingekauften bzw. verkauften Waren und Dienstleistungen stehen (z. B. Gastronomie, Abfall, Wasser oder Papier).

In einem ersten Schritt werden die **Systemgrenzen** festgelegt. Sprich, ob eine Klimabilanz für das gesamte Veranstaltungshaus, für eine einzelne veranstaltende Organisation (z. B. Eventagentur) oder für eine spezifische Veranstaltung erstellt werden soll. Es folgt die **Definition von THG-Emissionsquellen**. Je nach Handlungsfeld (z. B. Veranstaltungshaus/-ort, Mobilität, Beschaffung, Catering) können dann verschiedene Emissionsquellen definiert werden. Folgende Emissionsquellen (z. B. **Strom**) und Erfassungsgrößen (z. B. *Ökostrom, Bundesmix, eigenerzeugt*) sind wesentlich für Veranstaltungen:[98]

- **Strom** (Ökostrom, Bundesmix, eigenerzeugt);
- **Wärme** (Erdgas, Heizöl, Fernwärme);
- **Notstromversorgung** (Diesel, Erdgas, Wasserstoff);
- **Kältemittel** (Nachfüllmengen);
- **Abfall** (Entsorgung nach Abfallart in Restabfall, organisches Material, Altpapier, Kunststoff, Holz, Metall, weitere Fraktionen);
- **Wasser** (Trink- und Abwasser);
- **Unterkunft** (Hotelübernachtungen);

98 Die Handlungsfelder und Emissionsquellen basieren auf der Zusammenführung der Handlungsfelder aus eventspezifischen CO_2-Rechnern (insb. KlimAktiv, Energieagentur.NRW, Julie's Bicycle) mit der Muster-Datenerhebung aus dem Projekt der Kulturstiftung des Bundes „Klimabilanzen in Kulturinstitutionen“ sowie Themenfeldern und Indikatoren zur Messung der Nachhaltigkeit von Veranstaltungen nach Wall und Behr (2010).

- **Beschaffung** (Verbrauch von Druckerpapier, Hygienepapier, fremdbedruckten Publikationen);
- **Catering** (verbrauchte Lebensmittel und Getränke, Becher und andere Einwegmaterialien);
- **Fuhrpark** (Kraftstoffverbrauch je nach Verbrauchsart, z. B. Bio-Ethanol, Diesel, Erdgas, Flüssiggas, Benzin, Strom, Wasserstoff);
- **Anreise Mitarbeiter:innen zum Dienstort** (Reisestrecken mit ÖPNV, Pkw, Fahrrad);
- **Dienstreisen Mitarbeiter:innen und Künstler:innen** (Reisestrecken mit Flugzeug, ÖPNV, Bahn Nah/Fern, Mietwagen);
- **An- und Abreise externer Liefer- und Dienstleistungsunternehmen** (Flugzeug, ÖPNV, Bahn Nah/Fern, Mietwagen);
- **Mobilität der Besucher:innen** (Flugzeug, ÖPNV, Bahn Nah/Fern, Mietwagen).

Für jede einzelne Emissionsquelle müssen Einheiten (z. B. kWh, km, Blatt A4, kg, m^3, Anzahl) festgelegt und Bilanzgrenzen (z. B. mit der Bahn zurückgelegte Strecken bis 50 km für Nahverkehr oder über 50 km für Fernverkehr) definiert werden. In einem zweiten Schritt werden Daten zu den einzelnen Emissionsquellen erhoben. Erhebungsarten sind beispielsweise[99]:

- Ablesungen der Strom- und Heizzähler (vor und nach der Veranstaltung);
- Abrechnungen der Versorgungsbetriebe (insbesondere Strom, Gas, Wasser, Abfall, Kantine/Cateringbetrieb);
- Rechnungswesen;
- Betriebstagebücher;
- Auswertung der Materialwirtschaft;
- Angaben von Dienstleistungsunternehmen;
- Tankkarten;
- Fahrtenbücher;
- Auslesung von Ladesäulen;
- Reisekostenstelle;
- Annahmen und Schätzungen;
- Umfragen, Interviews und Befragungen z. B. der Teilnehmer:innen.

---

99 Die Auflistung möglicher Erhebungsarten sind auf Wall und Behr (2010) sowie der Dokumentation des Projektes „Klimaneutrales BMZ 2020 und Umweltmanagement" (BMZ 2019) zurückzuführen.

Die ermittelten Daten können mit Hilfe von unterschiedlichen Werkzeugen bilanziert werden, beispielsweise mit **eventspezifischen CO_2-Rechnern** oder **individuell angepassten Datentabellen**. Bei ersterem sind die Umrechnungsfaktoren in kg CO_2 meist integriert, bei letzterem müssen weitere Quellen zur Ermittlung der CO_2-Faktoren herangezogen werden. Mögliche Quellen sind Bilanzierungsmodelle und Datenbanken wie *GEMIS*, *TREMOD* (Transport Emission Model) oder wissenschaftliche Studien zu Lebensmittel oder Betriebsmittel. Veranstalter:innen können dazu mit Instituten oder Kompensationsanbietern zusammenarbeiten, die die Bilanzierung durchführen bzw. dabei unterstützen (→ Kapitel 6.4).

Beispiel | CO_2-Rechner für Veranstaltungen

Ein vom UBA kostenlos bereitgestellter CO_2-Rechner wurde von der *KlimAktiv gGmbH* entwickelt **[OR-6.1]** http://s.narr.digital/er1ub. Über ein Online-Tool können allgemeine Angaben zur Veranstaltung sowie Daten zu den Bereichen „Veranstaltungsort", „Mobilität", „Sonstiges" und „Mahlzeit & Übernachtungen" eingegeben werden. Der Rechner ermittelt die Summe aller erfassten klimarelevanten Aktivitäten, die CO_2-Bilanz oder den CO_2-Fußabdruck und berücksichtigt alle Treibhausgase des Kyoto-Protokolls. Zur besseren Vergleichbarkeit werden diese entsprechend ihres globalen Erwärmungspotenzials im Verhältnis zu CO_2 in CO_2-Äquivalente (CO_2e) umgerechnet.

Beispiel | CO_2-Datentabelle für Kulturinstitutionen

Die *Kulturstiftung des Bundes (KSB)* führte ein Pilotprojekt zur Ermittlung von Klimabilanzen in Kulturinstitutionen durch.[100] 19 Kulturinstitutionen beteiligten sich am Projekt und ermittelten ihren CO_2-Fußabdruck. Eine aus dem Projekt heraus entwickelte Datentabelle unterstützt bei der Bilanzierung und kann von der Website der KSB heruntergeladen werden **[OR-6.2]** http://s.narr.digital/7tif8. Im Unterschied zum CO_2-Rechner für Veranstaltungen werden Klimabilanzen für die gesamte Institution erstellt.

100 KSB (2021).

Fritz et al. (2021) betonen, „dass zu den ökologischen und klimarelevanten Wirkungen von Veranstaltungen wenig neutrale Informationen, Daten und wissenschaftliche Ergebnisse vorliegen.“. Es besteht hier noch ein erheblicher Forschungsbedarf.

6.3 Vermeidung und Reduzierung von THG-Emissionen

Oberstes Ziel bei der Organisation und Durchführung von Veranstaltungen ist die **Vermeidung und Reduzierung von THG-Emissionen**. Am Beispiel Mobilität kann dies verdeutlicht werden. Mobilität ist grundsätzlich für den größten Teil der CO_2-Emissionen verantwortlich. Je nach Berechnungsgrundlage umfassen diese bei Veranstaltungen 40 bis 70 % der gesamten CO_2-Emissionen.[101] Beispielhafte Maßnahmen zur Vermeidung, Verlagerung oder Verringerung von THG-Emissionen sind:

- Durchführung von virtuellen oder hybriden Veranstaltungen (Vermeidung von Emissionen durch entfallene Wegstrecken);
- Präferenzen für Zugreisen statt Flugreisen (Verlagerung);
- Reduzierung von Wegstrecken durch die Zusammenarbeit mit regionalen Dienstleistenden (Verringerung).

Eine Berechnung der Universität Zürich aus dem Jahr 2016[102], bei der die THG-Emissionen einer Dienstreise von Zürich nach Paris (jeweils mit dem Flugzeug, Zug und Auto) mit denen einer Videokonferenz verglichen werden, zeigt dass:

- eine Flugreise 366 kg CO_2e;
- eine Fahrt mit dem Auto 387 kg CO_2e;
- eine Bahnfahrt 35 kg CO_2e;
- eine Videokonferenz für vier Stunden 1,2 kg CO_2e verursacht.[103]

Weitere Maßnahmen zur Einsparung von THG-Emissionen im Handlungsfeld Mobilität werden in → Kapitel 7.3 (Nachhaltige Mobilität bei Veranstaltungen) behandelt. Darüber hinaus zielen die dargestellten Anforderungen und Maßnahmen für nachhaltige Veranstaltungen in den weiteren Kapiteln

101 Steimer/Arnold (2020).
102 Warland/Hilty (2016).
103 Bieser/Hilty (2020).

auch darauf ab THG-Emissionen einzusparen. In manchen Fällen ist eine Vermeidung- oder Reduzierungsstrategie nicht möglich oder ausreichend. Daher sind alternative oder ergänzende Maßnahmen zur Klimaanpassung empfehlenswert. Schutzflächen und -räume können z. B. vor Unwettern und extremer Hitze eingerichtet, kostenlose Trinkwasserspender bereitgestellt oder die aktuelle Wetterlage und damit einhergehende Risiken sichtbar gemacht und vor Ort an die Gäste kommuniziert werden.

6.4 CO_2-Kompensation

Unvermeidbare THG-Emissionen können durch eine **freiwillige Kompensation** ausgeglichen werden. Grundlage dafür bildet die zuvor ermittelte CO_2- bzw. Klimabilanz der Veranstaltung, des Veranstaltungsortes bzw. der veranstaltenden Organisation. Die ermittelte Emissionsmenge kann über Klimaschutzprojekte ausgeglichen werden. Dafür werden Emissionszertifikate, auch Emissionsminderungsgutschriften genannt, erworben. Über den Kauf der Zertifikate werden dann Klimaschutzprojekte finanziert. Diese Projekte tragen z. B. zur Vermeidung oder Bindung von CO_2, bei und würden ohne den Mechanismus der Kompensation nicht existieren bzw. finanziert werden.

> „Das **Prinzip der Kompensation** beruht auf dem Gedanken, dass es für das Klima nicht entscheidend ist, an welcher Stelle Treibhausgase ausgestoßen oder vermieden werden. Daher lassen sich an einer Stelle verursachte Emissionen auch an einer weit entfernten Stelle einsparen.“[104]

Es gibt verschiedene Anbieter, die eine CO_2-Kompensation ermöglichen. Anbieter entwickeln eigene Klimaschutzprojekte und/oder erwerben Zertifikate am Markt. Drittanbieter, wie beispielsweise Druckereien oder Reiseportale, binden die Möglichkeit zur CO_2-Kompensation auch immer häufiger in ihre Angebote mit ein. Die Stiftung Warentest (2018) hat verschiedene Anbieter von CO_2-Kompensationen verglichen. Mit einem „sehr gut“ wurden die Anbieter *Atmosfair*, *Klima-Kollekte* und *Primaklima* ausgezeichnet. Bei entsprechenden Anbieter:innen können Emissionszertifikate für Klimaschutzprojekte erworben werden. Bei der Auswahl der Zertifikate und

104 Wolters et al. (2018).

somit der Finanzierung bestimmter Projekte gibt es Qualitätsunterschiede. Wolters et al. (2018) empfehlen, bei der Auswahl auf drei Aspekte zu achten:

1. Qualitätssicherung durch Standards;
2. Qualität der Klimaschutzprojekte;
3. eigene Präferenzen wie beispielsweise Herkunftsland oder Projekttyp.

Beispiel | CO_2-Kompensation durch Veranstalter (Open Air St. Gallen)

Das *Open Air Festival St. Gallen* berechnet mit Unterstützung eines externen Anbieters die CO_2-Emissionen des Festivals. Seit 2019 kompensiert das Festival unvermeidbare CO_2-Emissionen in einem Mix aus Schweizer sowie internationalen Klimaschutzprojekten.
[OR-6.3] http://s.narr.digital/1l403

Beispiel | CO_2-Kompensation durch Besucher:innen (Melt Festival)

Das *Melt Festival* bietet Besucher:innen über einen Spendenbeitrag an, die eigene Klimabelastung auszugleichen – der sogenannte *Green Pass.* In Zusammenarbeit mit einem Kompensationsanbieter wird in Waldschutzprojekte in Mittel- und Südamerika investiert.
[OR-6.4] http://s.narr.digital/i4t3s

Qualitätsstandards lassen sich nach internationalen Standards, Zusatzstandards sowie nationalen bzw. regionalen Standards unterteilen. Einige der wichtigsten Standards sind in → Tab. 3 aufgeführt.

international
• Clean Development Mechanism (CDM) • Verified Carbon Standard (VCS) • Gold Standard CER, Gold Standard VER • ISO 14064 • Plan Vivo • Fairtrade-Klima-Standard, Fairtrade Carbon Credits (FCCs) • Gold Standard for the Global Goals (GS4GG)
Zusatzstandard (nur in Kombination mit einem klassischen Standard)
• Social Carbon Standard • Climate, Community and Biodiversity (CCB) Standards

nationale bzw. regionale Standards
• MoorFutures (DE) • Moorland (DE) • Woodland Carbon Code (GB) • Peatland Code (GB)

Tabelle 3: Qualitätsstandards zur CO_2-Kompensation (in Anlehnung an Wolters et al. 2018)

Für die Qualität der **Klimaschutzprojekte** und vor dem Hintergrund eigener Präferenzen (z. B. Projekttyp) ist die Prüfung der Klimaschutzprojekte wesentlich. Klimaschutzprojekte lassen sich beispielsweise nach folgenden Projekttypen einteilen:[105]

- Energieprojekte, z. B. zum Ausbau erneuerbarer Energien und zur Energieeffizienz;
- Projekte zur Reduzierung oder zur Einbindung von CO_2, z. B. zur Aufforstung oder Renaturierung von Moorlandschaften;
- Projekte zur Verringerung von Emissionen aus Entwaldung und Waldschädigung, insbesondere zum Schutz bedrohter Waldflächen – auch REDD (*Reducing Emissions from Deforestation and Forest Degradation*) genannt;
- weitere Emissionsminderungsprojekte z. B. in der Industrie oder dem Transportwesen.

Beispiel | Klimaschutz in Mooren

Moore sind ein idealer CO_2-Speicher. Mehr als 90 % der Moorflächen in Deutschland sind trockengelegt. Über Beteiligungen an Projekten über *MoorFutures* **[OR-6.5]** 🔗 http://s.narr.digital/kjb3y können Moore renaturiert werden, wie z. B. die Rehwiese bei Oranienburg in Brandenburg. Über entsprechende Beteiligungen konnten so insgesamt 6.744 Tonnen CO_2e stillgelegt werden. Welches Potenzial hinter der Renaturierung von Mooren wie die Rehwiese liegt, veranschaulicht ein Beitrag der Tagesschau **[OR-6.6]** 🔗 http://s.narr.digital/8076o.

105 Wolters et al. (2018).

Zahlreiche Projekte sind in Schwellen- und Entwicklungsländern angesiedelt. Klimaschutzprojekte können neben ihrem Beitrag zum Klimaschutz auch einen Beitrag zu einer nachhaltigen Entwicklung am jeweiligen Projektstandort leisten. Zusammenfassend können folgende Schritte zum Ausgleich unvermeidbarer THG-Emissionen empfohlen werden:

1. Emissionen berechnen;
2. Anbieter prüfen;
3. Zertifikate auswählen;
4. Standard und Projekte prüfen;
5. Zertifikate erwerben und damit unvermeidbare THG-Emissionen kompensieren;
6. CO_2-Kompensation kommunizieren.

6.5 Zusammenfassung

In diesem Kapitel stand die Klimawirkung von Veranstaltungen, die Möglichkeiten zur Vermeidung und Reduzierung von THG-Emissionen sowie die Kompensation unvermeidbarer Emissionen bei der Organisation und Durchführung von Veranstaltungen im Vordergrund. Praktisch abgerundet wurde das Thema „Klima“ mit einem Überblick an CO_2-Rechnern, Kompensationsdienstleister:innen und Ratgebern.

Abschließend: Die Messung und das Management von THG-Emissionen sind wichtige Maßnahmen zum Schutz des Klimas. Die Fokussierung auf THG-Emissionen und Klimaschutz ist jedoch eindimensional und wird den Anforderungen an eine nachhaltige Entwicklung nicht gerecht. Weitergehende Analysen, Ziele und Maßnahmen sind daher erforderlich, mit denen alle Umweltwirkungen (nicht nur Klimawirkungen) und schließlich die Nachhaltigkeitswirkungen der Veranstaltung bzw. der gesamten Organisation insgesamt betrachtet werden.

6.6 Reflexionsfragen

1. Berechnen Sie Ihren persönlichen CO_2 Fußabdruck mit dem CO_2 Rech ner vom UBA: https://uba.co2-rechner.de/de_DE/. Was fällt Ihnen bei der Berechnung auf?

2. Erläutern Sie, welche Maßnahmen Sie zur Vermeidung und Reduzierung Ihres CO_2-Fußabdrucks treffen können?
3. Recherchieren Sie nach bereits erstellten CO_2-Bilanzen von Veranstaltungen. Vergleichen Sie die CO_2-Bilanzen der Veranstaltungen miteinander. Welche Unterschiede und Potenziale erkennen Sie?
4. Wo liegt das größte Einsparpotenzial an THG-Emissionen bei Veranstaltungen? Diskutieren Sie diesen Aspekt vor dem Hintergrund der sozialen Nachhaltigkeit.
5. CO_2-Kompensation ist eine Option unvermeidbare CO_2-Emissionen auszugleichen. Wolters et al. (2018) entwickelten für das UBA einen Leitfaden zur freiwilligen Kompensation. Schauen Sie sich die Steckbriefe zu den Qualitätsstandards und die Zusammenfassung ab Seite 33 an. Für welchen Standard würde Sie sich entscheiden und warum?

7 Mobilität und Logistik

Die Lernfragen zu diesem Kapitel finden Sie unter:
https://narr.kwaest.io/s/1185

7.1 Mobilität und Nachhaltigkeit

Mobilität und die damit verbunden unterschiedlichen Verkehrsträger (Straßen-, Schienen-, Luft- und Schiffverkehr) ermöglichen Erreichbarkeit, Flexibilität und Unabhängigkeit. Positive Folgeeffekte sind Teilhabe, wirtschaftlicher Austausch, Beschäftigung und Wohlstand in unserer Gesellschaft. Dem gegenüber steht ein Verkehrssystem, welches durch starke Umweltbelastungen gekennzeichnet ist. Laut UBA (2020) hat sich die Verkehrsleistung seit 1960 im Güterverkehr mehr als verdreifacht, im Personenverkehr sogar vervierfacht. **Mobilität** ist für rund ein Fünftel der gesamten THG-Emissionen[106] in Deutschland verantwortlich, bei Veranstaltungen liegt dieser Anteil bei 40 bis 70 % der THG-Emissionen.[107] Hinzu kommen negative Aspekte wie Lärmbelastung, Luftschadstoffe, Flächeninanspruchnahme, Ressourcenverbrauch sowie soziale und wirtschaftliche Schäden, die durch unterschiedliche Verkehrsmittel verursacht werden.

106 In 2021 stiegen die Gesamt-Treibhausgasemissionen im Verkehrssektor gegenüber dem Vorjahr um ein Prozent auf 147 Mio. Tonnen CO_2-Äquivalente (UBA (2023b).

107 Steimer/Arnold (2020).

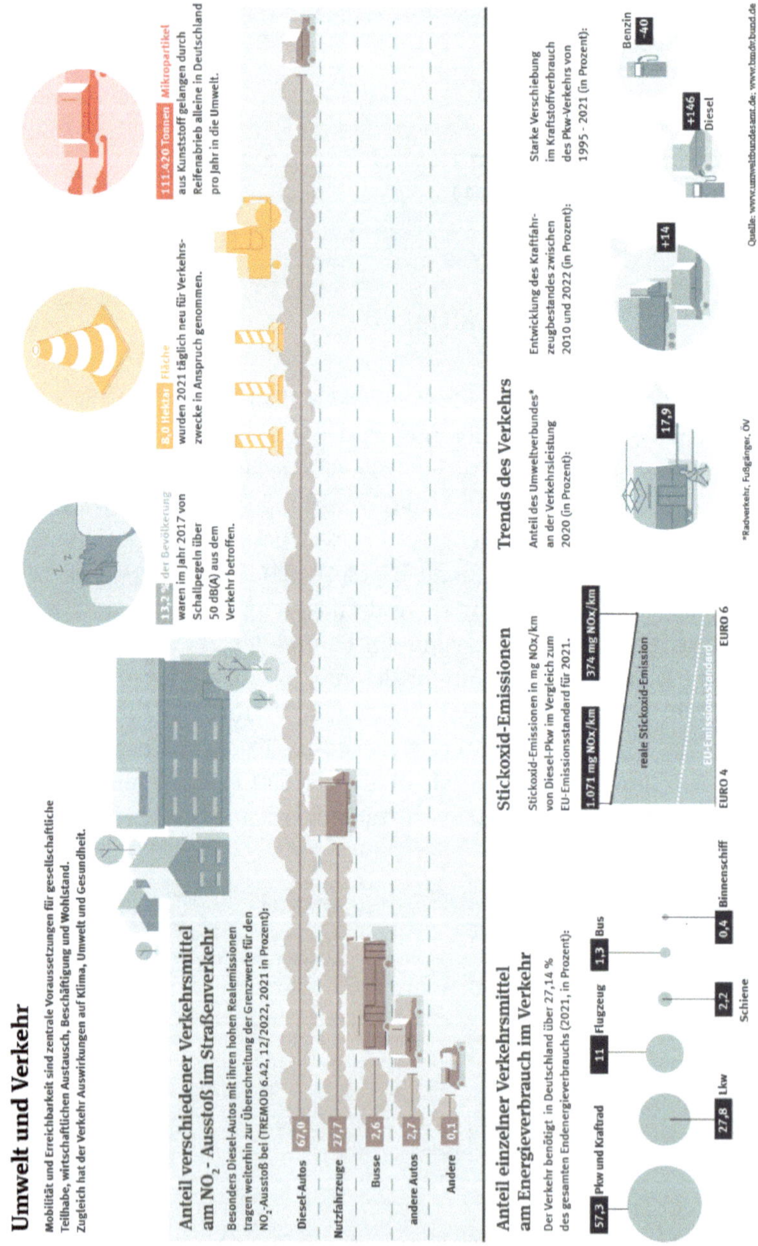

Abb. 19: Auswirkungen des Verkehrs auf die Umwelt (UBA/BMDV 2022)

→ Abb. 19 verdeutlicht den akuten Handlungsbedarf im Verkehrssektor hin zu einer nachhaltigen Entwicklung und zur Erreichung der Ziele des Pariser Übereinkommens, welches die Dekarbonisierung der Wirtschaft und Lebensweise bis Mitte des 21. Jahrhunderts fordert. Unterstützt wird dieses Vorhaben auf nationaler Ebene durch das Klimaschutzgesetz (KSG) sowie durch die Strategie für ein klimaneutrales Deutschland – zwei Initiativen, die sich bis 2045 bzw. 2050 ein treibhausgasneutrales Mobilitätssystems zum Ziel gesetzt haben. Auf Bundesebene bedarf es zudem einer Verankerung von Nachhaltigkeitszielen im Straßenverkehrsgesetz und der Straßenverkehrsordnung. In ihrer aktuellen Form steht bei beiden die Sicherheit und Leichtigkeit des Verkehrs im Fokus mit einer starken Priorisierung des motorisierten Individualverkehrs. Soziale, Umwelt- als auch Klimaaspekte sind bisher nicht berücksichtigt. Hier setzt die in den 1980er-Jahren entstandene Verkehrswende an, welche Reformen hin zu einer sozial gerechteren und zugleich klimaschonenden Mobilität fordert.

Beispiel | Verkehrswende für Alle

Erste Ansätze und Ideen einer Verkehrswende stammen bereits aus den 1980er-Jahren, wobei alternative Verkehrskonzepte und der ökologische Umbau der Automobilindustrie miteinander verknüpft wurden (Kraus 1987). Dies hat sich bis heute nicht geändert. Laut dem Verkehrsclub Deutschland (2021) soll die Verkehrswende „zu einem grundlegenden Umbau des Verkehrssystems und einem Umstieg der Gesellschaft auf umweltfreundliche Mobilität führen“. Frey et al. (2020) fordern in ihrem Positionspapier „Verkehrswende für Alle“ „Lösungen für eine sozial gerechte und zugleich ökologisch wirksame Ausgestaltung der Verkehrswende“ und schlagen unterschiedliche Strategien und Instrumente für eine nachhaltigere Mobilität vor.

7.2 Nachhaltige Mobilität & Verkehr

Mobilität beschreibt mitunter die Möglichkeit, Bedürfnisse und Lebenstätigkeiten wie Wohnen, Ausbilden, Arbeiten, Versorgen und Erholen mittels zeitlich-räumlicher Ortsveränderung erreichen bzw. miteinander verknüpfen zu können. Verkehr hingegen ist realisierte Mobilität wobei

Verkehrsträger und Verkehrsmittel als Instrumente zur Erfüllung der Mobilitätsbedürfnisse dienen.[108] Spricht man also von einer Verkehrswende, so sind zwei Aspekte für einen langfristigen Wandel zu beachten. Einerseits die nachhaltige Gestaltung von Mobilitätsverhalten, Prozessen und Konzepten (Mobilitätswende), andererseits die umweltverträgliche Entwicklung und Verbesserung der Technik vorherrschender Verkehrsmittel (Antriebswende). Zusammengefasst lassen sich daraus die Strategiefelder **Vermeiden, Verlagern und Verringern bzw. Verbessern** ableiten, die oftmals auch als Pyramide dargestellt werden (→ Abb. 20).

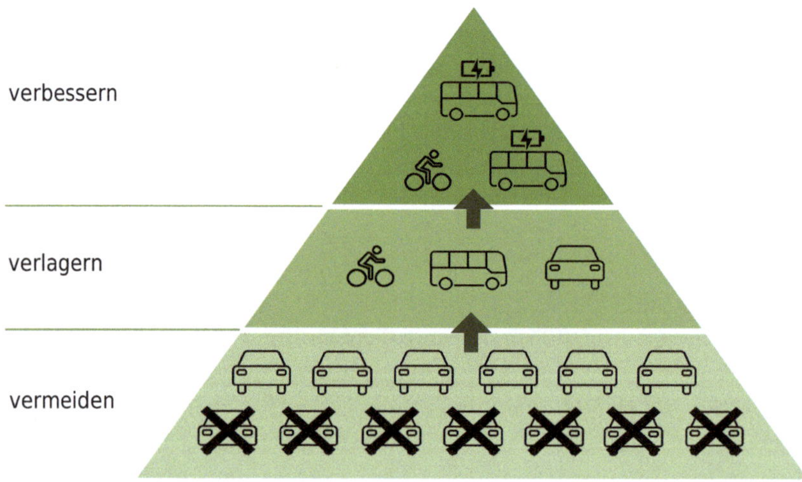

Abb. 20: Pyramide der nachhaltigen Mobilität (in Anlehnung an Green Mobility Südtirol – Alto Adige 2023)

Die Basis einer Verkehrswende bildet die **Vermeidungsstrategie**. Unnötiges Verkehrsaufkommen kann durch alternative Strukturen und Angebote vermieden werden. Dazu gehört einerseits eine integrative Planung von Siedlungsgebieten und Wirtschaftsstrukturen, die Grundbedürfnisse im Alltag wie z. B. Einkäufe von Lebensmitteln und Medikamenten auch ohne motorisierte Verkehrsmittel ermöglichen. Andererseits bedarf es eines Kulturwandels und damit einhergehende Verhaltensänderungen in der Nutzung von Verkehrsmitteln – weg vom Individualverkehr und hin zu

108 Bertram/Bongard (2014).

öffentlichen und gemeinschaftlichen Verkehrsmitteln z. B. durch die Bildung von Fahrgemeinschaften oder Homeoffice-Arbeit.

Verlagerung betrifft den Güter- und Personenverkehr, der nicht vermieden werden kann. Dieser ist so ökologisch und sozial wie möglich zu gestalten. Anstatt Auto, Schiff, Motorrad und Flugzeug kommen Bus, Bahn, Fahrrad, Lastenrad, Roller oder die eigenen Beine zum Einsatz. Unterstützt wird ein nachhaltiges Verkehrsverhalten durch Verkehrskonzepte und Mobilitätsformen, die die Nutzenden und ihre Bedürfnisse in den Mittelpunkt stellen, **multi- und intermodal** kombinierbar sind und teils einen hohen Vernetzungs- und Digitalisierungsgrad aufweisen. Dazu gehören beispielsweise:

- Car- oder Bikesharing;
- öffentliche Fahrradverleihsysteme;
- Fahrradstraßen;
- Fernbusse;
- Nachtzugverbindungen;
- Elektrofahrzeuge und flächendeckende Ladeinfrastruktur;
- onlinebasierte Mitfahrzentralen;
- Shuttle Angebote;
- Mobilitätstationen **[OR-7.1]** http://s.narr.digital/3g3ig;
- Mobilitäts-Apps von Verkehrsverbünden etc.

Darüber hinaus ist der Ausbau des Nah- und Fernverkehrs sowie die Erweiterung von Fuß- und Radwegenetzen zielführend für eine Mobilitätswende.

Laut dem Deutschen Institut für Urbanistik (2018) werden Verkehrsmittel bei **intermodalem** Verkehr für einen Weg so kombiniert, dass aus individueller Sicht eine optimale Lösung erreicht wird. Z. B. wird der Weg zum Bahnhof mit dem eigenen Fahrrad zurückgelegt, nach Ausstieg aus dem Zug wird ein E-Scooter für den letzten Abschnitt gemietet. **Multimodaler** Verkehr beschreibt die Nutzung verschiedener Verkehrsmittel für unterschiedliche Wege. So wird beispielsweise für Wege in die nächstgrößere Stadt der ÖPNV gewählt und der Weg zur Arbeit wird mit dem E-Auto zurückgelegt. Beide ermöglichen Flexibilität, tragen zur Senkung des Endenergieverbrauchs im Verkehrssektor bei und sind Schlüssel für eine nachhaltige Mobilitätswende.

In Hinblick auf die **Verringerung bzw. Verbesserung** des Verkehrs sind seit einigen Jahren Entwicklungen hin zu Effizienzsteigerungen von Verbrennungsmotoren und nachhaltigen Technologien wie der E-Mobilität zu beobachten. Die Ursprünge der Elektromobilität reichen zurück ins 19. Jahrhundert, als sich die ersten Fahrzeuge mit Elektromotoren auf Straße, Schiene und über Wasser bewegten. Mit Erfindung des elektrischen Anlassers wurden sie verdrängt und zu einem Nischenprodukt. Seit den 1990er-Jahren gewinnen Elektromotoren in ihren unterschiedlichen technologischen Ausprägungen an Relevanz und sind Baustein einer nachhaltigen Verkehrswende und Klimapolitik.[109]

> Laut UBA (2019a) wird unter **Elektromobilität** „die direkte Nutzung von Strom durch batterie-elektrische Fahrzeuge, Plug-in-Hybride oder netzgebundene Lkw in Form von Oberleitungshybrid-Fahrzeugen" verstanden.

Zu E-Fahrzeugen zählen neben Elektroautos, Bussen und Trucks auch E-Bikes, Pedelecs, Elektro-Motorräder und E-Scooter. Elektromobilität ermöglicht in der Nutzungsphase einen emissionsfreien, leiseren und nahezu klimaneutralen Betrieb, wenn dabei 100 % erneuerbare Energiequellen zum Einsatz kommen.[110] In 2022 betrug der Anteil an Elektroautos[111] am Gesamtbestand der PKWs in Deutschland bereits 2,6 % was einer Menge von ca. 1,6 Mio. Fahrzeugen entspricht.[112] Gefördert wird diese Entwicklung durch das Elektromobilitätsgesetz (EmoG), welches 2015 in Kraft trat. Kommunen und Städte können demnach elektrisch betriebenen Fahrzeugen unterschiedliche Vorzüge einzuräumen, wie z. B. die Bereitstellung kostenloser oder besonderer Parkplätze mit Ladestationen im öffentlichen Raum.

Neben alternativen Antriebstechnologien helfen intelligente Verkehrsleitsysteme und Infrastruktur, die beispielsweise zum Lärmschutz beitragen, die negativen Begleiterscheinungen des Verkehrs zu reduzieren.

---

109 Kampker et al. (2018).

110 Bundesumweltministeriums (2020).

111 Unter Elektroautos sind laut Bundesministerium für Wirtschaft und Klimaschutz (2023) folgende Fahrzeuge zur verstehen: rein elektrisch betriebene Fahrzeuge (Battery Electric Vehicle – BEV, Fuel Cell Electric Vehicle – FCEV), eine Kombination von E-Motor und kleinem Verbrennungsmotor (Range Extender, REEV) und am Stromnetz aufladbare Fahrzeuge mit Verbrennungs- und Elektromotor (Plug-in-Hybride – PHEV).

112 Statista (2022a).

Beispiel | Intelligente Transportsysteme

Projekte wie *INTEGREEN* zeigen wie intelligente Transportsysteme zur Verringerung der Verkehrsemissionen beitragen können **[OR-7.2]** 🔗 h ttp://s.narr.digital/53yix.

Zur erfolgreichen Umsetzung der drei aufgeführten Strategiefelder wurden auf unterschiedlichen Ebenen politische Rahmenbedingungen geschaffen. Bereits 2013 verabschiedete die deutsche Bundesregierung die Mobilitäts- und Kraftstoffstrategie. Diese beschäftigt sich mit der Entwicklung alternativer Antriebe und den Verlagerungspotenzialen auf klimafreundliche Verkehrsträger wie Binnenschiff und Schiene. 2020 legte die EU-Kommission eine Strategie für nachhaltige und intelligente Mobilität vor, um den Verkehr in Europa auf Zukunftskurs zu bringen. Zudem existieren auf Länder- sowie Kommunalebene unterschiedliche Mobilitätsstrategien, wie z. B. hessische Strategie „Mobilität 2035" oder die „Mobilitätsstrategie 2035" der Stadt München.

7.3 Nachhaltige Mobilität bei Veranstaltungen

Der größte CO_2-Ausstoß bei Veranstaltungen entsteht bereits bei der An- und Abreise. Hinzu kommen der Transport der Teilnehmenden am Veranstaltungsort, Fahrten des Veranstaltungsteams, sowie die Logistik von Dienstleistungsunternehmen und Partner:innen. Als oberste Priorität gilt auch hier die **Vermeidung und Reduzierung von Mobilität und damit verbundenen THG-Emissionen**. So ist bei der initialen Planung einer Veranstaltung zu prüfen, ob eine Ausrichtung in Präsenz notwendig ist. Oftmals ist es möglich, Konferenzen und Seminare in den digitalen Raum zu legen und Live-Streams oder Videoaufzeichnungen anzubieten. Die soziale Komponente (→ Kapitel 13.1) darf dabei nicht vergessen werden und ein Zugang zur Veranstaltung sollte für alle Interessensgruppen gewährleistet sein. Ist die Ausrichtung einer virtuellen Veranstaltung nicht möglich, dann ist darauf zu achten An- und Abreise sowie Fahrten und Transporte vor Ort so emissionsarm wie möglich zu gestalten und alternative Verkehrskonzepte zu nutzen.

7.3.1 Mobilität der Mitarbeiter:innen

Das Veranstaltungsteam ist vor, während und nach einer Veranstaltung unterwegs. Unterschiedliche Maßnahmen für klimafreundliches Reisen können dafür in Angriff genommen und anhand interner Reiserichtlinien langfristig verankert werden.

- Mitarbeiter:innen reisen mit emissionssparenden oder -neutralen Verkehrsmitteln, z. B. ÖPNV, Fahrrad, E-Scooter, zu Fuß;
- Teammitglieder bilden Fahrgemeinschaften oder nutzen Ride-Sharing-Angebote;
- Verzicht auf Inlandsflüge;
- bei Auslandsreisen wird geprüft, ob eine virtuelle Teilnahme möglich ist und ob die An- und Abreise auch mit dem Zug erfolgen kann. Ist dennoch ein Auslandflug notwendig, so wird dieser kompensiert (→ Kapitel 6.4).

Beispiel | Dienstradleasing

Veranstaltungshäuser können ihren Mitarbeiter:innen für die umweltfreundliche Anreise zum Arbeitsort ein (E-)Bike zur Verfügung stellen. Unterschiedliche Unternehmen bieten dafür entsprechende Leasingangebote an (z. B. *JobRad*)

7.3.2 Logistik der Veranstaltung

Während der gesamten Veranstaltungsorganisation sind Transporte zur Materialbeschaffung- und Lieferung sowie Fahrten des Veranstaltungsteams auf dem Gelände notwendig. Diese sollten effizient und unter dem Einsatz klimafreundlicher Fahrzeuge gestaltet werden.

- Anfahrtswege und Anzahl der Waren- und Materiallieferungen werden durch Bündelung und kurze Wege optimiert;
- Transportfahrzeuge sind ausgelastet, es erfolgen keine Leerfahrten;
- es existiert ein eigener Fuhrpark mit Elektro- und Hybridfahrzeugen. Neben PKWs werden E-Bikes und (E-)Lastenräder genutzt;
- kommen Transportfahrzeuge nur selten zum Einsatz, so werden diese regional gemietet, mit Vorzug für Elektro- und Hybridfahrzeuge;

- bei der Zusammenarbeit mit Dienstleister:innen kann darauf geachtet werden, dass diese regional ansässig und somit kürzere An- und Abfahrtswege haben;
- in der Zusammenarbeit mit Dienstleister:innen können zudem Vereinbarungen getroffen werden, wie diese Fahrtwege vermeiden, verlagern oder verbessern können.

Tipp | VCD-Leitfaden „Effizienter Fuhrpark"

Der Leitfaden des VCD „Effizienter Fuhrpark" unterstützt bei der Optimierung von Fuhrparks. Er widmet sich den Handlungsfeldern Fahrzeugkauf, Effizienzmaßnahmen und zeigt alternative Maßnahmen wie Car-Sharing und mögliche Nutzungen des ÖPNV auf.[113]

7.3.3 An- und Abreise zum Veranstaltungsort

Inwieweit die **An- und Abreise zum Veranstaltungsort** klimafreundlich gestaltet werden kann, ist vom Veranstaltungsformat und dem Teilnehmer:innenkreis abhängig. Handelt es sich um internationale Treffen, so ist eine Reise mit dem Flugzeug oft unvermeidbar. Bei regionalen Veranstaltungen können emissionsarme Verkehrsmittel zum Einsatz kommen.

Beispiel | mainova Frankfurt Marathon

Jährlich bestreiten rund 20.000 Läufer:innen aus aller Welt den *mainova Frankfurt Marathon*, unter ihnen auch viele, die aus aller Welt anreisen. Der CO_2-Ausstoß für An- und Abfahrt der Läufer:innen ist laut Veranstalter sehr groß. Hinzu kommen die Emissionen der Besucher:innen. Bereits seit 2005 wird deshalb an verschiedenen Maßnahmen gearbeitet. Auf der Website steht ein CO_2-Rechner zur Verfügung, der den Ausstoß des gewählten Verkehrsmittels anzeigt und eine Kompensationsmöglichkeit bietet. Eine Kooperation mit dem ansässigen ÖPNV ermöglicht Teilnehmer:innen und Helfer:innen am Veranstaltungstag kostenfreies Fahren mit öffentlichen Verkehrsmitteln. Der Veranstaltungsort „Messe Frankfurt" wurde mitunter aufgrund der Infrastruktur und der hervor-

113 VCD (2010).

ragenden Anbindung an den Fern- und Regionalverkehr ausgewählt **[OR-7.3]** http://s.narr.digital/43gbb.

Bereits die **Wahl des Veranstaltungsortes** sollte sich an dessen Erreichbarkeit mit den öffentlichen Verkehrsmitteln orientieren. Eine unmittelbare **Nähe zu Bahn- und Bushaltestellen** empfiehlt sich, sowie die Abstimmung der Veranstaltungszeiten mit den **Fahrtzeiten des ÖPNV**. Je nach Veranstaltungsformat kann auch die Taktung des ÖPNV erhöht werden, wie es bei großen Konzerten oftmals der Fall ist. Für eine umweltverträgliche Planung ihrer An- und Abreise erhalten alle Teilnehmenden rechtzeitig, z. B. mit der Bestätigung zur Teilnahme an einer Veranstaltung, entsprechende **Informationen**. Bei einem überregionalen Spektrum an Teilnehmer:innen ist das Angebot eines **Veranstaltungsticket** in Kooperation mit der Deutschen Bahn sinnvoll **[OR-7.4]** http://s.narr.digital/tcira. Dieses eignet sich besonders für Geschäftsreisende zu Kongressbesuchen oder Messen und kann beim Ticketerwerb für eine Veranstaltung direkt mitgebucht werden. Eine weitere Alternative ist die Kooperation mit dem jeweiligen öffentlichen Verkehrsverbund und **Inkludierung einer Fahrtkarte für den ÖPNV** in den Ticketpreis. Dies kann insbesondere Teilnehmer:innen aus der Region motivieren, vom Auto auf Bus und Bahn umzusteigen.

Beispiel | documenta fifteen

2022 fand in Kassel die 15. documenta-Kunstausstellung, die documenta fifteen statt. Nachhaltigkeit war sowohl im künstlerischen Konzept als auch im Veranstaltungsmanagement verankert.[114] Zum ersten Mal galten z. B. alle Tickets – mit Ausnahme der Dauertickets – gleichzeitig als Fahrkarten für den ÖPNV im Tarifgebiet KasselPlus. **[OR-7.5]** http://s.narr.digital/ov071

Weitere Anreize für eine umweltfreundliche Anreise sind **vergünstigte Eintritte oder Give-aways** bei einer Veranstaltung (auf Nachweis), die Unterstützung von Teilnehmer:innen bei der **Bildung von Fahrgemeinschaften**, die **Erhebung von Parkgebühren** und eine **begrenzte Anzahl**

114 documenta fifteen (2022).

an PKW-Stellplätzen. Darüber hinaus können zusätzliche Angebote geschaffen werden, die das Verkehrsaufkommen bei einer Veranstaltung mindern. Hierzu zählen z. B. die Kooperation der Veranstalter:innen mit privaten Nahverkehrsunternehmen und die **Einrichtung eines Sammel-Shuttles**, bestenfalls mit E-Fahrzeugen. Dies ist sinnvoll, wenn Anbindungen an den ÖPNV nur vereinzelt bestehen, oder Teilnehmer:innen außerhalb der Fahrplanzeiten anreisen. Ist eine Reise zur Veranstaltung mit einem hohen Ausstoß an Emissionen verbunden, z. B. Flugzeug oder PKW, dann können diese über unterschiedliche **Anbieter:innen kompensiert** werden (→ Kapitel 6.4). Schließlich ist die Auswahl der Aussteller:innen, Künstler:innen, Referent:innen und Dienstleistungsunternehmen zu beachten. Werden diese nach dem **Prinzip der „kurzen Wege"** engagiert, ermöglicht dies nicht nur CO_2-Einsparungen, sondern wirkt sich auch ökonomisch positiv auf die regionale Wertschöpfung aus.

Beispiel | Nachhaltige Geschäftsreisen

Mit dem Leitfaden *Geschäftsreisen erfolgreich, effizient, umweltverträglich* unterstützt der VCD seit 2008 Geschäftsreisende bei der klimafreundlichen Gestaltung von Reisen, indem er nach den drei Leitstrategien „Vermeiden, verlagern, verringern" unterschiedliche Maßnahmen aufführt.[115] Das Forschungsprojekt *CO_2-Meet – klimafreundliche Alternativen zu Geschäftsreisen* untersucht die Veränderungen der Dienstreisepraxis seit Frühjahr 2020 und dadurch bedingte Klimaeffekte. Daraus abgeleitet werden positive Maßnahmen und Handlungsempfehlungen für Unternehmen, welche im Rahmen von Fallstudien erprobt und dokumentiert **[OR-7.6]** 🔗 http://s.narr.digital/2q2rl.

7.3.4 Mobilität am Veranstaltungsort

Insbesondere für Veranstaltungen, die mehrere Tage dauern oder sich lokal auf unterschiedliche Orte erstrecken, ist die Bereitstellung passender **Mobilitätsoptionen während der Veranstaltung** notwendig. An erster Stelle gilt hier, die Wege so kurz wie möglich und in fußläufiger Distanz zu halten. Bei weiteren Strecken, z. B. zwischen Unterkunft und Veranstaltungsort,

115 VCD (2008).

können Fahrräder oder E-Scooter zur Verfügung gestellt werden. Je nach Größenordnung der Veranstaltung empfiehlt sich die Kooperation mit einem lokalen Fahrrad- oder E-Scooterverleihsystem. Eine andere Option, die auch im Kontext eines barrierefreien Personentransports nützlich ist, ist der Einsatz von emissionsarmen oder emissionsfreien Fahrzeugen (wie z. B. E-Shuttles), die zwischen den unterschiedlichen Standorten einer Veranstaltung und Unterkünften verkehren. Fahrzeugführende sollten hier vorab eine Schulung zum „kraftstoffsparenden Fahren" erhalten. Erfolgt eine Fortbewegung mit dem ÖPNV, so müssen den Teilnehmenden Informationen zu Fahrplänen und Fahrtzeiten vorliegen. Diese können an den Veranstaltungsorten zentral ausgehangen oder digital über eine Veranstaltungsplattform oder Fahrplan-Apps zur Verfügung gestellt werden.

7.3.5 Infrastruktur am Veranstaltungsort

Eine gut geplante **Infrastruktur am Veranstaltungsort** kann klimafreundlichen (Individual-)Verkehr fördern und sich positiv auf die Reduzierung von Treibhausgasemissionen auswirken. Beispiele hierfür sind:

- es werden ausreichend und sichere Abstellmöglichkeiten für Fahrräder angeboten;
- Bike- und Car-Sharing Stationen sowie Ladesäulen für Elektroautos befinden sich in Nähe des Veranstaltungsortes;
- auf ÖPNV-Haltestellen wird durch ausreichende Beschilderungen hingewiesen;
- es wird mit einem Verkehrsleitsystem für PKW und Busse gearbeitet, um Störungen der Anwohner:innen durch ein erhöhtes Verkehrsaufkommen zu vermeiden (→ Kapitel 7.3.6).

Über die zur Verfügung stehenden Optionen sollten alle Teilnehmer:innen vor der Veranstaltung informiert werden.

7.3.6 Verkehrsabwicklung am Veranstaltungsort

Ein Teil der Teilnehmer:innen wird mit eigenen Verkehrsmitteln wie dem PKW oder Fahrrad zur Veranstaltung anreisen. Ein gut organisiertes Verkehrs- und Parkleitsystem kann bei der Vermeidung von zu hohem Verkehrsaufkommen und damit verbundener THG-Emissionen unterstützen. Nichtsdestotrotz sollten Veranstaltungsorganisator:innen in Erwägung ziehen, die Anzahl an Parkplätzen zu verringern und Anreize für die Nutzung klimafreundlicher Verkehrsmittel zur An- und Abreise zu schaffen (→ Kapitel 7.3.3). Laut BMU/UBA (2020) sind folgende Maßnahmen für eine erfolgreiche Verkehrsabwicklung vor und während der Veranstaltung empfehlenswert:

- ausreichend Stellplätze unter Abschätzung der Gäste- und Verkehrsströme;
- Nutzung bestehender Stellflächen;
- Aufteilung der Stellplätze auf unterschiedliche Nutzergruppen (z. B. Menschen mit Behinderung, Elektrofahrzeuge etc.);
- Auffangparkplätze für Teilnehmende und emissionsarmer Shuttledienst zum Veranstaltungsort;
- gebührenpflichtige Parkplätze;
- gesonderte Routenführung für Einsatzfahrzeuge, Presse oder besondere Gäste;
- Ausschilderung des Verkehrs- und Parkleitsystems, Geschwindigkeitsbegrenzungen, Parkverbote, Sperren und Zufahrtsbeschränkungen.

7.4 Zusammenfassung

In diesem Kapitel wurde ein wesentliches Problem von Veranstaltungen angesprochen: der hohe Ausstoß der durch Verkehr und Mobilität verursachten THG-Emissionen. Zunächst wurde der Zusammenhang zwischen Nachhaltigkeit und Mobilität deutlich gemacht, indem die Ausmaße des vorherrschenden Verkehrssystems auf Mensch und Umwelt erläutert und auf Entwicklungen hin zu einer Verkehrswende verwiesen wurde. Wie sich Mobilität und Verkehr unterscheiden und welche nachhaltigen Ansätze es bereits gibt, wurde anhand der drei Leitstrategien Vermeiden, Verlagern, Verringern erklärt. Schließlich wurde die nachhaltige Mobilität bei Veranstaltungen betrachtet und Handlungsansätze zur An- und Abreise sowie zu Fahrten und Transport vor Ort aufgezeigt.

7.5 Reflexionsfragen

1. Wie hat sich die Verkehrswende seit den ersten Diskussionen in den 1980er-Jahren weiterentwickelt und welche Strategien werden aktuell verfolgt? Nehmen Sie das Positionspapier von Frey et al. (2020) als Grundlage.
2. Wie lauten die drei wesentlichen Strategiefelder einer nachhaltigen Mobilität? Mit Blick auf Ihren nächsten Veranstaltungsbesuch: Welche Strategiefelder können Sie bei der An- und Abreise zu der Veranstaltung wie verfolgen bzw. was wird von den Veranstalter:innen angeboten?
3. Wie kommen Sie in der Regel zu den Vorlesungen an der Universität? Berechnen Sie die CO_2-Emissionen ihrer An- und Abreise mit Hilfe des CO_2-Rechners vom UBA. Sofern diese höher als der Durchschnitt ist, überlegen Sie sich eine Strategie zur Reduzierung der Emissionen.
4. Im Lehrbuch werden Aspekte einer nachhaltigen Logistik genannt. Welche Möglichkeiten haben die Veranstalter:innen zur Optimierung ihres Fuhrparks und in der Zusammenarbeit mit Dienstleister:innen? Nutzen Sie hierfür auch den VCD-Leitfaden „Effizienter Fuhrpark“.
5. Welche Anreize können Veranstalter:innen schaffen, damit Besucher:innen klima- und umweltfreundlich an- und abreisen können?

8 Ressourcen, Beschaffung und Abfall

Die Lernfragen zu diesem Kapitel finden Sie unter:
https://narr.kwaest.io/s/1186

8.1 Ökosystem Erde und planetare Grenzen

Alle Lebewesen – so auch wir Menschen – sind in die uns umgebende Umwelt eingebunden und über Stoff- und Energieströme mit ihr verbunden. Die Gesamtheit dieser Wechselbeziehungen wird auch **Ökosystem Erde** bzw. **Biosphäre** genannt. Stoffwechselbeziehungen zwischen Mensch und Umwelt zeichnen sich einerseits durch die Entnahme (Extraktion) von Rohstoffen sowie deren Umwandlung in Produkte und Dienstleistungen aus und andererseits durch die Ab- bzw. Rückgabe in Form von Emissionen und Abfall. Diese Stoffwechselvorgänge werden durch Energie angetrieben.[116]

Wissen | SGDs mit Fokus auf Ökologie

Für die Stabilität und den Erhalt des Ökosystems Erde sind folgende der 17 SDGs besonders relevant:

- SDG 6: sauberes Wasser und Sanitäreinrichtungen
- SDG 13: Maßnahmen zum Klimaschutz
- SDG 14: Leben unter Wasser
- SDG 15: Leben an Land

Menschlich verursachte Stoffströme können zu Umweltveränderungen führen und das Ökosystem Erde gefährden. Die Möglichkeiten der Umwelt, mit solchen Veränderungen umzugehen, sind begrenzt. Dies verdeutlicht das

116 Bringezu et al. (2002).

Konzept der **planetaren Belastbarkeitsgrenzen.**[117] Das Konzept identifiziert neun zentrale natürliche Systeme und Prozesse des Ökosystems Erde:

1. Klimawandel (*climate change*);
2. Neue Substanzen und modifizierte Lebensformen (*novel entities*);
3. Ozonverlust in der Stratosphäre (*stratospheric ozone depletion*);
4. Aerosolgehalt der Atmosphäre (*atmospheric aerosol loading*);
5. Versauerung der Meere (*ocean acidification*);
6. Biochemische Flüsse (*biochemical flows*);
7. Süßwassernutzung (*freshwater change*);
8. Landnutzungswandel (*land-system change*);
9. Intaktheit der Biosphäre (*biosphere integrity*).

Sechs der neun planetaren Grenzen sind nach derzeitigem Stand bereits überschritten (→ Abb. 21). **Klima- und Landnutzungswandel** befinden sich in einem unsicheren Handlungsraum mit erhöhtem Risiko unumkehrbarer Folgen (gelblich), ebenso die **Süßwassernutzung**. Bereits in der Hochrisikozone befinden sich die **Intaktheit der Biosphäre**, die einen Rückgang der biologischen Vielfalt verzeichnet, **biochemische Flüsse**, insbesondere aufgrund von Änderungen der Stickstoff- und Phosphorflüsse, sowie der Eintrag durch **neue Substanzen** (rötlich).

117 Rockström et al. (2009).

Abb. 21: Aktualisierte planetare Belastbarkeitsgrenzen (Wang-Erlandsson et al. 2022)

Die derzeitige Inanspruchnahme natürlicher Ressourcen und das daraus resultierende Überschreiten der planetaren Grenzen führt die neoklassische Umweltökonomie auf eine **fehlerhafte Verwendung der natürlichen Ressourcen** zurück. Natürliche Ressourcen sind Tiere und Pflanzen, Kohle, Erdöl oder Erdgas, Sonne, Wind oder Erdwärme, Boden, Wasser oder Luft. Fehlerhaft bedeutet, dass diese Ressourcen übernutzt bzw. zu sehr nachgefragt werden. Das passiert, wenn bei der Produktion von Gütern ökologische und soziale Kosten nicht ausreichend einkalkuliert werden. Die Kosten werden sozusagen auf Dritte ausgelagert bzw. externalisiert. Nicht die Verursacher:innen, sondern zukünftige Generationen, andere Staaten und Länder, die Natur oder die Steuerzahler:innen tragen dann diese Kosten.

Die Effekte der **Externalisierung** können negativ sein und Kosten verursachen oder positiv sein und einen Nutzen bringen. Bei negativen externen Effekten entstehen Kosten, für die andere aufkommen müssen und die letztlich zum Überschreiten der planetaren Grenzen führen, z. B. bei der Eutrophierung von Gewässern und erhöhten Grundwasserbelastung mit Nitrat in Folge von Überdüngung in der intensiven Landwirtschaft und hohen Tierhaltungsdichte. Dies führt zu hohen gesellschaftlichen Kosten z. B. bei der Wasseraufbereitung oder im Gesundheitssystem. Bei positiven externen Effekten kann ein zusätzlicher Nutzen für die Gesellschaft entstehen, z. B. im Zuge der Vermittlung von traditionellem Wissen wie die Zubereitung von Speisen oder dem Schutz von Ökosystemen durch biodiversitätsfreundliche Maßnahmen.

Beispiel | Externalisierung von Kosten

Ein Küchentextilunternehmen leitet bei der Herstellung von Schürzen und Geschirrtücher Abwasser in einen Fluss. Dieser dient eigentlich zur Trinkwasserversorgung der Bevölkerung und muss nun gereinigt werden. Die Kosten für die Reinigung tragen die Kommune bzw. die Steuerzahler:innen und nicht das Unternehmen. Wären die Kosten für die Reinigung einkalkuliert bzw. die Kosten für eine umweltschonende Herstellung, wäre das Produkt teurer oder würde erst gar nicht hergestellt werden. Die Produktionskosten für die Schürzen und Geschirrtücher spiegeln somit nicht die realen Kosten wider.

8.2 Kreislaufwirtschaft

Eine intakte Umwelt und ein verantwortungsvoller Umgang mit Ressourcen bilden die Grundlage für unser Gesellschafts- und Wirtschaftssystem. Das aktuelle System der Linearwirtschaft ist längst an seine Grenzen gestoßen.[118] In einer Linearwirtschaft werden Ressourcen entnommen, um Produkte zu produzieren, die nach ihrer Nutzung entsorgt werden. Das **Konzept der Kreislaufwirtschaft** ist ein zentraler Lösungsansatz, um die ressourcenin-

118 Wilts (2021); Schally (2020).

tensive Linearwirtschaft zu überwinden. → Abb. 22 veranschaulicht die unterschiedlichen Prinzipien einer Linear- sowie eine Kreislaufwirtschaft.

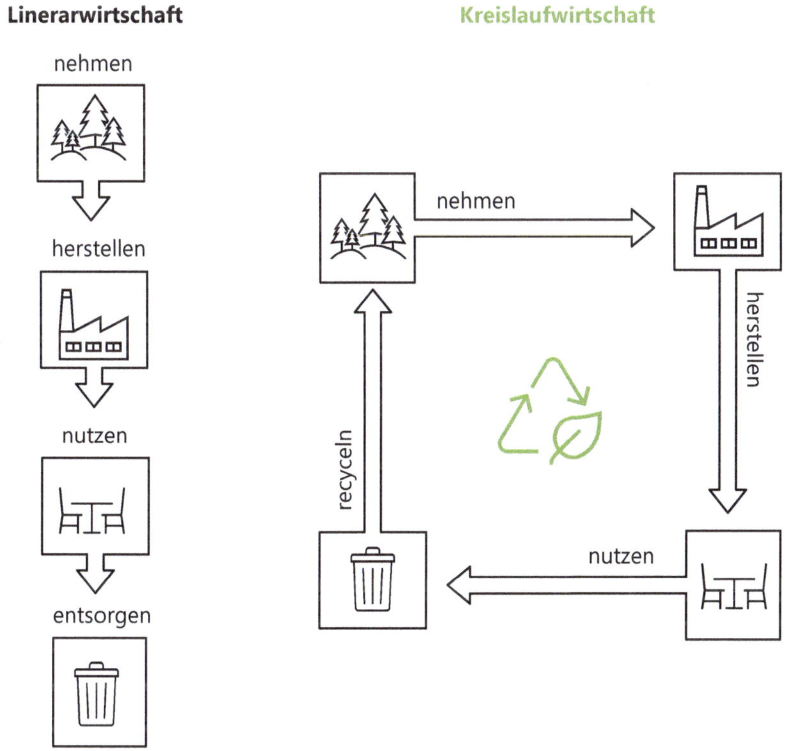

Abb. 22: Die Prinzipien der Linearwirtschaft und der Kreislaufwirtschaft (eigene Darstellung in Anlehnung an Walcher/Leube 2017; Pro Carton 2023)

Zur Förderung einer Kreislaufwirtschaft veröffentlichte die Europäische Kommission 2011 beispielsweise ihren *Fahrplan für ein ressourcenschonendes Europa* (KOM(2011) 571). Mit dem Paket zur Kreislaufwirtschaft von 2018 und dem neuen Aktionsplan für die Kreislaufwirtschaft im Rahmen des europäischen Grünen Deals[119] soll darüber hinaus die nachhaltige Gestaltung der EU-Wirtschaft bis 2050 umgesetzt werden. Parallel beschäftigen sich auch weitere Institutionen verstärkt mit Übergängen, Konzepten und

119 Europäisches Parlament (2021).

Indikatoren hin zu einer Kreislaufwirtschaft (u. a. *Ellen McArthur Stiftung, Cradle to Cradle, Blue Economy, Ökologischer Fußabdruck und Rucksack*). Lange Zeit wurde die Kreislaufwirtschaft in der Abfallwirtschaft verortet, mit dem Ziel Abfall zu vermeiden. **Das heutige Verständnis von Kreislaufwirtschaft geht darüber hinaus und betrachtet die gesamte Wertschöpfungskette** – von der intelligenten Produktgestaltung und ressourcensparenden Produktion bis hin zur Abfallvermeidung. Materialien und Stoffe werden dabei so eingesetzt, dass sie über einen möglichst langen Zeitraum in Produkten Nutzen stiften, für zukünftige Produktionsprozesse zurückgewonnen werden können und als Abfälle nicht unwiederbringlich verloren gehen[120]. Dieser Ansatz wird auch unter den Begriffen *Circular Economy (CE)* oder „Zirkuläre Wertschöpfung“ diskutiert.[121]

Beispiel | Zirkuläre Eventproduktion, Elektrofestival DGTL

DGTL ist ein mehrtägiges Elektro-Festival, das seit 2015 in Amsterdam und mittlerweile auch in anderen Städten auf der Welt (u. a. Tel Aviv, Barcelona, Neu Delhi) stattfindet. Bereits 2019 wurde DGTL von *A Greener Festival* für seine nachhaltige Veranstaltungsorganisation ausgezeichnet. Für das Jahr 2022 strebt DGTL eine vollständig zirkuläre Eventproduktion an. Dabei stehen fünf Kernbereiche im Mittelpunkt: Ressourcen (bzw. Materialien), Energie, Mobilität, Sanitär (bzw. Wasser) und Lebensmittel. Für jeden Bereich werden auf Zielen basierend Materialflussanalysen erstellt und Daten gesammelt.

- **Ressourcen:** Materialien werden mit dem höchstmöglichen Wert recycelt, Restmüll gibt es nicht.
- **Energie:** Die gesamte Energie stammt aus erneuerbaren Energiequellen.
- **Mobilität:** THG-Emissionen aus dem Verkehr (von Künstler:innen, Lieferant:innen, Personal und Besucher:innen) werden vermieden.
- **Abwasserentsorgung:** Der Verbrauch von Süßwasser wird so weit wie möglich reduziert und Nährstoffe werden aus dem Abwasser zurückgewonnen.

120 RNE (2022).
121 eurostat (o. J.).

- **Lebensmittel:** Natürliche Ressourcen werden verantwortungsbewusst genutzt, Lebensmittelabfälle werden vermieden und Restströme werden so gut wie möglich wiederverwendet.

Auf der Website erläutert DGTL die Maßnahmen zu den jeweiligen Kernbereichen, wie z. B. die Einführung von Mehrwegbechern, den Bezug von 100 % erneuerbaren Energien, die Möglichkeit zur Berechnung der CO_2-Emissionen durch die An- und Abreise der Besucher:innen, der Einsatz von Trockentoiletten sowie einer komplett veganen Speisekarte. **[OR-8.1]** http://s.narr.digital/a39kq

8.3 Beschaffung und Abfall bei Veranstaltungen

Nachhaltiges Ressourcenmanagement beschäftigt sich mit der Frage, wie menschlich verursachte Stoff- und Energieströme nachhaltig gestaltet werden können, denn die Produktion und der Konsum von Produkten und Dienstleistungen sind einerseits wesentliche Treiber für wirtschaftliches Wachstums. Andererseits sind sie verantwortlich für übermäßigen Ressourcenverbrauch, Umweltverschmutzung und steigende CO_2-Emissionen. Die Auswirkungen auf Mensch und Umwelt werden zum Teil verlagert bzw. externalisiert. Ein nachhaltiger Umgang mit unseren Ressourcen bei Veranstaltungen ist eine Herausforderung, die sich über mehrere Handlungsfelder hinweg erstreckt und in den jeweiligen Kapiteln thematisiert wird.

Für jede Veranstaltung werden Produkte und Dienstleistungen beschafft und nicht vermeidbarer Abfall entsorgt. Wenn bereits bei der Beschaffung Nachhaltigkeitskriterien beachtet werden, kann Abfall vermieden oder zumindest deutlich reduziert werden. Die nachfolgenden Kapitel beschäftigen sich daher mit einer nachhaltigen Beschaffung (→ Kapitel 8.3.1) sowie der Besonderheit einer nachhaltigen öffentlichen Beschaffung (→ Kapitel 8.3.2) und schließlich mit Aspekten der Abfallvermeidung und -entsorgung bei Veranstaltungen (→ Kapitel 8.3.3).

8.3.1 Nachhaltige Beschaffung

Unter **Beschaffung** versteht man den Einkauf und die Besorgung von Produkten und Dienstleistungen, die zur Erreichung von bestimmten Zielen dienen.[122] Personen, die für die Beschaffung bei Veranstaltungen oder in einem Unternehmen zuständig sind, holen Angebote für das gewünschte Objekt ein, vergleichen diese und treffen eine Kaufentscheidung anhand vorab definierter Vergabekriterien. Oftmals stehen die Wirtschaftlichkeit und der Preis im Vordergrund und das günstigste Angebot wird befürwortet. Bei einer nachhaltigen Beschaffung hingegen kommen neben den ökonomischen auch soziale und ökologische Aspekte zum Tragen. Leitfäden und Informationshilfen können bei der Entscheidungsfindung unterstützen (→ Kapitel 8.3.2). Für Veranstaltungshäuser und Organisator:innen empfiehlt sich die Erarbeitung eigener Mindeststandards oder eines Kriterien- und Vergabekatalogs für eine nachhaltige Beschaffung als Teil des Nachhaltigkeitsmanagements. Die Einbindung nicht nur an Beschaffungsprozessen beteiligter Teammitglieder, sondern aller Mitarbeiter:innen ist wichtig, um notwendiges Wissen zu vermitteln, Bewusstsein und Akzeptanz zu schaffen und die Umsetzung sicher zu stellen.

Bevor eine Beschaffung erfolgt, sollten folgende Aspekte und Fragen beachtet bzw. beantwortet werden:

- Besteht überhaupt Bedarf?
- Kann der Bedarf durch die Wiederverwendung von bereits angeschafften Produkten erfüllt werden?
- Kann der Bedarf durch Mieten oder den Erwerb von gebrauchten Produkten gedeckt werden?

Sollte eine Neuanschaffung notwendig sein, erfolgt diese unter den folgenden Gesichtspunkten:

- Beachtung von unterschiedlichen Zertifizierungen und Labels, wie z. B. Zertifizierungen für den ökologischen Landbau bei Lebensmitteln (→ Kapitel 12), Umweltzeichen wie der *Blaue Engel* und das *EU Ecolabel* bei Geräten und Papier, Labels für Produkte aus fairem Handel (z. B. *Fairtrade*) und Branchenstandards (z. B. *GOTS* im Textilbereich);
- sollten keine Informationen zur Nachhaltigkeitsleistung der Produkte oder der Dienstleistung öffentlich vorliegen, sind diese anderweitig zu

122 BWL-Lexikon (2022).

recherchieren, z. B. durch direkte Gespräche mit den Anbieter:innen oder durch das Ausfüllen eines Steckbriefs;
- Berücksichtigung der Lebenszykluskosten und Wiederverwendbarkeit bei neuangeschafften Materialien und Produkten;
- Berücksichtigung der Kompetenz zum nachhaltigkeitsorientierten Management seitens der Anbieter:innen.

Lebenszykluskosten beschreiben die tatsächlichen Kosten, die direkt oder indirekt während der Lebensdauer eines Produkts oder einer Dienstleistung entstehen. Dazu gehören aus der Nutzer:innen-Perspektive neben den Anschaffungskosten auch Kosten für Betrieb, Installation und Instandhaltung, sowie Abholungs-, Entsorgungs- und Recyclingkosten. Elektrogeräte können z. B. in der Anschaffung günstig erscheinen, aber hohe Folgekosten nach sich ziehen (z. B. hoher Stromverbrauch oder kurze Lebensdauer).

Eine **nachhaltige Beschaffung** bei Veranstaltungen ist in den folgenden vier Bereichen besonders relevant:

1. Kommunikation und Werbematerialien;
2. Ausstellungsmaterialien und Merchandise;
3. Infrastruktur am Veranstaltungsort;
4. Verpflegung und Catering.

Die nachhaltige Beschaffung im Bereich **[1] Kommunikation und Werbematerialen** umfasst neben den klassischen **Printprodukten** wie Flyer und Tagungsunterlagen auch **Give-aways** und die **digitale Infrastruktur**, die zur Kommunikation vor, während und nach der Veranstaltung zum Einsatz kommt.

Die **digitale Infrastruktur** umfasst einerseits die für die Veranstaltung eingesetzte Hardware, andererseits auch Softwareprodukte wie z. B. Veranstaltungsapps. Bei einer nachhaltigen Beschaffung von Hardware stehen Auswahlkriterien wie Energieeffizienz, Reparierbarkeit und eine lange Nutzungsdauer der Geräte im Vordergrund. Gütezeichen wie *TCO*, *Blauer Engel*, und *EU Ecolabel* bewerten darüber hinaus auch soziale Aspekte die im Rahmen der Produktion von Bürogeräten wie Drucker, Laptops, Smartphones, Monitore, Tablets, Headsets, Netzwerkgeräte und Server, entlang der Wertschöpfungskette entstehen. Weitere wichtige Umweltlabel sind EU *Nordic Ecolabel*, *Epeat* oder TÜV Rheinland *Green Product*. Für die nachhaltige Beschaffung von Software hat das UBA einen Leitfaden mit Anforderungen an eine umweltfreundliche Beschaffung von Software veröffentlicht.[123]

Wissen | Label für digitale Tools

Die wichtigsten Label für digitale Tools im Überblick:

- Blauer Engel für Softwareprodukte
- EU Ecolabel
- TCO
- Nordic Ecolabel
- Epeat
- TÜV Rheinland Green Product

Durch den Einsatz digitaler Tools (z. B. E-Mails, Social Media, Event-Apps) kann der Einsatz von Druckprodukten reduziert werden. Die genaue Menge ist letztendlich an der Zahl der Teilnehmer:innen festzumachen. Ein Abfragen bei den zu erwarteten Gästen kann eine weitere Reduzierung der benötigten **Printprodukte** unterstützen. Auch die Verkleinerung von Formaten und mehrseitiger und doppelseitiger Druck z. B. bei Handouts verringern den Papierverbrauch. Ist der Einsatz von Druckprodukten dennoch erforderlich, so können diese so gestaltet werden, dass eine mehrmalige Verwendung für weitere Veranstaltungen möglich ist. Auch die individuelle Zusammenstellung von Printmaterialien durch die Gäste selbst hilft dabei, dass nur das genommen wird, was auch wirklich von Interesse ist. Zudem kann eine Rücknahme von nicht benötigten Materialien im Rahmen der Veranstaltung angeboten werden. Für das Produkt an sich gilt es, Recyclingpapier zu verwenden, welches den Anforderungen des *Blauen Engels* oder vergleichbaren Gütesiegeln entspricht. Beim Weißegrad des Papiers sollte eine Orientierung an der DIN ISO 2470 und ISO Norm 11475 erfolgen. Druckfarben basieren auf Pflanzenöl und sollten frei von Palmöl und anderen schadhaften Stoffen sein. Bei Druckaufträgen an eine Druckerei kann zusätzlich auf die Klimaneutralität des Betriebes geachtet werden.

---

123 Gröger (2019).

Beispiel | Umweltsiegel Blauer Engel

Der *Blaue Engel* ist das Umweltzeichen der Bundesregierung **[OR-8.2]** 🔗 http://s.narr.digital/ay2aw. Seit über 40 Jahren kennzeichnet er mehr als 20.000 umweltschonende Produkte und Dienstleistungen von über 1.600 Unternehmen in den Kategorien Haushalt/Drogerie, Einrichtungen/Textilien, Green-IT/Elektrogeräte, Bauprodukte, Heizen/Energie, Papier/Schreibwaren, Fahrzeuge/Mobilität und Gewerbe/Kommune. Für eine nachhaltige öffentliche Beschaffung (→ Kapitel 8.3.2) ist er neben weiteren Siegeln wie das *EU Ecolabel*, das *Österreichische Umweltzeichen* und das Nordische Umweltzeichen *Nordic Swan* als Gütezeichen richtungsweisend.

Für weitere **Werbematerialien** wie **Give-aways** sollten sich Veranstaltungsorganistor:innen die Frage stellen, ob diese wirklich benötigt und welche Ziele damit verfolgt werden. Grundsätzlich ist der Verzicht von Gastgeschenken und Give-aways am nachhaltigsten. Ist eine Beschaffung dennoch gewünscht, dann sollte diese in reduziertem Maß und anhand ökologischer und sozialer Kriterien möglichst unverpackt bei regionalen Anbieter:innen erfolgen. Auch hier können Siegel wie der *Blaue Engel*, das *Europäische Umweltzeichen*, der Textilstandard *GOTS* oder Kennzeichnungen des fairen Handels beim Einkauf unterstützen. Auf Artikel, die nicht recyclebar sind oder schädlichen Abfall erzeugen, wie z. B. kleinteilige Elektronik, sollte verzichtet werden. Um die Wiederverwendung der Produkte über eine Veranstaltung hinaus zu ermöglichen, sollten diese möglichst neutral ohne spezifischen Veranstaltungsbezug gestaltet werden. Vielmehr bietet sich ein thematischer Nachhaltigkeitsbezug an.

Beispiele für **nachhaltige Give-aways** sind:

- regionale Spezialitäten aus biologischem und fairem Anbau, z. B. Tee oder Gewürze eines ökologisch und fair wirtschaftenden Betriebs;
- Textilien aus umweltfreundlichen Materialien, z. B. Obst- und Gemüsenetze oder Kochschürzen, hergestellt durch eine regional verankerte soziale Initiative;
- Saatgut oder saisonale Schnittblumen von regionalen Gärtnereien;
- Kugelschreiber aus Pappe/Pappmaschee, Bleistifte aus unlackiertem, nachhaltigem Holz.

[2] **Ausstellungsmaterialien und Merchandise** kommen insbesondere bei Messen, Tagungen oder Festivals zum Einsatz. Auch hier gilt es Materialien entweder gebraucht oder so zu beschaffen, dass sie langlebig, modular und erweiterbar sind und eine Wiederverwendung gegeben ist. Bei Neuanschaffungen sind auf Seiten der Veranstaltungsorganisation sowie auf Seiten der Ausstellenden folgende Kriterien zu beachten:

- Holzbauten stammen aus zertifizierter Forstwirtschaft (z. B. *Blauer Engel, Forest Stewardship Council – FSC, Programme for the Endorsement of Forest Certification – PEFC, Holz von Hier*). Auf einen möglichst sparsamen Einsatz wird geachtet.
- Ausstellungsprodukte wie Banner und Planen sind so gestaltet, dass eine mehrjährige Verwendung möglich ist. Die genutzten Materialien sind frei von Polyvinylchlorid (PVC) und recyclebar. Auch für Flipcharts und Moderationsmaterialen gibt es Alternativen aus Holz, Pappe oder zertifizierten Kompositmaterialien.
- Schnittblumen sind ein beliebtes Dekorationselemente bei Veranstaltungen. Aus einer sozial-ökologischen Perspektive sollte darauf allerdings verzichtet werden. Alternativen sind Blumen und Topfpflanzen in torffreier Erde aus heimischem Bio-Anbau und Naturmaterialien.
- Textilien wie Arbeitskleidung und Merchandise sollten aus ökologisch zertifizierten Naturfasern wie z. B. Bio-Baumwolle hergestellt, fair gehandelt und recyclebar sein. Siegel und Standards wie *GOTS, Fair Wear Foundation, Blauer Engel* oder *Cradle to Cradle* können bei der Beschaffung unterstützen. Außerdem sind Kooperationen mit regionalen Textilanbietenden, wo möglich, zu bevorzugen.

Beispiel | Nachhaltigkeit von Schnittblumen

Ca. 85 % der in Deutschland verkauften Schnittblumen stammen aus Ländern des „globalen Südens" wie Kenia, Simbabwe und Kolumbien. Fair gehandelte Schnittblumen kommt dabei ein vergleichsweise geringer Marktanteil zu Teil. Der Anbau von Schnittblumen geht oft mit einem hohen Wasserverbrauch und dem Einbringen von Düngemitteln und Pestiziden einher. Neben den negativen Umweltauswirkungen sind die Arbeitsbedingungen der Menschen auf den Blumenfeldern durch niedrige Löhne und mangelnde Arbeitssicherheit gekennzeichnet.[124] Standards für fairen Handel wie das *Fairtrade*-Siegel oder das niederländische Label *Fair Flowers Fair Plants – FFP* setzen für Verbesserungen auf sozialer sowie ökologischer Ebene an.

Bei der **[3] Infrastruktur am Veranstaltungsort** sind aus der Perspektive einer nachhaltigen Beschaffung mehrere Aspekte zu beachten. Je nachdem ob man die Veranstaltungslocation mietet oder in den eigenen Räumlichkeiten veranstaltet, ergeben sich unterschiedliche Handlungsspielräume. In eigenen Räumlichkeiten kann unmittelbar Einfluss auf Beschaffungsaspekte in den Bereichen Energie und Technik, Möbel sowie Sanitär und Reinigung genommen werden. Veranstaltungsorte verfügen in der Regel über eine Grundausstattung (u. a. Tische, Stühle, Veranstaltungstechnik, Bühne). Die genauen Bedarfe müssen ermittelt und ggf. weitere Ausstattung organisiert werden (z. B. Geschirr, Veranstaltungstechnik).

Zu einer nachhaltigen Energiebeschaffung zählen **Ökostrom** sowie die **Eigenenergieerzeugung aus erneuerbaren Energien** (→ Kapitel 10.3.1).

> Das UBA (2019) definiert **Ökostrom** in der Umgangssprache als elektrische Energie, „die auf eine als „ökologisch vertretbar" eingestufte, d. h. auf eine klima- und umweltschonende Weise, gewonnen wird. **Ökostrom** grenzt sich ab von konventioneller Stromerzeugung aus fossilen oder atomaren, nicht regenerativen Energiequellen, die keinen ökologischen Mehrwert aufweisen".

Da sich Stromsystem und -markt komplex gestalten und eine große Anzahl an Ökostromprodukten existiert, helfen Ökostromlabels bei der Entscheidung für ein nachhaltiges Produkt und ermöglichen eine qualitative Einordnung.[125] → Abb. 23 bietet eine Übersicht über die wichtigsten am Markt existierenden Ökostromlabels.

---

124 Fairtrade Deutschland (2023).

125 UBA (2019b).

Grüner Strom Label	ok-power
Grüner Strom Label e. V. ist ein Verein zur Zertifizierung von Ökostrom und Biogas. Er wurde im Dezember 1998 auf Initiative von Eurosolar gegründet. Ziel der Zertifizierung ist, durch die Kennzeichnung empfehlenswerter Produkte für mehr Transparenz im Ökostrom- und Biogasmarkt zu sorgen und eine ökologische Energieversorgung zu fördern.	Das ok-power-Label ist ein unabhängiges Label für Ökostrom-Tarife. Es signalisiert, dass der zertifizierte Stromtarif garantiert zum Ausbau regenerativer Energien und zu ihrer Integration in das Stromversorgungssystem beiträgt. Dass die Zertifizierungskriterien eingehalten werden, wird jährlich durch unabhängige Gutachterinnen und Gutachter geprüft.
TÜV NORD	**TÜV SÜD**
Das Prüfzeichen TÜV NORD Geprüfter Ökostrom trägt wesentlich zu ökologischen Verbesserungen im Bereich der Stromproduktion und des Stromhandels bei. Die Kriterien für die Vergabe des Labels werden u. a über den Einbezug der Richtlinien der EU zu Erneuerbaren Energien von unabhängigen Stellen mitentwickelt.	Das Prüfzeichen TÜV SÜD Erneuerbare Energien trägt wesentlich zu ökologischen Verbesserungen im Bereich der Stromproduktion und des Stromhandels bei. Die Kriterien für die Vergabe des Labels werden von unabhängigen Stellen mitentwickelt, der Vergabeprozess ist transparent.
EKOenergy	
Das EKOenergie-Label ist ein international anerkanntes Qualitätszeichen für erneuerbare Energie, das von Verbrauchern weltweit verwendet wird. Strom, Gas und Wärme oder Kälte aus erneuerbaren Energien erfüllen zusätzliche Nachhaltigkeitskriterien, um minimale Auswirkungen auf die umliegenden Ökosysteme sicherzustellen und tragen zu Projekten bei, die Energiearmut bekämpfen.	

Abb. 23: Übersicht über unterschiedliche Siegel für Ökostrom

Bei der **Veranstaltungstechnik** kommen in den Bereichen Heizung, Lüftung und Klimatisierung je nach Bedarf und örtlichen Gegebenheiten energieeffiziente Lösungen zum Einsatz (⟶ Kapitel 10.3.2). Für die **Beleuchtung** gilt es energiesparende und langlebige LED-Beleuchtung einzusetzen. Von Energiesparlampen ist abzusehen, da diese schädliche Bestandteile wie Quecksilber enthalten und u. a. bei der Entsorgung eine Umweltbelastung darstellen.[126] Die Energieverbrauchskennzeichnung der EU ist seit September 2021 neu geregelt. Sie unterteilt Leuchtmittel in Energieklassen von A (hohe Effizienz) bis G (geringe Effizienz) und gibt Auskunft zum Energieverbrauch des jeweiligen Leuchtmittels (UBA 2023a). Bei der Beschaffung spezieller **Eventtechnik** ist zunächst der genaue Bedarf zu prüfen. Wenn möglich werden Geräte wie Displays, Soundsysteme und Lichtmaschinen von lokalen Technikdienstleister:innen gemietet. Diese verfügen bestenfalls über ein eigenes Nachhaltigkeitskonzept und ihre Geräte sind durch entsprechende Gütesiegel zertifiziert. Alternativ können gemeinsam mit dem Dienstleistungsunternehmen Standards entwickelt und Schritt für Schritt umgesetzt werden.

Mobiliar wie Tische und Stühle kann für Veranstaltungen von ortsansässigen Dienstleistungsunternehmen gemietet werden. Dabei gelten die gleichen Beschaffungskriterien wie bei der Eventtechnik. Erfolgt eine Neuanschaffung für die eigenen Räumlichkeiten, so gilt es auf Langlebigkeit, Robustheit, Modularität, Reparaturfreundlichkeit, nachhaltige Materialien (z. B. *GOTS* zertifizierte Textilien und *FSC* zertifiziertes Holz) und deren Wiederaufbereitung zu achten.

Anforderungen an eine nachhaltige Beschaffung für **Sanitär und Reinigung** beziehen sich auf die Sanitäranlagen und die Ausstattung dieser, sowie auf Reinigungsmaterialien, die zur Instandhaltung der Anlagen verwendet werden. Bei Ausstattung und Reinigung sind Gütezeichen wie das *EU Ecolabel*, *ECOCERT* und der *Blaue Engel* (z. B. Seife, Papiertücher, Reiniger) und Standards wie *GOTS* oder *Cradle to Cradle* (z. B. Putztücher, Schwämme) zu beachten. Da im Handlungsfeld Sanitär und Reinigung oftmals mit Dienstleistungsunternehmen zusammengearbeitet wird, empfiehlt es sich bereits bei der Auswahl entsprechende Nachhaltigkeitskrite-

---

126 Verbraucherzentrale (2023): Defekte Lampen richtig entsorgen. Online verfügbar unter https://www.verbraucherzentrale.de/wissen/umwelt-haushalt/abfall/defekte-lampen-richtig-entsorgen-6580, zuletzt aktualisiert am 15.08.2023, zuletzt geprüft am 15.08.2023.

rien abzufragen bzw. zu vereinbaren. → Kapitel 11 geht auf diese Aspekte vertieft ein und beschäftigt sich darüber hinaus mit den Anforderungen an Sanitäranlagen.

Weitere Aspekte einer nachhaltigen Beschaffung können über die eigenen Räumlichkeiten hinaus auch in angemieteten Locations umgesetzt werden:

- Abstandshalter und Trennschütze werden aus bereits vorhandener Ausstattung und natürlichen Dekorationsmaterialien genutzt;
- zur Absperrung und für Bodenmarkierungen werden nachhaltige Optionen wie z. B. umweltfreundliches Absperr-/Klebeband verwendet;
- bei Veranstaltungen mit gastronomischem Angebot kommen mobile und wiederverwendbare Spuckschutzfolien und Scheiben zum Einsatz;
- elektronische Geräte, wie Übersetzungsanlagen, Pointer etc. werden mit wiederaufladbaren Batterien (Achtung: keine Nickel-Cadmium-Batterien verwenden!) betrieben. Nach Ablauf der Lebensdauer sind diese einem Sammelsystem zuzuführen.

Der Bereich **[4] Verpflegung und Catering** betrachtet zum einen die Beschaffung des Speiseangebots und die damit verbundenen Lebensmittel (→ Kapitel 12), zum anderen die Verpackung bzw. Darreichungsform der Speisen. Bei der Darreichungsform sollte entweder komplett auf Geschirr verzichtet und Getränke in Flaschen und Speisen direkt auf die Hand ausgegeben, oder auf ein Mehrwegsystem zurückgriffen werden. Veranstaltungsorte, die in Gebäuden untergebracht sind, verfügen oft über eine Küche und Spülmöglichkeiten. Ist Geschirr nicht vorhanden, so kann dieses bei einem örtlichen Geschirrverleih ausgeliehen werden. Schwieriger gestaltet es sich bei Veranstaltungen im Freien wie z. B. großen Festivals mit unterschiedlichen Speiseanbieter:innen. Verfügen diese über keine direkten Spülmöglichkeiten an ihrem Stand, dann ist der Einsatz eines Spülmobils oder einer Spülstraße sinnvoll. Je nach Geschirrmenge kann auch ein Austausch von Geschirr durch eine Geschirrvermietung erfolgen. Ist die Bereitstellung eines Mehrwegsystems nicht möglich, dann kann Einweg-Geschirr und Besteck aus nachwachsenden Rohstoffen eingesetzt werden. In den letzten Jahren ist das Angebot an nachhaltigen Alternativen wie z. B. Teller aus Bagasse[127], Palmblättern oder essbares Geschirr stark gewachsen. Der

127 Bagasse wird aus einem Nebenprodukt der Zuckerproduktion gewonnen. Die faserigen Rückstände vermischt mit Wasser lassen sich mitunter zu nachhaltigen Verpackungen und Geschirr verarbeiten.

Einsatz dieser ist dann besonders sinnvoll, wenn die kompostierbaren Einweg-Alternativen nach der Nutzung kompostiert werden und nicht über den Restmüll entsorgt werden. Wichtig ist die Umsetzung eines ganzheitliches Recyclingkonzept, um den angestrebten Kreislaufgedanken fortzuführen (→ Kapitel 8.2).

Beispiel | Verpackungsalternativen

Die Fachagentur *Nachwachsende Rohstoffe e. V.* hat in 2020 ein Themenheft zu Nachwachsenden Rohstoffen im Einkauf veröffentlicht. Darin führt sie mögliche Verpackungsalternativen bei Veranstaltungen & Catering auf und geht auf die Problematik biobasierter Kunststoffe ein. Bis auf Einweg-Geschirr und Besteck aus dem pflanzenbasierten Stoff Polyactid (PLA) sind seit Juli 2021 in Deutschland biobasierte Kunststoffe nicht mehr zugelassen **[OR-8.3]** http://s.narr.digital/e1w9k.

8.3.2 Nachhaltige Öffentliche Beschaffung

Mit einem Beschaffungsvolumen von über 350 Mrd. EUR im Jahr[128] kommt der öffentlichen Hand eine maßgebliche Rolle als Treiber nachhaltigen Konsums zuteil. Dazu zählen auch Produkte und Dienstleistungen, die für Veranstaltungen der öffentlichen Einrichtungen in den rund 30.000 Vergabestellen deutschlandweit getätigt werden.[129] Den Rahmen der **öffentlichen Beschaffung** bilden die Regelungen des europäischen Vergaberechts. Diese wurden 2016 mit dem Ziel, Vergabeverfahren effizienter, einfacher und flexibler zu gestalten und soziale, umweltbezogene und innovative Aspekte einzubinden, modernisiert. Folglich legt das europäische Vergaberecht fest, inwiefern Nachhaltigkeitsaspekte bei der öffentlichen Beschaffung einfließen können.

Die Umsetzung der neuen EU-Vergaberichtlinien in nationales Recht und damit einhergehende Möglichkeiten einer **nachhaltigen Beschaffung** sind für die folgenden drei Gesetzgebungen wesentlich:

1. **Gesetz gegen Wettbewerbsbeschränkungen (GWB):** In den Grundsätzen (§ 97), den Ausschlussgründen im Rahmen der Eignung (§ 124),

128 Entspricht 13 % des Bruttoinlandprodukts
129 Beschaffungsamt des BMI (2023).

bei der Festlegung von Zuschlagskriterien (§ 127) und bei den Auftragsausführungsbestimmungen (§ 128) werden Qualität, Innovation sowie umweltbezogene und soziale Aspekte berücksichtigt. Zudem wird nach § 118 die Vergabe an Werkstätten für Menschen mit Behinderung und die Vergabe an Sozialunternehmen ermöglicht.

2. **Verordnung über die Vergabe öffentlicher Aufträge** (Vergabeverordnung (VgV)): Berücksichtigung von Nachhaltigkeitskriterien für das Verfahren zur Vergabe von Liefer- und Dienstleistungen in den Bereichen Leistungsbeschreibung, Nachweisführung durch Gütezeichen, Eignungs- und Zuschlagkriterien.
    - **Leistungsbeschreibung:** Beschreibungsmerkmale dürfen Aspekte der Qualität, Innovation sowie soziale und umweltbezogene Aspekte beinhalten. Dabei können sie sich auf unterschiedliche Stadien des Lebenszyklus beziehen, wobei eine Verbindung zum Auftragsgegenstand in gewisser Verhältnismäßigkeit stets gegeben sein muss (§ 31).
    - **Nachweisführung durch Gütezeichen:** Um die in der Leistungsbeschreibung geforderten Merkmale sicherzustellen, kann die Vorlage von Gütezeichen wie das *EU Ecolabel*, der *Blaue Engel*, das *Österreichische Umweltzeichen*, das nordische Umweltzeichen *Nordic Swan* oder gleichwertige Siegel eingefordert werden (§ 34).
    - **Eignungskriterien:** Forderung der Einhaltung von Systemen oder Normen des Umweltmanagements, z. B. EMAS (§ 49).
    - **Zuschlagskriterien:** Bei der Ermittlung des wirtschaftlichsten Angebots und der Zuschlagserteilung können neben dem Preis „auch qualitative, umweltbezogene oder soziale Aspekte berücksichtigt werden“ (§ 58). Des Weiteren kann das Zuschlagskriterium „Preis“ auf Grundlage der Berechnung der Lebenszykluskosten einer Leistung unter Vorgabe einer rechtlich geeigneten Methode eingefordert werden (§ 59).
3. **Verfahrensordnung für die Vergabe öffentlicher Liefer- und Dienstleistungsaufträge unterhalb der EU-Schwellenwerte** (Unterschwellenvergabeordnung (UVgO)): Die UVgO gleicht im Wesentlichen der VgV, bezieht sich aber auf die Vergabe öffentlicher Liefer- und Dienstleistungsaufträge ausschließlich auf nationaler Ebene. Der vorab geschätzte Auftragsumfang liegt dabei unterhalb der EU-Schwellenwerte. Diese werden alle zwei Jahre neu festgesetzt und liegen für

2022/2023 für Liefer- und Dienstleistungen für öffentliche Auftraggeber bei 215.000 EUR. [130]

Neben dem europäischem Vergaberecht sind **nationale Vorschriften und Gesetze bei der öffentlichen Beschaffung** nachhaltiger Dienstleistungen und Produkte zu beachten. Dazu zählen in Deutschland insbesondere folgende:

- **Maßnahmenprogramm Nachhaltigkeit der Bundesregierung 2021:** Festlegung von acht Maßnahmen zur weiteren Ausrichtung der öffentlichen Beschaffung am Leitprinzip einer nachhaltigen Entwicklung;[131]
- **Kreislaufwirtschaftsgesetz (KrWG):** Bevorzugung rohstoffschonender, abfallarmer, reparierbarer, schadstoffarmer und recyclingfähiger Produkte;[132]
- **Saubere-Fahrzeuge-Beschaffungs-Gesetz (SaubFahrzeugBeschG):** Prozentuale Mindestziele bei der Beschaffung bestimmter Straßenfahrzeuge und Dienstleistungen;
- **Bundes-Klimaschutzgesetz (KSG):** Prüfung, inwiefern das Produkt oder die Dienstleistung zum Erreichen der nationalen Klimaschutzziele nach § 3 KSG beiträgt;
- **AVV Klima:** Allgemeine Verwaltungsvorschrift zur Beschaffung klimafreundlicher Leistungen durch die öffentliche Hand.

Eine nachhaltige Beschaffung bei Veranstaltungen öffentlicher Auftraggeber wird folglich durch den europäischen als auch nationalen Gesetzesrahmen ermöglicht. In der Praxis bedeutet dies, dass nachdem eine Bedarfsprüfung erfolgt ist (→ Kapitel 8.3.1), Produkte und Dienstleistungen unter Beachtung der gesetzlichen Regelungen ausgeschrieben, bewertet und vergeben werden können. Veranstaltungsorganisator:innen werden dabei von der Kompetenzstelle für nachhaltige Beschaffung (KNB) unterstützt, welche einen Überblick über Gesetze und Regelungen gibt sowie Leitfäden und Beispiele aus Bund, Ländern und Kommunen zusammenführt.

130 Bundesministerium für Wirtschaft und Energie 2021.

131 Bundesregierung (2021).

132 Hier setzt auch das Konzept des Circular Procurements an, bei welchem bei Ausschreibungen in allen Phasen des Einkaufs, von der Bedarfsanalyse bis zum Zuschlag, in Kreisläufen gedacht wird (FNR (2020).

Beispiel | Nachhaltige öffentlichen Beschaffung im Catering

Wenn Veranstalter:innen an das Vergaberecht gebunden sind, sind „bei der Vergabe [...] Aspekte der Qualität und der Innovation sowie soziale und umweltbezogene Aspekte zu berücksichtigen (vgl. § 97 Abs. 3 GWB). Dies kann z. B. durch die Festlegung solcher Aspekte als Zuschlagskriterien erfolgen (vgl.§ 127 Abs. 1 GWB). Zum Nachweis können Gütezeichen (i. S. v. § 34 VgV bzw. § 24 UVgO) wie z. B. das EU-Bio-Logo dienen."[133]

Die Europäische Kommission hat in diesem Zusammenhang Kriterien für eine umweltorientierte öffentliche Beschaffung im Bereich Lebensmittel, Verpflegungsdienstleistungen und Verkaufsautomaten formuliert.[134] Diese können über Auswahlkriterien, technische Spezifikationen sowie über Zuschlagskriterien im Ausschreibeverfahren berücksichtigt werden. Neben dem Preis können Zuschlagskriterien zur Bewertung der Angebote hinzugezogen werden. Beispielsweise kann positiv gewertet werden, wenn der Anteil bio-zertifizierter Lebensmittel der Bieter:innen über dem festgelegten Mindestanteil liegt. Empfehlenswert ist es, bei der Nutzwertanalyse die Angebote anhand von Punkten zu bewerten und Rechenbeispiele anzuführen. Diese Empfehlung sowie weitere Strategien und Konzepte zur Einführung von Bio-Lebensmitteln im Verpflegungsbereich führt der Leitfaden „Mehr Bio in Kommunen" auf.[135]

Anknüpfend an die Formulierung von Zielen und Kriterien können Beschaffungs- oder Einkaufsrichtlinien festgehalten, Mindeststandards definiert und/oder interne Leitfäden ausgearbeitet werden. Dies ist insbesondere für privatwirtschaftliche Unternehmen, Vereine und andere Institutionen relevant, die nicht an das Vergaberecht gebunden sind und sich ihre Ziele und Kriterien, wenn nicht gesetzlich geregelt, selbst setzen.

133 BMEL/BÖLN (o. J.).
134 Europäische Kommission (2019).
135 Fülles et al. (2017).

8.3.3 Abfallvermeidung und -entsorgung

Bereits im Zuge einer nachhaltigen (öffentlichen) Beschaffung können Aspekte zur Abfallvermeidung und -entsorgung mitbedacht werden. Die europäische Abfallrichtlinie (ARRL) regelt schließlich den Rechtsrahmen für den Umgang mit Abfällen in der EU und legt folgende **Abfallhierarchie** fest:[136]

1. Prävention;
2. Wiederverwendung;
3. Recycling;
4. Verwertung für andere Zwecke, wie z. B. Energie;
5. Entsorgung.

In Deutschland werden die Vorgaben der Richtlinie durch das **Kreislaufwirtschaftsgesetz (KrWG)** umgesetzt, dessen Ziel eine noch stärkere Ausrichtung an Ressourcen-, Klima- und Umweltschutz ist. Die Vermeidung von Abfall wird dabei z. B. im „Abfallvermeidungsprogramm des Bundes unter Beteiligung der Länder" (§ 33 KrWG) geregelt. Spezifische Produktabfälle wie Verpackungen, Altfahrzeuge, Batterien oder Elektrogeräte sind in einzelnen Gesetzen wie dem Verpackungsgesetz oder dem Batteriegesetz geregelt. Laut Janz (2022) sind die Steuerungsmöglichkeiten der klassischen Abfallwirtschaft allerdings begrenzt. Maßnahmen müssen demnach die komplette Wertschöpfungskette eines Produkts mit einbeziehen und nicht erst am Ende seines Lebenswegs ansetzen. Langfristig erfordert dies eine Weiterentwicklung der überwiegend noch linearen hin zu einer zirkulären Wirtschaftsweise und geschlossenen Stoffkreisläufen (→ Kapitel 8.2). Erste Ansätze im Produktbereich sind das von McDonough und Braungart entwickelte *Cradle to Cradle*-Konzept.

Beispiel | Cradle to Cradle

Cradle to Cradle ist ein Ansatz für eine konsequent geschlossene Kreislaufwirtschaft, die darauf abzielt, die Klima- und Ressourcenprobleme ganzheitlich und langfristig zu lösen. Produkte werden bereits während der Herstellungsphase so gestaltet, dass die verwendeten Rohstoffe

136 s. Richtlinie 2008/98/EG über Abfälle und zur Aufhebung bestimmter Richtlinien

nach Ablauf der Nutzungszeit aufbereitet und erneut verwendet werden können. Alle Inhaltstoffe sind dabei chemisch unbedenklich und kreislauffähig. Der *Cradle to Cradle Certified* Produktstandard bewertet Produkte nicht nur hinsichtlich ihrer Kreislauffähigkeit, sondern auch Einhaltung sozialer Standards, Materialgesundheit, verantwortungsvolles Wassermanagement und der Nutzung erneuerbarer Energien. Im Jahr 2023 existierten weltweit 8.000 zertifizierte Produkte.[137]

Bei Veranstaltungen ist **Abfallmanagement** ein zentrales Thema und erfordert die Erarbeitung von Konzepten, die sich am Kreislaufgedanken orientieren. Veranstaltungen, die im öffentlichen Raum stattfinden, bedürfen oftmals einer Genehmigung, an die wiederum eine sachgerechte Entsorgung des Müllaufkommens gebunden ist. Darüber hinaus gibt es unterschiedliche Berührungsgruppen, wie Kommunen, Anwohner:innen, Umweltverbände und Besucher:innen, die an einer sauberen Veranstaltung interessiert sind. Insbesondere bei großen Veranstaltungen wie Festivals werden die Ausmaße der Wegwerfgesellschaft und das damit einhergehende Abfallaufkommen deutlich. Hinterließen Besucher:innen des Hurricane Festivals in Scheeßel im Jahr 2006 laut dem Veranstalter noch vier Kilo Abfall, so lag die Menge in 2013 bereits bei durchschnittlich 15 Kilo pro Kopf. Bei 70.000 Besucher:innen macht das insgesamt 1.000 Tonnen Müll über einen Zeitraum von drei Tagen.[138]

Beispiel | Circular Festival, Roskilde Dänemark

Nachdem das Abfallaufkommen beim Roskilde Festival in Dänemark über die vergangenen Jahre jährlich um 76 Tonnen gestiegen war, entschied die Veranstaltungsorganisation neue Wege zu gehen, mit dem Ziel das Abfallaufkommen zu reduzieren und sortenrein zu recyceln **[OR-8.4]** http://s.narr.digital/31z7k. Als *Circular Festival* wurden erste Schritte zur Konzeption und Umsetzung eines *Ressource and Waste Management Plan 2020–2024* unternommen. Der Plan umfasst:

137 C2C NGO (2023).
138 Spiegel 2014.

- *Design & Consumption*, z. B. neue Lösungen für Camping-Ausstattungen, Langlebigkeit von Baumaterialien;
- *Waste Management for Recycling*, z. B. einfache Recyclinglösungen für alle, Ausbau der Kooperationen mit Lieferant:innen und Entsorgungsunternehmen;
- *Transverse Focus Areas*, z. B. klare Kennzeichnung der Abfallsysteme durch allgemein anerkannte Piktogramme, Informationskampagnen zur Sensibilisierung von Besucher:innen.

Im Rahmen eines nachhaltigen Veranstaltungsmanagements ist Abfall ein wesentliches Handlungsfeld. Im Veranstaltungsbetrieb kommt dabei die oben aufgeführte Abfallhierarchie zum Tragen. An erster Stelle steht die **Abfallvermeidung**, welche durch folgende Maßnahmen angestrebt wird:

- Beschaffung langlebiger, reparaturfreundlicher, modularer Produkte;
- Rücknahmesysteme und Wiederverwendung von Produkten, z. B. Namensschilder;
- Einsatz von Produkten in Mehrwegverpackungen und Großgebinden, z. B. Lebensmittel des gastronomischen Angebots wie Zucker in Zuckerstreuern und Milch in Glasflaschen;
- Einsatz von recycelfähigen Produkten und Verpackungen, z. B. Kartonverpackungen;
- Kommunikation mit Lieferant:innen und Aussteller:innen über den Verzicht von unnötigen Verpackungen.

Fällt Abfall an, dann gilt es diesen während der Veranstaltung sinnvoll zu trennen und anschließend dem Recycling zuzuführen. Folgende Maßnahmen können für eine sachgerechte **Abfalltrennung** ergriffen werden:

- Während der Veranstaltung steht ein Abfalltrennsystem z. B. in Form von Wertstoffinseln zur Verfügung. Dieses ist einheitlich, klar und einfach verständlich beschildert, z. B. mehrere Sprachen, Piktogramme;
- Lieferant:innen und Ausstellende kennen das Trennsystem und sind zur Rücknahme und zum Recycling von Verpackungen verpflichtet;
- Abfalltrennung wird durch personelle Betreuung der Wertstoffinseln und durch begleitende Aufklärungsangebote gefördert;
- Sensibilisierung von Gästen am Veranstaltungstag durch gemeinsame Müllsammelaktionen.

Als letzter Schritt bleibt die **Abfallentsorgung**, wobei folgende Schritte zu beachten sind:

- Entsorgung verbleibender Verpackungsabfälle nach dem Verpackungsgesetz;
- Entsorgung von separat gesammelten Wertstoffen wie Glas, Bioabfall, Karton nach den Vorgaben der Gewerbeabfallverordnung und des Kreislaufwirtschaftsgesetzes;
- Entsorgung aller restlichen Abfälle über den jeweiligen öffentlich-rechtlichen Entsorgungsträger.

Zusammengefasst und gesteuert werden alle drei Schritte in einem **Abfallkonzept**. Insbesondere bei Großveranstaltungen hilft ein solches Konzept dabei den Veranstaltungsort sauber zu halten und das Abfallsaufkommen von Beginn an auf ein Minimales zu reduzieren. Darüber hinaus dient es dazu, die ergriffenen Maßnahmen intern wie extern an unterschiedliche Berührungsgruppen wie Mitarbeiter:innen, Aussteller:innen, Besucher:innen und Anwohner:innen zu kommunizieren. Bereits die Planung sollte unter Einbezug lokaler Entsorgungsunternehmen erfolgen. Dabei werden Standorte für Wertstoffinseln, die potenziellen Abfallarten, deren ungefähre Menge und Entstehungsorte, sowie der Verbleib des Abfalls nach der Veranstaltung festgelegt. Die Möglichkeit zur Sammlung und Entsorgung von Zigaretten darf dabei nicht vergessen werden. Bei Veranstaltungen wie Festivals, Weihnachtsmärkten oder Konzerten ist es sinnvoll, zwischen Abfallbehältern im Publikumsbereich und Backstage-/Aussteller:innenbereich zu unterscheiden und diese zielgruppenspezifisch zu gestalten. Zur besseren Übersicht ist es hilfreich Entsorgungsmöglichkeiten auf dem Veranstaltungsgelände in Lageplänen zu kennzeichnen. Abschließend können entstandene Abfallmengen nach der Veranstaltung quantifiziert und Reduktionsziele für kommende Veranstaltungen definiert werden.

Beispiel | Abfallkonzept der Stadt Wien

Laut dem Wiener Veranstaltungsgesetz müssen Veranstaltungen mit mehr als 2.000 Personen verpflichtend ein Abfallkonzept erstellen und gemeinsam mit der Veranstaltungsanmeldung einreichen. Hierfür kann eine Vorlage online von der Website der Stadt Wien heruntergeladen werden **[OR-8.5]** 🔗 http://s.narr.digital/t0u6p. Zur Unterstützung einer umweltfreundlichen Veranstaltungsorganisation bietet die Stadt Wien eine kostenfreie Ökoevent-Beratung an. Darüber hinaus fördert sie den Einsatz des Wiener Mehrweggeschirrs, ein Geschirrsystem, welches über die Stadt angemietet werden kann.[139]

8.4 Zusammenfassung

In diesem Kapitel stand die Relevanz eines nachhaltigen Ressourcenmanagements im Fokus. Als Grundlage wurde das Ökosystem Erde und die planetaren Belastbarkeitsgrenzen beschrieben. Welche Möglichkeiten und Konzepte es gibt, um die negativen anthropogenen Auswirkungen auf die Biosphäre zu vermeiden bzw. so gering wie möglich zu halten, wurde anschließend anhand des Kreislaufwirtschaftsgedanken erläutert und anhand einer Veranstaltung beispielhaft aufgezeigt. Schließlich wurden die möglichen Maßnahmen eines nachhaltigen Ressourcenmanagements bei Veranstaltungen anhand folgender Handlungsbereiche vertieft: „Nachhaltige Beschaffung“, „Nachhaltige Öffentliche Beschaffung“ und „Abfallvermeidung und -entsorgung“.

8.5 Reflexionsfragen

1. Das Konzept der planetaren Belastbarkeitsgrenzen macht die Dringlichkeiten von Umwelt- und Klimaschutz deutlich. Wang-Erlandsson et al. (2022) haben die jüngsten Veränderungen aktualisiert. Was hat sich seit der ersten Veröffentlichung des Konzeptes durch Rockström et al. (2009) verändert?
2. Suchen Sie sich eine der vier Aufgaben aus Broll (2019) aus und führen Sie das Experiment durch. Bevor Sie nachlesen „Was dahinter steckt“, machen Sie sich selbst Notizen dazu.
3. Auf fast jeder Veranstaltung bekommen Sie Give-aways, z. B. Kugelschreiber, Süßigkeiten etc. Welche Give-aways sind aus Ihrer Sicht unnötig bzw. unbrauchbar? Wenn Sie Give-aways als nützlich erachten,

139 Stadt Wien (2010).

welche Kriterien einer nachhaltigen Beschaffung sollten beachtet werden?

4. Das Portal www.nachhaltige-beschaffung.de listet für verschiedene Produktgruppen (z. B. Papierprodukte) Produktgruppenblätter. Welche Anforderungen werden an Papierprodukte gestellt?
5. Recherchieren Sie nach weiteren Beispielen von Veranstaltungen (wie z. B. Roskilde Festival), die den Kreislaufwirtschaftsgedanken verfolgen. Welche Abfallkonzepte liegen den Veranstaltungen zu Grunde? Inwiefern sind Veranstalter:innen an kommunale Richtlinien gebunden?

9 Veranstaltungsort und Unterkunft

Die Lernfragen zu diesem Kapitel finden Sie unter:
https://narr.kwaest.io/s/1187

9.1 Gebäude und Nachhaltigkeit

Mit dem **Bau und dem Betrieb von Gebäuden** geht ein erheblicher Energie- und Ressourcenverbrauch einher. Weltweit werden 17 % des Wasserverbrauchs, 33 % der CO_2-Emissionen, 30–40 % des Energie- und 40–50 % des Rohstoffverbrauchs durch den Bau und Betrieb von Gebäuden verursacht.[140] Bis zu 40 % des Primärenergie- und ein wesentlicher Teil des Trinkwasserverbrauchs werden in Deutschland von Gebäuden verursacht und über die Hälfte des deutschen Abfallaufkommens stammt aus dem Baubereich.[141] Im Jahr 2020 verursachte der Gebäudebereich in Deutschland zudem etwa 120 Mio. Tonnen CO_2e, das entspricht 16 % der gesamten CO_2-Emissionen.[142] Diese entstehen an verschiedenen Stellen entlang des Lebenszyklus von Gebäuden, von der Planung über die Herstellung und den Transport von Baustoffen, den Bau und Betrieb von Gebäuden bis zu deren Lebensende (→ Abb. 24).

140 Bauer et al. (2013).
141 Bauer et al. (2013); BMWI (2018).
142 BMU (2021).

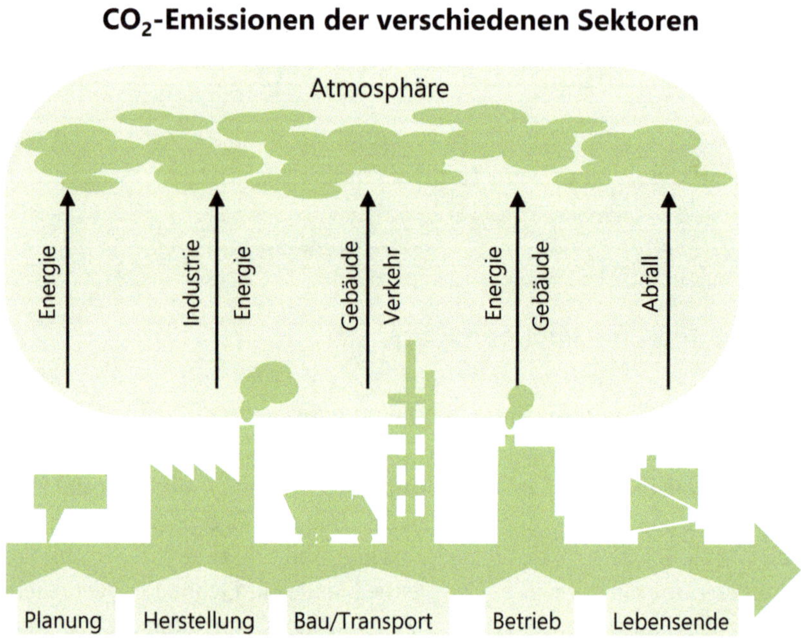

Abb. 24: CO_2-Emissionen im Lebenszyklus von Gebäuden (eigene Darstellung in Anlehnung an DGNB 2023)

Deutschland hat sich zum Ziel gesetzt, den Energie- und Ressourcenbedarf deutlich zu reduzieren und **den Gebäudebereich bis zum Jahr 2050 nahezu klimaneutral zu gestalten**. Die Potenziale hierfür lassen sich in den folgenden drei Bereichen verorten:

1. Bauen, Baustoffe und Bausysteme;
2. Bestandsgebäude und Gebäudesanierung;
3. Betrieb von Gebäuden.

Bei Bauprojekten kann ein ganzheitlicher Planungsansatz, z. B. in Richtung eines **Life Cycle Engineering**, herangezogen werden. Bei diesem Planungs- und Beratungsansatz wird der gesamte Lebenszyklus von Gebäuden betrachtet und unter Nachhaltigkeitsaspekten bewertet.[143] Neben dem bedarfsgerechten Design kann bei Neubauten auch z. B. auf Wiederverwendung und Recycling von Baustoffen zurückgegriffen werden. Im

143 Bauer et al. (2013).

Gebäudebestand können Einsparpotenziale durch energetische Sanierungen realisiert werden. Dazu zählen bauliche Sanierungsmaßnahmen, wie z. B. an den Außenwänden oder der Verglasung sowie anlagentechnische Sanierungsmaßnahmen, wie bei der Lüftung oder der Beleuchtung. Die künftige Anlagentechnik sollte sich zudem nach der Verfügbarkeit von Strom aus erneuerbaren Quellen richten. Das Informationsportal „Nachhaltiges Bauen" des Bundesministeriums für Wohnen, Stadtentwicklung und Bauwesen zählt Maßnahmen für den Bau bzw. die Modernisierung von Gebäuden auf, die sich charakterisieren lassen als:

- umweltschonend und energieeffizient;
- wirtschaftlich und langlebig;
- funktional und komfortabel;
- angemessen und robust;
- materialgerecht und aufwandsarm.

Ein Großteil der Emissionen von Gebäuden ist auf die Verbrennung fossiler Energieträger durch den **Betrieb der Gebäude** zurückzuführen, insbesondere von Gas für Raumwärme und Warmwasser.[144] Konsequente Energieeinsparungen können hier zu einer Reduzierung der CO_2-Emissionen beitragen. Für den Betrieb von Gebäuden sind weitere Handlungsfelder, z. B. Energie- und Wassermanagement sowie die Beschaffung und das Abfallmanagement relevant. Die Art von Veranstaltungsorten und Unterkünfte ist sehr vielfältig und abhängig von der Veranstaltungsform. Eine Übersicht und Beispiele werden im nächsten Kapitel behandelt.

9.2 Veranstaltungsort und Unterkunft

Bis Anfang 2020 fand ein Großteil der Veranstaltungen in Präsenz, also vor Ort, statt. Mit Beginn der Coronapandemie hat die Anzahl an virtuellen Veranstaltungen schlagartig zugenommen und sich von 1,4 Mio. in 2020 auf 3,0 Mio. in 2021 sogar mehr als verdoppelt.[145] Virtuelle Veranstaltungen werden via Livestream übertragen oder mit Hilfe von Videokonferenz- oder Webinar-Tools (z. B. *Zoom* oder *Cisco Webex*) abgehalten. Weiterhin gibt es digitale Messeplattformen und Messestände, die mit VR-Brillen begehbar sind. Zahlreiche Veranstaltungen

144 BMU (2021).
145 EITW (2022).

werden auch hybrid durchgeführt, d. h. die Teilnehmer:innen können sowohl in Präsenz am Veranstaltungsort und/oder digital, z. B. über Livestreams oder Workshops, teilnehmen. Diese Entwicklung hat Einfluss auf Nachfrage nach bzw. den Bedarf an Veranstaltungsorten sowie deren Ausstattung und verändert die Anforderungen an Veranstaltungskonzepte, die mit virtuellen und hybriden Veranstaltungen einhergehen.

Es existieren **drei Kategorien für Veranstaltungsformen:**

- Präsenzveranstaltung;
- hybride Veranstaltung;
- virtuelle Veranstaltung.

Bei allen Veranstaltungsformen wird eine (digitale) Infrastruktur benötigt und Ressourcen in Anspruch genommen. Es können entweder eigene Räumlichkeiten oder externe Räumlichkeiten als **Veranstaltungsort** genutzt werden. Dies können feste und überdachte Veranstaltungsorte (z. B. Messehalle, Theater, Konzerthaus), mobile Orte (z. B. Bus, Fahrrad, Zelt) oder Freiflächen (z. B. Wiesen, Plätze, Straßen) sein. Bei virtuellen und hybriden Veranstaltungen wird ein virtueller Raum mit Hilfe entsprechender Software realisiert (digitale Orte).

Die Arten von Veranstaltungsorten sind vielfältig. Syhre/Luppold (2018b) unterscheiden beispielsweise zwischen:

- Messegelände/Messehallen;
- Mehrzweckhallen/Arenen/Hangar;
- Open Air/Stadien;
- Kultur- und Konzerthallen/Kongresshäuser/Stadthallen;
- Bühnen/Theater/Museen;
- Diskotheken/Clubs/Restaurants/Ballsäle (Hotels);
- Zelte/Zirkusse/Jahrmärkte/Fliegende Bauten;
- Fernsehstudios;
- Special Event Locations/außergewöhnliche Veranstaltungsorte/ Schlösser/Burgen.

Eine allgemeinere Unterscheidung nimmt das EITW (2022) vor:

- Tagungshotels;
- Eventlocations (z. B. Burg/Schloss, Museum, Bildungseinrichtung/-Hochschule);
- Kongress- und Veranstaltungszentren.

Bei längeren Veranstaltungen oder Veranstaltungen mit bundes- oder weltweitem Publikum werden **Unterkünfte** für die Mitarbeiter:innen, Künstler:innen, Referent:innen, Besucher:innen und Teilnehmer:innen benötigt. Folgende Unterkunftstypen können beispielsweise unterschieden werden:

- Tagungs- und Bildungshaus;
- Kongress- und Tagungshotel;
- Jugendherberge;
- Camping- oder Zeltplatz;
- Hotel, Pension, Bed & Breakfast;
- Kostenpflichtiges Privatzimmer (z. B. über Plattformen wie *AirBnB*);
- bei Freunden, bei Bekannten, bei Verwandten.

Bei Tagungs- und Bildungshäusern sowie Kongress- und Tagungshotels ist die Unterkunft unmittelbar in den Veranstaltungsort integriert. Auch bei Zeltplätzen und Jugendherbergen kann eine Kombination von Veranstaltungsort und Unterkunft vorkommen. Hat der Veranstaltungsort keine Möglichkeiten zur Übernachtung, werden externe Unterkünfte (z. B. Hotels, kostenpflichtige Privatzimmer oder private Unterkünfte) gebucht.

Die Anfrage bis hin zur Buchung kann direkt über die Veranstaltungsorte und Unterkünfte erfolgen. Des Weiteren gibt es Marketing- bzw. Tourismusagenturen, die bei der Suche und Buchung von Veranstaltungsorten bis hin zur vollständigen Eventplanung unterstützen. Auch Onlineportale (z. B. www.eventlocations.com) dienen als Anlaufstelle für Veranstaltungsorte und Unterkünfte. Bei der Nutzung von öffentlichen und privaten Freiflächen müssen Genehmigungen eingeholt und rechtliche Aspekte (z. B. Versammlungsrecht oder Naturschutzrecht) beachtet werden.

Der Veranstaltungsort ist häufig Ausgangspunkt für weitere Handlungsfelder des nachhaltigen Veranstaltungsmanagements. Der Fokus dieses Kapitels liegt auf folgenden Aspekten:

- Auswahl und (Grund-)Ausstattung des Veranstaltungsortes bzw. der Unterkunft;
- Nachhaltigkeitsbewertung;
- Aspekten des Natur- und Umweltschutzes am Veranstaltungsort.

9.3 Nachhaltigkeit am Veranstaltungsort/Unterkunft

9.3.1 Auswahl und (Grund-)Ausstattung

Ein wesentlicher Aspekt bei der **Auswahl des Veranstaltungsortes** und der Unterkünfte ist die Erreichbarkeit – in Bezug auf die An- und Abreise sowie in Bezug auf die Mobilität vor Ort. Idealerweise ist der Veranstaltungsort mit öffentlichen Verkehrsmitteln erreichbar oder andere Maßnahmen für eine klimafreundliche Mobilität werden getroffen. Insgesamt sollte das Prinzip der „kurzen Wege" verwirklicht werden, sowohl für Mitarbeiter:innen, die vor- und nachgelagerte Logistik, Besucher:innen oder Teilnehmer:innen sowie weitere Dienstleister:innen und Involvierte. Dieser Aspekt wird im → Kapitel 7 ausführlich behandelt.

Bewertungs- und Managementsysteme können zudem als Grundlage für die Auswahl des Veranstaltungsortes bzw. der Unterkunft herangezogen werden. Welche Systeme und Standards sich hierfür eignen, wird weiter unten näher betrachtet. Zunächst sollte geprüft werden, ob ein Veranstaltungsort bzw. eine Unterkunft

- über ein zertifiziertes Umwelt- oder Nachhaltigkeitsmanagement bzw. entsprechende Bewertungssysteme verfügt (→ Kapitel 2.3) oder
- nachweislich umwelt- oder nachhaltigkeitsbezogene Maßnahmen trifft.

Nachweise können z. B. über die transparente Kommunikation von Konzepten, inklusive Zielen und Maßnahmen erbracht werden (z. B. in einem Nachhaltigkeitsbericht).

Bei der Auswahl des Veranstaltungsortes sollte darüber hinaus darauf geachtet werden, ob dieser bereits über die erforderliche Infrastruktur verfügt. Bei Freiflächen bezieht sich das u. a. auf eine vorinstallierte Infrastruktur für Wasser und Abwasser sowie für Strom. Für einige Veranstaltungen werden zudem temporäre Bauten benötigt (z. B. Bühnen, Sanitäranlagen, Kunstinstallationen, Stände etc.). Idealerweise wird ein Standort gewählt, an dem möglichst keine oder nur wenige temporäre Bauten neu errichtet werden müssen (s. Abfallhierarchie: **Prävention**).

Für temporäre Bauten und die weitere Ausstattung können die weiteren Schritte der Abfallhierarchie als Orientierung herangezogen werden. An zweiter Stelle steht demnach die **Wiederverwendung**. Zahlreiche Veranstaltungsorte verfügen bereits über eine Grundausstattung, z. B. an Tischen,

Stühlen, Leinwänden etc. Falls keine Ausstattung vorhanden ist oder weitere erforderlich ist, wird häufig mit Dienstleister:innen zusammengearbeitet, über die eine Ausstattung geliehen werden kann (z. B. für Technik, Catering, Messebau, Sanitäranlagen etc.).

Beispiel | Materiallager und Fundus für Kunst und Kultur

Jeder Fundus und jedes Materiallager zeigt beispielhaft, wie eine Kreislaufwirtschaft funktionieren kann. Dort können z. B. für Theaterproduktionen Kulissen, Requisiten oder Kostüme bis hin zu Technik geliehen oder gekauft werden. Seit 2013 gibt es z. B. die *Hanseatische Materialverwaltung* **[OR-9.1]** 🔗 http://s.narr.digital/dfkpq, bei der Materialien und Gegenstände in einem zentrumsnahen Lager gesammelt und verkauft oder verliehen werden. 2019 hat sich das Netzwerk Initiativen für Materialkreisläufe (IfM) gegründet **[OR-9.2]** 🔗 http://s.narr.digital/kvv1z. Es möchte einzelne Materialinitiativen sichtbarer machen und die Zusammenarbeit untereinander stärken.

Für neue Anschaffungen oder Neubauten, z. B. von Messeständen, sollte v. a. auf das **Recycling** geachtet werden. Der Leitfaden des BMU/UBA (2020) empfiehlt langlebige, recyclebare, ökologisch und gesundheitlich unbedenkliche Materialien zu verwenden. Modulare Systembauweisen ermöglichen zudem einen vielfältigen Einsatz, statt einmaliger Nutzung.

Vor Ort sollte schließlich (hier: insbesondere für den Auf- und Abbau) eine getrennte Abfallsammlung und -entsorgung ermöglicht werden. Bereits bei der Planung der Transporte kann z. B. auf wiederverwendbare oder mindestens recyclebare Transportverpackungen geachtet werden. Um Abfall systematisch zu vermeiden, kann ein **Abfallkonzept** hilfreich sein. Darin kann zusammenfassend festgehalten werden, dass temporäre Bauten und die weitere Ausstattung

- über Materiallager o. ä. eingelagert und für spätere Veranstaltungen wiederverwendet werden,
- gemietet oder geliehen werden oder
- aus langlebigen, recyclebaren, ökologisch und gesundheitlich unbedenklichen Materialien hergestellt werden.

Mittels eines Konzepts kann auch das Abfallmanagement beschrieben und auf einen sorgsamen Umgang mit den temporären Bauten und der Ausstattung hingewiesen werden. Nach Bedarf können auch Handreichungen zur richtigen Anwendung ausgegeben werden. Die weiteren Möglichkeiten einer nachhaltigen Beschaffung und eines nachhaltigen Abfallmanagements werden in → Kapitel 8.3 detailliert dargestellt.

9.3.2 Nachhaltigkeitsbewertung von Veranstaltungsort und Unterkunft

Für Veranstaltungsorte und Unterkünfte gibt es verschiedene **Bewertungssysteme**, die eine Einschätzung zur Nachhaltigkeit geben können. Bereits in der Bauphase können Methoden wie **Life Cycle Engineering** oder Ökobilanzen die Nachhaltigkeit des Gebäudes beeinflussen. Das Zertifizierungssystem der Deutschen Gesellschaft für Nachhaltiges Bauen bewertet seit 2019 die Nachhaltigkeit von Gebäuden und Quartieren über den Gebäudelebenszyklus hinweg und kann auf unterschiedliche Gebäudetypen (z. B. Neubau, Bestand, Betrieb, Rückbau) angewendet werden. Seit 2021 gibt es zudem ein staatliches Qualitätssiegel für Gebäude, das „Qualitätssiegel Nachhaltiges Gebäude". Weltweit gibt es weitere vergleichbare Systeme. Dazu zählen *BREEAM* (Großbritannien), *LEED* (USA), *Green Star* (Australien) und *CASBEE* (Japan).

Umweltmanagementsysteme wie Ökoprofit und EMAS oder eine Zertifizierung nach der ISO 14001[146] eignen sich für Betriebe jeder Art und unterstützen diese bei der Einführung und Umsetzung eines Umweltmanagements – auch über gebäudespezifische Aspekte hinaus. Zudem können Nachhaltigkeitsberichte Informationen zur Nachhaltigkeit der Betriebe liefern. Relevante Managementsysteme und Berichterstattungsinstrumente bis hin zu Siegeln sind in → Kapitel 2.3 und → Kapitel 3.3 zu finden. Darüber hinaus gibt es branchenspezifische Zertifizierungssysteme für Veranstaltungsorte und Unterkünfte. Dazu zählen zum Beispiel:

- internationale Standards wie *Green Globe* oder *Green Key*;
- europäische Standards wie das *EU Ecolabel* für Beherbergungsbetriebe;

146 Die ISO 14001 ist ein international anerkannter Standard für Umweltmanagementsysteme

- nationale Standards wie *Viabono* (Deutschland) oder das *Österreichische Umweltzeichen für Tourismus* (Richtlinie UZ 200).

Der **Global Sustainable Tourism Council (GSTC)** erstellt und verwaltet globale Standards für nachhaltiges Reisen und Tourismus.[147] Die sogenannten GSTC-Kriterien existieren sowohl für politische Entscheidungsträger und Reisezielmanager als auch für Hotels und Reiseveranstalter. Sie sind in vier Säulen untergliedert:

1. Nachhaltigkeitsmanagement (*sustainable management*);
2. sozioökonomische Auswirkungen (*socioeconomic impacts*);
3. kulturelle Auswirkungen (*cultural impacts*);
4. Umweltauswirkungen (*environmental impacts*).

Der **Green Globe Standard for Sustainable Travel & Tourism** ist vom GSTC anerkannt. Er umfasst 44 Kriterien und über 385 Indikatoren, untergliedert nach vier Schwerpunkten. Demnach müssen Mitglieder [1] ein wirkungsvolles Nachhaltigkeitsmanagement vorweisen, [2] den sozialen und ökonomischen Nutzen für die lokale Bevölkerung erhöhen bzw. negative Auswirkungen verhindern, [3] das kulturelle Erbe bewahren und [4] die Umwelt schonen.[148]

Es gibt drei Zertifizierungsstufen, vom *Certified Member* über den *Gold Member* bis zum *Platinum Member*, wobei für Stufe 1 mehr als 50 % der mit den Kriterien verbundenen Indikatoren erreicht sein müssen.[149] Der *Europäische Verband der Veranstaltungs-Centren e. V.* (EVVC) und das *German Convention Bureau e. V.* (GCB) verankern als Kooperationspartner von *Green Globe* den Standard in der Kongress-, Tagungs- und Eventbranche.[150]

Das **EU Ecolabel für Beherbergungsbetriebe**[151] benennt insgesamt 67 Kriterien. Diese sind untergliedert in obligatorische und fakultative Kriterien. Zur Vergabe des EU-Umweltzeichens muss eine Mindestpunktanzahl erreicht werden. Die Kriterien lassen sich jeweils in folgende Kategorien einordnen:

- Kriterien für die allgemeine Verwaltung;
- Kriterien für Energie;

147 Global Sustainable Tourism Council (2022).
148 Green Globe (2022).
149 Green Globe (2023).
150 EVVC (2022).
151 Europäische Union (2017).

- Kriterien für Wasser;
- Kriterien für Abfall und Abwasser;
- weitere Kriterien.

Mit dem **Österreichischen Umweltzeichen** können sich verschiedene Betriebstypen zertifizieren lassen: Beherbergungsbetriebe, Tagungs- und Eventlokalitäten sowie Gastronomiebetriebe, Betriebe der Gemeinschaftsverpflegung und Event- sowie Party-Caterer und seit 2018 auch Museen und Ausstellungshäuser.[152] Zu nachfolgenden Kriterien müssen Anforderungen erfüllt werden, wobei zwischen verpflichtenden Muss-Kriterien und wählbaren Soll-Kriterien unterschieden wird. Die Kriterien betreffen:

- Management und Kommunikation;
- Energie;
- Wasser;
- Abfall;
- Luft/Lärm;
- Büro/Druck;
- Reinigung/Chemie/Hygiene;
- Gebäude/Bauen und Wohnen/Ausstattung;
- Lebensmittel/Küche;
- Verkehr/Mobilität;
- Außenbereich/Freiflächen;
- museumsspezifische Anforderungen.

Beispiel | Congress Centrum Alpach

Das *Congress Centrum Alpbach* in Tirol setzt beispielhaft Green Meetings und Green-Event-Management in Österreich um. Das Centrum ist sowohl mit dem *Österreichischen Umweltzeichen* für Green Meetings & Green Events als auch nach dem *Green Globe Certification Standard* zertifiziert. Der erste mit dem österreichischen Umweltzeichen zertifizierte Kongress war das *Europäische Forum Alpach* in 2010. Die wesentlichen Handlungsfelder des Centrums sind Mobilität, Energieeffizienz, Beschaffung und Entsorgung sowie ein übergreifendes Green-Event-Management.[153]

152 Österreichisches Umweltzeichen (2018).
153 Hechenblaikner (2019).

9.3.3 Natur- und Umweltschutz am Veranstaltungsort

Veranstaltungen nehmen je nach Veranstaltungsort öffentliche oder private Freiflächen in Anspruch. Beispiele dafür sind Open-Air-Festivals oder Straßenfeste. Insbesondere bei der Inanspruchnahme von Freiflächen spielen **Natur- und Umweltschutz** eine wichtige Rolle. Veranstaltungen auf öffentlichen Freiflächen müssen zwar nicht genehmigt werden, sie unterliegen jedoch dem Gebot der Kooperation (mit der Versammlungsbehörde, z. B. dem kommunalen Ordnungsamt) und der Anmeldepflicht (mind. 48 Std. vorher).[154] Das Gesetz über Versammlungen und Aufzüge (Versammlungsgesetz, kurz: VersammlG) stellt spezifische Anforderungen an öffentliche Versammlungen unter freiem Himmel und Aufzüge.[155] Weitere Grundlagen bilden insbesondere folgende Gesetze:

- das Naturschutzgesetz des Bundes (BNatSchG) und besonders
- das Waldgesetz des Bundes (BWaldG),
- das Wasserhaushaltsgesetz (WHG) sowie
- das Bundes-Immissionsschutzgesetz (BImSchG) und zwar insbesondere § 22.

Unabhängig davon, ob Freiflächen genutzt werden oder nicht, gelten diverse Abfallgesetze. Demnach sind Veranstalter:innen für die rechtlich korrekte Sammlung und Abgabe von Abfall an die entsprechenden Abfallentsorger:innen verantwortlich. Die damit verbundenen gesetzlichen Regelungen werden in → Kapitel 8.3 näher behandelt. In Anlehnung an die oben genannten Gesetze führt der *Sound of Nature*-Leitfaden Grundsätze und Schutzziele sowie Auswirkungen auf die Beurteilung von Veranstaltungen auf. Zusammenfassend gilt Folgendes für die Veranstalter:innen:

---

154 Behr et al. (2013).

155 Abschnitt III, § 14 – § 20, VersammlG.

rechtliche Auswirkungen und Anforderungen	gesetzliche Grundlage
Natur- und Landschaftsschutzgebiete sind ungeeignet als Veranstaltungsort.	BNatSchG
Die mutwillige Beunruhigung wild lebender Tiere, die Entnahme von Pflanzen oder die Zerstörungen von Lebensräumen sowie Störungen streng geschützter Arten sind verboten.	BNatSchG
Der Baumschutz ist bei bestimmten Bäumen zu beachten.	BNatSchG BWaldG
Das Betretungsrecht oder anderweitige Nutzungen von Wald können eingeschränkt werden bzw. erfordern Ausnahmegenehmigungen.	BWaldG
Direkteinleitungen in Gewässer (auch Grundwasser) sind erlaubnispflichtig.	WHG
Die Einleitung von Abwasser in die Kanalisation muss beantragt werden.	WHG
Wasserbehörden sind zu beteiligen, falls Auswirkungen auf Gewässer (z. B. Grundwasser, Wasserschutzgebiete etc.) nicht ausgeschlossen werden können.	WHG
Bestimmte Handlungen, die zu einer Beeinträchtigung der Gewässer führen könnten sind verboten oder nur eingeschränkt zulässig.	WHG
Die Lärm-Immissionsrichtwerte (IRW) sind einzuhalten; die Benennung eines Lärmschutzbeauftragten und ggf. messtechnische Überwachung erforderlich.	BImSchG

Tabelle 4: Rechtliche Aspekte und gesetzliche Grundlagen für Veranstalter:innen am Veranstaltungsort (in Anlehnung an Behr et al. 2013)

Darüber hinaus sind die entsprechenden Behörden (z. B. Ordnungsamt) dazu angehalten, die Einhaltungen der Naturschutzziele zu überwachen und ggf. geeignete Auflagen bzw. Anordnungen aufzuerlegen.

Beispiel | Sounds of Nature

Die *Sounds for Nature Foundation* ist aus einem Projekt des Bundesamtes für Naturschutz entstanden **[OR-9.3]** 🔗 http://s.narr.digital/676ey. Ziel ist, die Auseinandersetzung mit „Natur und Umwelt“ im Kontext von (Live-)Musik und Events. *Sounds of Nature* hat dafür bereits 2005 einen „Leitfaden für Open-Air-Festivals" entwickelt, der 2013 in einer zweiten Auflage überarbeitet und als „Leitfaden für die umweltverträgliche Gestaltung von Open-Air-Veranstaltungen" veröffentlicht wurde.[156] In Form einer Selbstverpflichtungserklärung können Festivals mit dem *Sound-for-Nature*-Gütezeichen ausgezeichnet werden.

Zur Bewertung des Schutzes des natürlichen Umfelds spielt der Zustand der genutzten Flächen eine Rolle, die Flächeninstandsetzung und damit einhergehende Kosten sowie der Bestand der Artenvielfalt.[157] So kann beispielsweise die Flächenqualität und der Bestand der Artenvielfalt vor und nach der Veranstaltung erfasst werden, um die Auswirkungen zu messen. Vorbeugend empfehlen verschiedene Leitfäden weitere wesentliche umwelt- und naturschützende Maßnahmen, wie z. B.:[158]

- Installation von Bodenschutzsystemen für Wege und Flächen;
- Installation von Parkplätzen bevorzugt auf befestigtem Grund;
- Schwerlastenfahrten bevorzugt auf befestigtem Grund;
- reduziertes Rasenmähen oder der Verzicht darauf;
- Schutz der Grasnarbe und des Baumbestands;
- kein Feuer in waldbrandgefährdeten Umgebungen;
- Verzicht auf Feuerwerk und Skybeamer zum Schutz wildlebender Tiere und Insekten;
- keine Verwendung von mit Gas gefüllten Luftballons;
- aktive Verhinderung von Wildpinkeln;
- Vermeidung von Schäden durch den Einsatz umweltschädlicher Chemikalien, Farben oder Konfetti;
- Vermeidung von temporären Ausstreuungen (Streu oder Kiesel) bzw. bodenschonender Einsatz;
- Einrichtung von Licht auf dem Boden.

Darüber hinaus können auch aufbauende Maßnahmen getroffen werden, wie z. B. die Förderung von Hecken und Blühstreifen aus heimischen Arten oder das Anbringen von Nistmöglichkeiten für Tiere.

---

156 Behr et al. (2013).
157 Wall/Behr (2010).
158 u. a. Behr et al. (2013); GEHH (2022); BMU/UBA (2020).

9.4 Zusammenfassung

In diesem Kapitel stand der Zusammenhang zwischen Nachhaltigkeit und dem Veranstaltungsort bzw. der Unterkunft im Vordergrund. Der Einfluss von Gebäuden und die entsprechende Infrastruktur auf Klima- und Ressourcenschutz wurden diskutiert. Anschließend wurde die Vielfalt an Veranstaltungsorten und Unterkünften beleuchtet. Ansätze für die Nachhaltigkeit am Veranstaltungsort und in der Unterkunft wurden schließlich anhand der Handlungsbereiche (1) Auswahl und (Grund-)Ausstattung des Veranstaltungsortes bzw. der Unterkunft, (2) Nachhaltigkeitsbewertung ebendieser sowie (3) Aspekte des Natur- und Umweltschutzes am Veranstaltungsort erörtert.

9.5 Reflexionsfragen

1. Welche Arten von Veranstaltungsorten gibt es? Welche weiteren Handlungsfelder stehen in Zusammenhang mit dem Veranstaltungsort und welche Abhängigkeiten ergeben sich daraus?
2. Recherchieren Sie nach aktuellen Entwicklungen und Beispielen von Lagern bzw. Sammelstellen für Material und Ausstattung von Veranstaltungen.
3. Welche Bewertungssysteme für die Nachhaltigkeit am Veranstaltungsort gibt es? Arbeiten Sie Unterschiede und Gemeinsamkeiten von mindestens zwei unterschiedlichen Systemen heraus.
4. Suchen Sie im Internet nach Zeitungsartikeln über Müll bei Open-Air-Festivals. Worin liegt das Problem und wie gehen Veranstalter:innen dieses an?

10 Energie und Veranstaltungstechnik

Die Lernfragen zu diesem Kapitel finden Sie unter:
https://narr.kwaest.io/s/1188

10.1 Energie und Nachhaltigkeit

Energie ist wesentlicher Treiber gesellschaftlicher Entwicklung. Wir brauchen sie zum Kommunizieren, zum Heizen/Kühlen oder zum Fortbewegen. Damit Strom verfügbar ist, wird Energie aus verschiedenen Energiequellen in für den Menschen nutzbare Energieformen umgewandelt. Die wesentlichen **Energiequellen** (Primärenergie/-träger) sind:

- Uran (Kernenergie);
- Stein- und Braunkohle, Erdgas und Erdöl (fossile Energieträger);
- Solarenergie, Wasserkraft, Windkraft, Holz, weitere Biomasse sowie Geothermie (erneuerbare Energieträger).

Die Bereitstellung von Energie über Kernspaltung in Atom- bzw. Kernkraftwerken ist umstritten. Die Umwandlung von Energie aus fossilen Energieträgern (z. B. über Verbrennung von Kohle in Kohlekraftwerken oder Dieselgeneratoren) führt einerseits zur Freisetzung von CO_2-Emissionen und andererseits wird mehr von den fossilen Energieträgern abgebaut als sich neubilden kann; sie sind daher erschöpflich. Der **Endenergieverbrauch** in Deutschland ist seit den 1990er-Jahren kaum gesunken.[159]

> „**Endenergie** ist die Energie, die aus Primärenergieträgern wie z. B. Braunkohlen, Steinkohlen, Erdöl, Erdgas, Wasser oder Wind durch Umwandlung gewonnen wird. Dabei wird die Primärenergie in eine Form umgewandelt, die der Verbraucher nutzen kann, z. B. Strom, Wärme oder Kraftstoffe."[160]

159 UBA (2022a).
160 UBA (2022a).

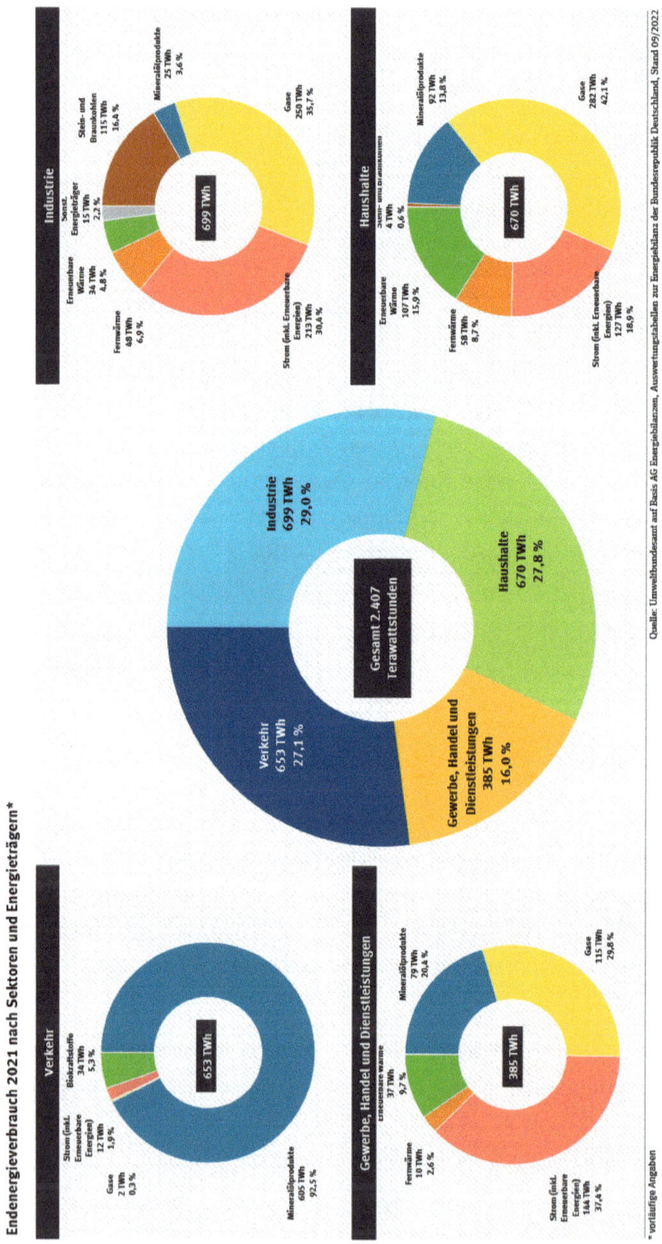

Abb. 25: Endenergieverbrauch 2021 nach Sektoren und Energieträgern (Umweltbundesamt auf Basis AG Energiebilanzen, 2022)

Die → Abb. 25 zeigt den Endenergieverbrauch 2020 nach Sektoren und Energieträger.

Fast 40 % der THG-Emissionen, die in Deutschland jährlich emittiert werden, sind auf die Energiewirtschaft zurückzuführen.[161] Eine Alternative zu konventioneller Energie (fossil, Kernenergie) sind **erneuerbare Energien**. Diese sind unerschöpflich und es entstehen keine oder geringe THG-Emissionen. Die Energie aus erneuerbaren Energien wird z. B. durch die Aufnahme von Solarenergie über Photovoltaikanlagen oder der Nutzung von Wasser über Speicher- oder Pumpspeicherkraftwerke umgewandelt. Der Anteil an erneuerbaren Energien am Bruttoendenergieverbrauch steigt seit 2000 stetig und lag 2021 bei 19,7 % (→ Abb. 26). Ziel der Bundesregierung ist, den Anteil bis zum Jahr 2030 auf 30 % zu steigern.[162]

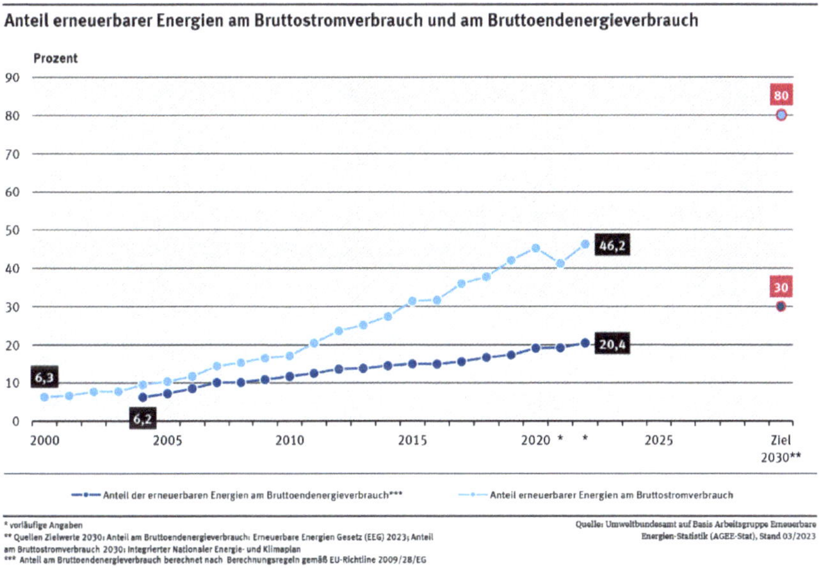

Abb. 26: Anteil erneuerbarer Energien am Bruttostromverbrauch und am Bruttoendenergieverbrauch (Umweltbundesamt auf Basis Arbeitsgruppe Erneuerbare Energien-Statistik, 2022)

161 Lüdeke-Freund/Opel (2014).
162 UBA (2022a).

Damit Primärenergie besser nutzbar ist, wird sie in Sekundärenergie bzw. Sekundärenergieträger umgewandelt. Dazu zählen elektrische Energie („Strom"), künstliches Licht zur Beleuchtung oder thermische Energie („Wärme"), wie sie zur Raumheizung genutzt wird, Benzin und Diesel für den motorisierten Individualverkehr oder Heizöl. Neben dem **Bezug von erneuerbaren Energien** sind **Energieeffizienzmaßnahmen** sowie **Energiesparmaßnahmen** wesentliche Maßnahmen zur Reduzierung des Endenergieverbrauchs sowie zur Senkung der damit einhergehenden THG-Emissionen. Ein Großteil des Energieverbrauchs ist auf den Verkehr zurückzuführen. Mobilität und Logistik bei Veranstaltungen werden in → Kapitel 7 behandelt. Im vorliegenden Kapitel stehen Anforderungen an eine nachhaltige Veranstaltungs- und Produktionstechnik im Vordergrund. Welche Bausteine dazu zählen, welche Rolle diese spielt sowie Maßnahmen zur Reduzierung werden im weiteren Verlauf diskutiert.

10.2 Veranstaltungs- und Produktionstechnik

Die eingesetzte Energie sorgt bei Veranstaltungen für angemessene Raumtemperaturen der Veranstaltungsorte, eine passende Beleuchtung (Lichttechnik), qualitative Ton- und Videoübertragungen, die Kühlung der Getränke oder das Wärmen von Speisen. Im Wesentlichen fallen diese Aspekte in den Bereich der **Veranstaltungs- und Produktionstechnik**. Syhre/ Luppold (2018a) unterscheiden zwei Kategorien:

1. **Technik zur Durchführung** von Veranstaltungen wie Gebäude- oder Messetechnik und Technik für fliegende Bauten;
2. **Technik zur Gestaltung** von Veranstaltungen wie z. B. Beleuchtung, Ton, Bild, Bühnentechnik.

Im Weiteren unterscheiden sie verschiedene Bausteine der Eventtechnik. Zur Technik zur Durchführung von Veranstaltungen zählen die **Haus- und Gebäudetechnik und die Messetechnik, Technik für Fliegende Bauten**. Ersteres meint die Grundausstattung eines Gebäudes – auch Technische Gebäude Ausrüstung genannt. Unterscheidet man die Haus- und Gebäudetechnik nach der Nutzung, so lassen sich folgende Nutzungsbereiche unterscheiden: Heizung, Lüftung, Beleuchtung, Strom und Sanitär. Letzteres bezieht sich auf das technisches Equipment für Messestände, Baukastensysteme und fliegende Bauten.

Nach § 76 der Musterbauordnung (MBO) sind fliegende Bauten bauliche Anlagen, die geeignet und bestimmt sind, an verschiedenen Orten wiederholt aufgestellt und zerlegt zu werden.[163] Beispiele sind Zelte, Tribünen oder Karussells. Die Muster-Richtlinie über den Bau und Betrieb Fliegender Bauten (M-FlBauR) sowie die Muster-Verwaltungsvorschrift über Ausführungsgenehmigungen für Fliegende Bauten und deren Gebrauchsabnahmen (M-FlBauVwV) dienen als Grundlage für länderspezifische Bestimmungen.

Wissen | Musterbauordnung (MBO)

Die MBO bildet die Grundlage für die Bauordnungen der Bundesländer. Die Landesbauordnungen werden in den jeweiligen Ländern verabschiedet (z. B. Hessische Bauordnung, HBO) und können sich voneinander unterscheiden. Die MBO wird von der Bauministerkonferenz gemeinsam abgestimmt. Die Konferenz ist die Arbeitsgemeinschaft der für Städtebau, Bau- und Wohnungswesen zuständigen Minister:innen und Senator:innen der 16 Länder der Bundesrepublik Deutschland. Sie stimmt sich auch zu weiteren Richtlinien und Vorschriften ab wie z. B. zur M-FlBauR.[164]

Technik-Bausteine zur Gestaltung von Veranstaltungen sind:

- **Beleuchtungstechnik:** Fest installierte beleuchtungstechnische Anlagen sowie zusätzlich installierte Showbeleuchtungsanlagen wie z. B. Scheinwerfer;
- **Effekttechnik:** Pyrotechnik, Laser und sonstige Effekte;
- **Bühnentechnik:** Fest eingebaute oder flexible/mobile Bühnen inkl. technischer Ausstattung;
- **Medientechnik:** Audiotechnik, Video- und Projektionstechnik sowie Kongresstechnik.

Für die Technik zur Durchführung und Gestaltung von Veranstaltungen wird vor allem Energie und Personal zur Bedienung der Technik benötigt. Es gibt spezifische Ausbildungen in der Veranstaltungstechnik wie z. B. Bühnen-/Veranstaltungs- oder Tontechniker:in oder Lichtdesigner:in.

---

163 Bauministerkonferenz (2020).
164 Bauministerkonferenz (2022).

Eine ergänzende Unterscheidung von Technik-Bausteinen erfolgt in **Bürotechnik**, wie Handy, Laptops/Computer oder Drucker und **Gastronomietechnik**, wie Gefrier- und Kühlgeräte oder Zapfanlagen.

10.3 Nachhaltige Energieversorgung und -nutzung

Wie hoch der Energieverbrauch einer Veranstaltung ist und sich verändert, kann über die Erhebung und Dokumentation des Energieverbrauchs, z. B. im Rahmen einer EMAS-Umwelterklärung, erfasst werden. Der tatsächliche Verbrauch variiert je nach Größe der Veranstaltung und Berechnungsart erheblich. Für den Evangelischen Kirchentag wurde beispielsweise der Stromverbrauch (ohne Wärme) über mehrere Jahre hinweg erfasst und zuletzt mit 364.500 kWh bilanziert (→ Tab. 5).

	Hamburg 2013	**Stuttgart 2015**	**Berlin 2017**	**Dortmund 2019**
Stromverbrauch in kWh der reinen Veranstaltung	569.000	399.400	842.800	364.500
Stromverbrauch pro Teilnehmer:in in kWh	2,2	1,8	3,7	1,9

Tabelle 5: Stromverbrauch einer Veranstaltung am Beispiel des Evangelischen Kirchentags (in Anlehnung an Deutscher Evangelischer Kirchentag 2019)

Beim Festival Über Lebenskunst wurden beispielsweise 61.000 kWh elektrische Energie verbraucht (6 kWh pro Besucher:in).[165] Bei den Klimakonferenzen der Vereinten Nationen werden in der EMAS-Erklärung folgende Werte für den Energieverbrauch festgehalten, wobei unter den Energieverbrauch sowohl Strom als auch Wärme fallen:

- 15. UN-Klimakonferenz (COP15) in 2009 in Kopenhagen, Dänemark: insgesamt 954.204 bzw. 28 kWh pro Person;
- 21. UN-Klimakonferenz (COP21) in 2015 in Paris, Frankreich: insgesamt 11.2000.000 bzw. 166 kWh pro Person;

165 Motschall et al. (2012).

- 23. UN-Klimakonferenz (COP23) in 2017 in Bonn, Deutschland: insgesamt 1.453.609 bzw. 65 kWh pro Person.[166]

Bestandteil einer **EMAS-Umwelterklärung** sind in der Regel Zielsetzungen und die Überprüfung der Zielerreichung. Der Evangelische Kirchentag 2019 hat sich beispielsweise zum Ziel gesetzt, Energie durch den Einsatz energieschonender Technik einzusparen. Für die Großbühnen wurden daher erstmalig LED-Beleuchtungen ausgeschrieben und alle Open-Air-Bühnen schließlich damit ausgestattet. Nach eigenen Berechnungen wurden mit dieser Maßnahme rund 50 % weniger Energie verbraucht als bei konventioneller Beleuchtung. Die COP23 hatte sich u. a. zum Ziel gesetzt, 80 % der Energie aus erneuerbaren Energien zu beziehen. Für die COP15 wurde erreicht, 68 % des Energiebedarfs mit erneuerbaren Energien zu decken, für die COP23 in Deutschland wurden lediglich 17 % der gesamten Energieversorgung mit erneuerbaren Energien gedeckt.

Die Möglichkeiten, den Energiebedarf mit erneuerbaren Energien zu decken oder auf LED umzustellen, hängen eng mit den Handlungsfeldern „Veranstaltungsort und Unterkunft“ sowie „Nachhaltiges Ressourcenmanagement“ zusammen. Einige Aspekte werden daher in diesen Kapiteln bereits aufgeführt. Aspekte einer nachhaltigen (öffentlichen) Beschaffung, die die Infrastruktur am Veranstaltungsort gewährleistet, werden zudem in → Kapitel 8.3.1 bzw. 8.3.2 erläutert. Für das Handlungsfeld „Energie und Technik“ werden im Folgenden diese Kategorien näher betrachtet:

- Energieversorgung;
- energiesparende Technik;
- Energiesparverhalten.

10.3.1 Energieversorgung

Die Versorgung mit Energie bei Veranstaltungen kann über erneuerbaren Energien abgedeckt werden. Das erfolgt entweder über den Bezug von **zertifiziertem Ökostrom** oder über **Eigenenergieerzeugung** aus erneuerbaren Energien, wie z. B. einer PV-Anlage oder einem Blockheizkraftwerk (BHKW) (→ Beispiel „Erneuerbare Energie in der *ufaFabrik*“). Bei festen Bauten ist die Beschaffung von Ökostrom oder die Eigenenergieerzeugung in der Regel von den Inhaber:innen des Veranstaltungsorts abhängig. Han-

166 BMU (2018).

delt es sich um eigene Räumlichkeiten ist die Auswahl des Energieanbieters leichter beeinflussbar. Bei Pachtverhältnissen oder der Miete externer Räumlichkeiten, können solche ausgewählt werden, die bereits Ökostrom beziehen oder Gespräche geführt werden, um die Veranstaltungsorte von einem Wechsel zu überzeugen.

Beispiel | Erneuerbare Energie in der ufaFabrik

Die *ufaFabrik* in Berlin ist ein interkulturelles Kulturzentrum mit zwei Theatersälen, Probestudios und einer überdachten Sommerbühne, die für Veranstaltungen zur Verfügung stehen. Bereits seit den 1980er-Jahren verfügt die *ufaFabrik* über ein eigenes BHKW, seit 1997 über Solaranlagen sowie über zwei Windkraftanlagen. Ein Großteil des Energiebedarfs wird über erneuerbare Energien gedeckt, für den Rest wird zertifizierter Ökostrom bezogen. **[OR-10.2]** 🔗 http://s.narr.digital/f6rze

Für Veranstaltungen auf Freiflächen kann im Vorfeld eine **Abfrage der Strombedarfe** der Verbraucher:innen erfolgen und dieser dann bedarfsgerecht bereitgestellt werden. Beim Straßenfest „Tag der Erde“ in Kassel wird der Bedarf für einen Stromanschluss aller Stände im Vorfeld beispielsweise abgefragt und darauf hingewiesen, soweit wie möglich darauf zu verzichten. Darüber hinaus wird über den städtischen Energieversorger Ökostrom bezogen.

Bei Veranstaltungen auf Freiflächen, z. B. Musikfestivals oder Straßenfesten, steigt auch der Einsatz von **Generatoren**, da ein direkter Zugang zu Versorgungsleitungen nicht immer gewährleistet ist. Wenn möglich sollte auf Generatoren verzichtet werden. Wenn Generatoren benötigt werden, dann sollte der Einsatz von emissionsarmen Treibstoffen geprüft werden.

Beispiel | emissionsarme Generatoren

Im Rahmen des EU-Projektes *EVERYWH2ERE* **[OR-10.3]** 🔗 http://s.narr.digital/w1job wird beispielsweise an portablen H2-Generatoren (Wasserstoff-Brennstoffzellen) gearbeitet, die zukünftig auf Festivals eingesetzt und Dieselgeneratoren ersetzen könnten.

Neben dem Einsatz von innovativen Energietechniken kann die nachhaltige Energieerzeugung auch eng mit dem Anlass des Events oder dem

Veranstaltungskonzept verknüpft werden. Ein Beispiel ist die dezentrale Energiegewinnung auf Tiermessen durch Biogasanlagen, die tierischen Festmist in wertvolle Energie (Strom und Wärme) umwandeln können.

Beispiel | Helsinki Pferdeschau

Die viertägige Pferdeschau in Helsinki ist das größte Indoor-Sport-Event in Finnland. Unter dem Titel *Horse Show Jumps Green* wird der gesamte Strombedarf der Pferdeschau durch Mist gedeckt, den die teilnehmenden Pferde des Wettbewerbs produzieren und den das Energieunternehmen *Fortum* in Biogasanlagen in Energie umwandelt. In 2019 wurden die 100 Tonnen Mist, die die 370 Wettbewerbspferde in vier Tagen produziert haben, in 150 MWh umgewandelt, um Strom für z. B. Anzeigetafeln, Smartphone-Ladestationen und die gesamte Beleuchtung bereitzustellen. Gemäß des *HorsePower*-Konzepts von *Fortnum* wird die übrige Energie in das nationale Stromnetz eingespeist. **[OR-10.4]** 🔗 http://s.narr.digital/2idpq

Eine weitere Alternative ist die **Energiegewinnung mittels Bewegungsenergie**. Beispiele dafür sind Fahrradkinos **[OR-10.5]** 🔗 http://s.narr.digital/9riba oder Tanzböden zur Energiegewinnung (auch *Kinetic flooring* genannt). Visconti et al. (2022) erfassen den aktuellen Stand der Technik intelligenter Böden zur Energiegewinnung und kommen zu dem Schluss, dass die Energieumwandlung durch den piezoelektrischen Effekt (Erzeugung einer elektrischen Spannung an Festkörpern durch elastische Verformung) aktuell die optimale Lösung zur Entwicklung von Energieböden darstellt. Sun et al. (2021) testen schließlich Verfahren zur Behandlung von Holz, um Piezo-Holzböden zur Stromerzeugung einzusetzen. Die Studie eröffnet damit Möglichkeiten zur Verwendung erneuerbarer und nachhaltig verarbeiteter Materialien für die zukünftige Gestaltung von energieeffizienteren Gebäuden.

10.3.2 Energieeffiziente Technik

Die Förderung einer nachhaltigen Energieversorgung und -nutzung ist auch maßgeblich durch die Verwendung von energieeffizienter Technik bestimmt. Das Unterkapitel fokussiert auf die Bereiche Heizung/Klima/Lüftung, Beleuchtung und weitere Geräte der Event- und Bürotechnik.

Heizung/Klima/Lüftung

Zahlreiche Heizungsanlagen werden mit Gas und Öl betrieben. Das Heizen erzeugt damit einen Großteil der THG-Emissionen, die im Betrieb von Gebäuden entstehen. Eine Alternative sind **Heizungsanlagen**, die mittels erneuerbaren Energien wie z. B. Holz, Solarwärme oder Erdwärme betrieben werden.[167] Beispiele dafür sind Solarthermie-Anlagen auf Dächern, Wärmepumpen oder BHKW. Insbesondere bei Neubauten sollte die Wärmeversorgung mittels erneuerbaren Energien und hohen Energieeffizienzklassen erfolgen. Eine Umstellung auf ein anderes Heizungssystem ist in der Regel mit großen Investitionskosten verbunden. Das UBA (2022c) empfiehlt, individuelle **Sanierungspläne** auszuarbeiten, mit denen der Wärmebedarf stufenweise gesenkt und gleichzeitig die Umstellung auf nachhaltige Heizungssysteme vorbereitet wird. Förderprogramme vom Bundesamt für Wirtschaft und Ausfuhrkontrolle unterstützen Gebäudebesitzer:innen bei der Umstellung.[168] Für Außenbereiche sollte auf Heizpilze und Klimaanlagen/-geräte verzichtet werden.

> **Energieeffizienzklassen** kennzeichnen den Energieverbrauch technischer Geräte. Im Jahr 2021 erfolgte eine Überarbeitung der EU-Energieverbrauchskennzeichnung (auch EU-Label oder Energieetikett genannt). Eine Einteilung in die Klassen A bis G geben Aussagen zum Energieverbrauch der Geräte, wobei die Klasse A den geringsten Verbrauch aufweist.[169]

Neben dem Heizen von Innenräumen spielt die Klimatisierung eine zentrale Rolle. Es gibt eine Vielzahl von technischen Konzepten für **Klima- und Lüftungsanlagen**. Eine effiziente Lösung für ein angenehmes Raumklima stellen Außenrollläden oder Vorhänge dar. Die automatisierte Gebäudeklimatisierung gewinnt mit steigenden Temperaturen jedoch an Bedeutung. Die Studie von Heinrich et al. (2014) vergleicht die Klimawirkung von

---

167 Wosnitza/Hilgers (2012).
168 BAFA (2022).
169 UBA (2022b).

Kältesystemen. Im Rahmen eines Projektes des UBA wurden schließlich Kriterien für den *Blauen Engel* für Klimageräte zur umweltfreundlichen Raumklimatisierung entwickelt.[170]

Um eine gute Raumluftqualität zu erreichen muss richtig gelüftet werden. Das setzt in den meisten Fällen ein „aktives" Lüften der Nutzer:innen voraus. Befinden sich viele Menschen auf einmal in Innenräumen, reicht eine Lüftung über Fenster manchmal nicht aus.[171] Lüftungssysteme unterstützen das Erreichen einer guten Raumluftqualität. Eine Optimierung bestehender Anlagen kann bereits dazu beitragen, den Energieverbrauch und damit auch die Kosten zu senken.[172] Die Lüftungstechnik sollte über Wärme- und Feuchtrückgewinnung verfügen und bedarfsgerecht regelbar sein.[173] Eine hohe Lüftungseffizienz wird auch über den Einsatz von Quelllüftung in der Lüftungs- und Klimatechnik erzielt.[174] Die Erstellung eines Lüftungskonzeptes verschafft Überblick und sollte klare Handlungsempfehlungen für die Nutzer:innen enthalten.

(Zentral) Gesteuerte Temperaturregler können die **Raumtemperaturen** bedarfsgerecht einstellen und z. B. dafür sorgen, dass Heizkörper automatisch abgestellt werden, wenn gelüftet wird. Das BMU/UBA (2020) empfiehlt, in allen Tagungs- und Konferenzräumen nicht über 20 Grad zu heizen und die Temperatur über Nacht abzusenken. Eine gute Raumluft bietet neben der Einsparung von Energie auch Sicherheits- und Gesundheitsvorteile wie z. B. die Reduzierung der Ausbreitung von Krankheiten.

Beleuchtung

Veranstaltungen, die tagsüber stattfinden, können und sollten nach Möglichkeit Tageslicht nutzen. Für die Umsetzung einer energieeffizienten Beleuchtung werden heute meist **LED-Leuchtmittel** eingesetzt, die eine höhere Energieeffizienz im Vergleich zu konventionellen Lösungen (z. B. Glühbirnen, Halogenen) aufweisen. LED-Leuchten verbrauchen weniger Strom als Glühbirnen, liefern zehn Mal mehr Licht pro Watt als Glühbirnen und haben eine deutlich längere Lebensdauer (zwanzigfach).[175] LED-Leucht-

170 Schleicher et al. (2020).
171 Arbeitskreis Lüftung (2017).
172 BMWI (2021).
173 Arbeitskreis Lüftung (2017); Große Ophoff (2017).
174 Rennecke (2022).
175 Hehl (2022).

mittel sollten sowohl für die Innen- und Außenbeleuchtung als auch im Zuge der Bühnentechnik Standard sein. Ausnahmen gelten für denkmalgeschützte Gebäude. Über das Lichtmanagement kann eine automatisierte Beleuchtung in Räumen realisiert werden, wie z. B. der sanitären Anlagen. Der Einsatz energieintensiver Beleuchtungseffekte, wie z. B. Skybeamer, sollte möglichst vermieden werden.

Beispiel | Projekt SUMATRA

Das Forschungsprojekt *SUMATRA* möchte die Ressourceneffizienz von Beleuchtungslösungen verbessern **[OR-10.6]** http://s.narr.digital/0vhd6. In einem ersten Schritt werden neue Nutzungssysteme wie „Mieten statt Kaufen" betrachtet, in einem zweiten Schritt wird nach Verwertungsmöglichkeiten der Leuchten am Ende ihrer Nutzungsphase gesucht und in einem dritten Schritt der Produktlebenszyklus insgesamt betrachtet.

Event- und Bürotechnik

Weitere Beispiele zur Reduzierung des Energieverbrauchs sind der Einsatz von Bewegungsmeldern, schaltbaren Steckdosenleisten, energieeffizienten Handtrocknern oder Zapfanlagen mit Trockenkühlung. Zentrales Kriterium für alle technischen Geräte ist eine hohe Energieeffizienzklasse. Zertifizierungssysteme wie der *Blaue Engel* oder das *EU Ecolabel* bewerten die Umweltverträglichkeit von Produkten, wozu auch der Energieverbrauch von technischen Geräten zählt.

Beispiel | Nachhaltige Veranstaltungstechnik bei der DBU

Im Zuge der Erneuerung der Veranstaltungstechnik des Zentrums für Umweltkommunikation (ZUK) der Deutschen Bundesumweltstiftung (DBU) wurden sechs Ziele für eine nachhaltige Veranstaltungstechnik formuliert und bei der Erneuerung beachtet:[176]

176 Große Ophoff (2022).

- Alle Komponenten sollen höchste Nachhaltigkeitsanforderungen erfüllen;
- die Technik sollte so konzipiert sein, dass sie für viele Jahre nachhaltig nutzbar ist;
- die Bedienung soll weitgehend durch die Nutzer selber (ohne einen Veranstaltungstechniker) möglich sein;
- die Ausstellungsflächen sollten in das Konzept integriert werden;
- Schnittstellen für hybride und online Events sollten fest integriert und einfach nutzbar sein;
- eine Videoaufzeichnung der Veranstaltungen sollte einfach ermöglicht werden.

Die nachhaltige Beschaffung der genannten Beispiele wird insbesondere in → Kapitel 8 Nachhaltiges Ressourcenmanagement im Detail, aber auch in den Kapiteln entsprechender Handlungsfelder (v. a. Gastronomie/Catering, Wasser/Sanitär) behandelt. Dabei werden auch weitere Aspekte wie Bedarfe sowie Beschaffungs- und Abfallvermeidungsstrategien betrachtet.

10.3.3 Energiesparverhalten

Energieeffiziente Geräte können den Energieverbrauch reduzieren. Jedoch wird bei energieeffizienten Geräten häufig ein **Rebound-Effekt** beobachtet. Demnach führen z. B. geringere Kosten für LED-Leuchten dazu, dass die Beleuchtung ausgeweitet wird und die Beleuchtung der Welt – einschließlich Veranstaltungen – insgesamt zunimmt. In diesem Zusammenhang spricht man auch von Lichtverschmutzung. Diese Entwicklung macht deutlich, wie wichtig der sparsame Einsatz und der Umgang mit energieeffizienter Technik ist.

Energiesparendes Verhalten auf Veranstaltungen sowie in der Vor- und Nachbereitung geht einher mit einer entsprechenden Schulung der Mitarbeitenden, insbesondere zur energieeffizienten Bedienung entsprechender Technik sowie zum richtigen/energieeffizienten Lüften. Technische Geräte sollten bei Nichtnutzung abgeschaltet werden, was z. B. über abschaltbare Steckdosenleisten vereinfacht wird. Richtiges Stoßlüften ist wichtig für das Raumklima und zur Vermeidung von Schimmel.

10.4 Zusammenfassung

In diesem Kapitel wurde der Zusammenhang von Nachhaltigkeit und Energie bzw. der Veranstaltungstechnik betrachtet. Zunächst wurde das Themenfeld Energie vor dem Hintergrund des weltweit hohen Energieverbrauchs behandelt und Alternativen zur fossilen Energieerzeugung betrachtet. Anschließend wurden die verschiedenen Technik-Bausteine einer Veranstaltungs- und Produktionstechnik erläutert.

Ansätze zur Reduzierung des Energieverbrauchs von Veranstaltungen wurden entlang von drei Handlungsbereichen erläutert:

- Energieversorgung;
- energieeffiziente Technik;
- Energiesparverhalten.

10.5 Reflexionsfragen

1. Erneuerbare Energien sorgen mitunter für Konflikte, weil sie angeblich zu teuer und zu unzuverlässig sind. Doch setzt man Windkraft und Wasserkraft richtig ein, sind sie verlässliche Energiequellen. Schauen Sie sich die ARTE-Dokumentation „Gute Nachrichten vom Planeten: Saubere Energie“ **[OR-10.1]** 🔗 http://s.narr.digital/ebz5u und machen Sie sich selbst ein Bild.
2. Welche Labels für Ökostrom und welche Kriterien werden zu Grunde gelegt? Beziehen Sie sich hierfür auch auf die Ausführungen zu einer nachhaltigen Beschaffung (→ Abb. 23).
3. Energietechnische Optimierungen an Anlagen wie Heizung, Klimaanlage oder Beleuchtung sind häufig mit großen Kosten verbunden. Recherchieren Sie im Internet nach Fördermöglichkeiten für Veranstaltungshäuser, um energieeffiziente Maßnahmen umzusetzen. Was wird gefördert und in welchem Umfang?
4. Recherchieren Sie nach Beispielveranstaltungen im Internet und benennen Sie häufige Maßnahmen zur Energieeinsparung.

11 Wasser, Sanitär und Reinigung

Die Lernfragen zu diesem Kapitel finden Sie unter:
https://narr.kwaest.io/s/1189

11.1 Wasser- und Sanitärversorgung

Wasser ist eine der wichtigsten natürlichen Ressourcen unserer Erde und essenzielles Nahrungsmittel für Tier und Mensch. Etwa ein Drittel (ca. 29 %) der Erdoberfläche ist von Kontinenten und zwei Drittel (ca. 71 %) von Wasser bedeckt. Der Großteil davon ist Salzwasser (ca. 96,5 %) und lediglich ca. 3,5 % ist Süßwasser, das größtenteils in Gletschern, Eis und Schnee gebunden ist (ca. 1,77 %). Der Rest ist Grundwasser und verteilt sich auf Flüsse, Seen, Bodenfeuchte und das Wasser in der Atmosphäre.[177] Ein Großteil der Süßwasserressourcen fließt in die Landwirtschaft.

> „Agriculture uses the major share (69 %) of global freshwater resources."[178]

Der Klimawandel, steigende Bevölkerungszahlen und die wirtschaftliche Entwicklung üben zunehmend Druck auf die Ressource Wasser aus. Es wird vor einer globalen Wasserkrise mit gravierenden Auswirkungen gewarnt.[179] Der Weltwasserbericht 2021 schlussfolgert, dass die Welt bis 2030 mit einem globalen Wasserdefizit von 40 % zu rechnen hat (*Business-as-usual-Szenario*). Die Nachfrage nach Wasser steigt jährlich um ein Prozent, während die Verfügbarkeit von Süßwasser saisonal schwankt und die Wasservorräte (z. B. Grundwasser) sinken.

> Ziel 6 der UN-Nachhaltigkeitsziele hat sich zum Ziel gesetzt, die Verfügbarkeit und nachhaltige Bewirtschaftung von Wasser sowie eine angemessene und gerechte Sanitärversorgung und Hygiene für alle zu gewährleisten.

177 Nützmann/Moser (2016).
178 Maniak (2016).
179 UN-Water (2021); World Economic Forum (2015).

2010 wurde das Recht auf sauberes Trinkwasser und eine angemessene Sanitärversorgung als Menschenrechte anerkannt. Der Zugang zu Wasser ist weltweit ungleich verteilt. 2,2 Mrd. Menschen haben keinen Zugang zu sauberem Wasser und 4,5 Mrd. Menschen keine angemessene Sanitärversorgung.[180] Die Versorgung mit Trinkwasser, Sanitäranlagen und Hygieneprodukten wird auch mit der Bezeichnung **WASH** (*Water, Sanitation and Hygiene*) abgekürzt und von zahlreichen NGOs unterstützt. Ein nachhaltiger Umgang mit Wasser wird auf europäischer und nationaler Ebene im Rahmen eines **Integrierten Wasserressourcen-Managements (IWRM)** unter Vorgaben der **EU-Wasserrahmenrichtlinie** umgesetzt.

11.1.1 Wasserverbrauch, Wasserfußabdruck und Abwasser

Der tatsächliche **Wasserverbrauch** bzw. die tatsächliche Menge an Wasser, die durch den Menschen entnommen bzw. genutzt wird, variiert. Deutschland ist ein wasserreiches Land und hat ein durchschnittliches Wasserdargebot von ca. 188 Mrd. Kubikmeter (Mrd. m^3) pro Jahr.[181] Im Jahr 2016 blieben rund 87 % des Wasserdargebots ungenutzt; knapp 13 % (rund 24 Mrd. m^3) wurden entnommen.[182] Wasser kann entweder über einen Zugang zur öffentlichen Wasserversorgung (insb. private Haushalte und kommunale Institutionen) oder selbst entnommen werden, z. B. dem Grundwasser. Die größte Menge an Wasser entnehmen die Energieversorger für Kühlwasser. Der Wasserverbrauch pro Kopf liegt etwa bei 120–130 Liter pro Tag. Wenn die Entnahme das Wasserdargebot übersteigt, kann es zu **Wasserstress** kommen. Zusammen mit sinkenden Grundwasservorräten kann es regional und insbesondere saisonal (z. B. in regenarmen Monaten) zu Wasserstress kommen. Insgesamt ist Deutschland jedoch nicht von Wasserstress gefährdet.

Jedoch wird auch indirekt Wasser genutzt. Das sogenannte **virtuelle Wasser** steckt insbesondere in Lebensmitteln. Dabei wird zwischen grünem (Regenwasser), blauem (Grundwasser, Wasser aus Fließgewässern und Seen) und grauem Wasser (verschmutztes Wasser) unterschieden. Beim Anbau von Kaffee, Reis oder Baumwolle wird beispielsweise Wasser genutzt und durch den Einsatz von Dünge- und Pflanzenschutzmitteln kann es

180 BMZ (2022).
181 UBA (2020b).
182 UBA (2020b).

zur Verschmutzung von Wasser kommen. Deutschland importiert diese Produkte in der Regel aus dem Ausland und das für den Anbau benötigte Wasser wird somit der jeweiligen Herstellungsregion entnommen bzw. in der Herstellungsregion verschmutzt. Dieses Wasser steht dann z. B. nicht mehr als Trinkwasser zur Verfügung. In Regionen mit Wasserstress führt dies zu negativen ökologischen und sozialen Folgen.

> Das Konzept des virtuellen Wassers wurde in den 1990er-Jahre von dem britischen Wissenschaftler *John Anthony Allan* (1937–2021) entwickelt. Damit ist die Menge an Wasser gemeint, die tatsächlich für die Herstellung eines Produktes benötigt wird.

Aus dem direkten und dem indirekten Wasserverbrauch lässt sich für Länder, Unternehmen oder einzelne Produkte der **Wasserfußabdruck** berechnen. Der Wasserfußabdruck für Kaffee liegt beispielsweise bei ca. 140 Litern. Wird Kaffee aus regenreichen Ländern importiert, hat dies in der Regel keine negativen Auswirkungen auf den Wasserhaushalt des jeweiligen Landes. Bei der Betrachtung der direkten und der indirekten Wassernutzung liegt der Wasserverbrauch in Deutschland letztlich bei 7.200 Litern Wasser pro Kopf am Tag, wovon 86 % aus dem Ausland (indirekt) und 14 % aus Deutschland (direkt) stammen.[183]

11.1.2 Abwasser- und Sanitärversorgung

Bei der Nutzung von Wasser entsteht **Abwasser**, z. B. beim Duschen, bei Benutzung der Toilettenspülung oder beim Reinigen. Darüber hinaus gibt es Abwässer aus der industriellen Produktion oder direktem Eintrag insb. durch die Landwirtschaft. Dabei werden Schadstoffe, z. B. über Körperpflege- und Reinigungsmitteln, Chemikalien aus Produkten oder der Industrie sowie über Pflanzenschutzmitteln ins Wasser eingetragen. Die Einleitung von Abwasser in Gewässer wird über das **Abwasserabgabegesetz (AbwAG)** geregelt. Häusliches Abwasser und Produktionsabwässer werden in der Regel über die öffentliche Kanalisation abgeleitet und von Abwasserentsorgungsunternehmen in Kläranlagen behandelt, bevor es wieder in Gewässer eingeleitet wird. In Deutschland erfolgt die Abwasserableitung über Trenn- oder Mischsysteme. Wenn Schmutz- und Niederschlagswasser

183 UBA (2022d).

getrennt abgeleitet werden, spricht man von Trennsystemen; werden sie zusammen abgeleitet, spricht man von Mischsystemen.

Der Anschluss an die öffentliche Kanalisation und das damit einhergehende Sammeln und Ableiten von Spülwasser/Abwasser hat in Deutschland zu einer gesicherten **Sanitärversorgung** über konventionelle, also mit Spülwasser funktionierende Toiletten geführt. Weltweit weist die Sanitärversorgung große Unterschiede auf. WHO und UNICEF unterscheiden fünf Stufen der Sanitärversorgung (→ Abb. 27).[184] Im Vergleich zum Jahr 2000 hatten im Jahr 2017 deutlich mehr Menschen Zugang zu einer gesicherten bzw. Grundversorgung: knapp über 50 % im Jahr 2000 und knapp 75 % im Jahr 2017.[185] Trotzdem haben rund 4,5 Mrd. Menschen nach wie vor keine angemessene Sanitärversorgung.[186]

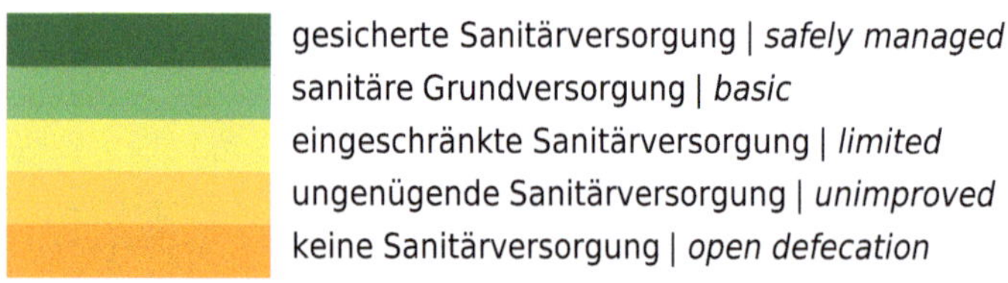

Abb. 27: Stufen der Sanitärversorgung (eigene Darstellung in Anlehnung an WHO/UNICEF o. J.)

Neuartige Sanitärsysteme (NASS) sind eine Alternative, die keinen Zugang zur Kanalisation erfordern. Die Nutzung und Wiederverwendung von Wasser und die Verwertung von Abwasser steht dabei im Vordergrund. Dabei kommen häufig Trenn- oder Trockentoiletten zum Einsatz. Das Netzwerk für Nachhaltige Sanitärsysteme (*NetSan e. V.*) setzt sich für eine **Sanitärwende** ein **[OR-11.1]** 🔗 http://s.narr.digital/1mzy0. Ein Diskussionspapiermit weiteren Akteuren benennt wesentliche Gründe für ihre Notwendigkeit:[187]

- **Grund 1:** Statt der Beseitigung unserer Fäkalien muss eine Wiederverwertung der darin enthaltenen Wertstoffe im Sinne der Kreislaufwirtschaft im Fokus stehen.

184 WHO/UNICEF (o. J.).
185 UN-Water (2021).
186 BMZ (2022).
187 Krause et al. (2021).

- **Grund 2:** Vor dem Hintergrund von Klimawandel und Wasserknappheit müssen der Wasserbedarf zum Transport von Fäkalien reduziert und die Verschmutzung der Gewässer mit Nähr- und Schadstoffen verhindert werden.
- **Grund 3:** Ein Nährstoff-Recycling aus menschlichen Fäkalien mit gleichzeitiger Schadstoffausschleusung ist möglich, und somit im Einklang mit der Gesundheit von Mensch und Umwelt.

11.2 Wasser, Sanitär & Reinigung bei Veranstaltungen

Eine **direkte Nutzung von Wasser** bei Veranstaltungen fällt in folgenden Bereichen an:

- Bewässerung von Grünflächen;
- Sanitärbereich (Toiletten, Waschbereiche);
- Reinigung;
- Bereitstellung von Trinkwasser;
- Catering.

Indirekt wird Wasser beispielsweise bei der Herstellung und Verarbeitung von Lebensmitteln für das Catering oder anderen Produkten sowie über die Nutzung von Energie (Kühlwasser) genutzt. Überall dort, wo Wasser genutzt wird, fällt auch **Abwasser** an. **Veranstaltungen in Innenräumen** verfügen in der Regel über einen Zugang zur öffentlichen Wasserversorgung und Abwasserentsorgung. Der Zugang wird hier z. B. über das Facility Management geregelt. Einige Veranstaltungen (z. B. Open-Air-Festivals, Straßenfeste) finden auf **Freiflächen** statt und benötigen häufig einen Zugang zu Wasser und Abwasser über das Verlegen entsprechender Leitungen oder zusätzliche Toilettenanlagen.

Die **Reinigung** vor, während und nach der Veranstaltung ist eine wichtige Dienstleistung. Ihre Bedeutung hat insbesondere durch die Coronapandemie zugenommen. Für die Reinigung von Veranstaltungen wird entweder eigenes Reinigungspersonal angestellt oder es wird mit einem Reinigungs-Dienstleistungsunternehmen zusammengearbeitet. Die Koordination der Reinigung obliegt dem Veranstaltenden, dem Facility Management der Veranstaltungsorte oder wird im Rahmen von zusätzlichen Service-Dienstleistungen z. B. zusammen mit der Bereitstellung von Toiletten, dem Küchen- oder Servicepersonal mit angeboten. Neben der Bereitstellung der Reinigungsdienstleistung werden Reinigungsgeräte und -textilien sowie Reinigungs-, Wasch- und Geschirrspülmittel benötigt.

Für **infrastrukturellen Planungen**, insbesondere bei Veranstaltungen auf Freiflächen, ist die Lokalisation von Hydranten bzw. die Erfassung der Wasserquellen/Gewässer, aus denen ggf. direkt Wasser entnommen sowie die Lokalisation von Zugängen zur Kanalisation bzw. die Erfassung der Wasserquellen/Gewässer in die Abwässer eingeleitet werden, erforderlich. Gemeinsam mit ver- und entsorgenden Unternehmen sowie weiteren Partner:innen können Strategien für einen nachhaltigen Umgang mit Wasser getroffen werden. In → Kapitel 11.3 werden Aspekte einer nachhaltigen Wasser- und Sanitärversorgung aufgeführt und in → Kapitel 11.4 Aspekte für eine nachhaltige Reinigung.

11.3 Nachhaltige Wasser- und Sanitärversorgung

Ein Umwelt- bzw. Nachhaltigkeitsmanagementsystem, das auch die Erfassung der Mengen an Trinkwasser sowie Abwasser vorsieht, kann hier unterstützen. Für einen nachhaltigen Umgang mit Wasser und einer gesicherten Sanitärversorgung auf Veranstaltungen werden im Folgenden diese Kategorien behandelt:

- effiziente Bewässerung;
- nachhaltige Sanitärsysteme;
- weitere Maßnahmen im Sanitärbereich.

Weitere Maßnahmen in Zusammenhang mit dem Catering (v. a. Bereitstellung von Trinkwasser) werden in → Kapitel 12 aufgegriffen.

11.3.1 Effiziente Bewässerung

Angesichts der klimatischen Veränderungen erhöht sich einerseits der Bedarf für die Bewässerung von Grünflächen und anderseits übt die zunehmende Bewässerung weiter Druck auf knapper werdende Süßwasserressourcen aus. Falls eine Bewässerung von Grünflächen auf dem Veranstaltungsgelände erforderlich ist, sollte diese sparsam und effizient erfolgen. Häufig wird Wasser aus der Leitung für die Bewässerung genutzt – also

Trinkwasser. Nachfolgend werden vier Maßnahmen zur Reduktion bzw. für den Ersatz von Trinkwasser für die Bewässerung vorgestellt.[188]

1. Verwendung von Regenwasser oder aufbereitetes Grau- bzw. Brauchwasser (→ Beispiel);
2. Verwendung von Gräsern mit geringem Wasserverbrauch, die an die örtlichen Bedingungen angepasst sind;
3. Einsatz effizienter Bewässerungsmethoden und Bewässerungssteuerungen zur Maximierung der Beregnungseffizienz;
4. Kombination der zuvor genannten Maßnahmen.

Beispiel | Regen- und Brauchwassernutzung auf dem Gelände der ufaFabrik

Die *ufaFabrik* benötigt pro Jahr etwa 3.000 Kubikmeter Brauchwasser für die Toilettenspülung und zur Grünflächenbewässerung. Vor Einrichtung der Regenwassernutzung stand hierfür nur kostbares, durch die Wasserwerke aufwendig gereinigtes Trinkwasser zur Verfügung. Seit Anfang der 1990er-Jahre fließt das Regenwasser von ca. 8.000 qm Dachflächen, asphaltierten Wegen und Plätzen durch die Kanalisation in den Wasserspeicher, der früher das Wasserwerk der Filmbetriebe beherbergte. Bei einem durchschnittlichen jährlichen Niederschlag von etwa 500 mm lassen sich rein rechnerisch von 8.000 m^2 Fläche pro Jahr 4000 Kubikmeter Regenwasser auffangen – genug für den Brauchwasserbedarf der *ufaFabrik*. **[OR-11.2]** http://s.narr.digital/eb4xo

11.3.2 Nachhaltige Sanitärsysteme

Die Situation der Toilettenanlagen ist abhängig vom Veranstaltungsort. Bei Veranstaltungen, die in Innenräumen stattfinden, sind Toiletten in der Regel vorhanden. Insbesondere bei Veranstaltungen, die auf Freiflächen stattfinden, wie Festivals oder Straßenfeste, sind Toiletten zusätzlich zu installieren. Dafür gibt es verschiedene mobile Toilettensysteme, von Toilettenkabinen über Toilettenwagen bis hin zu Sanitärcontainern:

1. **Spültoiletten** mit Anschluss an die Kanalisation oder mit Abwassertank (insb. Toilettenwagen, Sanitärcontainer);

188 Leinauer (2020).

2. **Chemie-Toiletten** mit Abwassertank (häufig auch „Dixi-Klo" genannt) (insb. Toilettenkabine);
3. **Kompost- bzw. Trockentoiletten** (insb. Toilettenkabine).

Bei fest installierten Toiletten, bei mobilen Systemen mit Anschluss an die Kanalisation oder über Abwassertanks ist auf eine umweltverträgliche und regelmäßige Reinigung (⟶ Kapitel 11.4) sowie auf wassersparende Maßnahmen wie z. B. Spülstopptasten (⟶ Kapitel 11.3.3) zu achten. Wenn möglich sollte der Einsatz von Chemie-Toiletten vermieden werden.

Beispiel | Nachhaltigkeit bei der TOI TOI & DIXIE Group

Ein Kurzbericht von 2022[189] gibt einen Einblick in die Nachhaltigkeitsaktivitäten des Unternehmens *TOI TOI & DIXIE Group*. Neben klassischen Elementen wie einer Stakeholder- und Wesentlichkeitsanalyse nennt der Bericht drei strategische Säulen und entsprechende Handlungsfelder:

- **Services & Produkte:** Hygiene; Produktion; Forschung & Entwicklung;
- **Umwelt:** Energie, CO_2, Abfall, Wasser; Chemikalien; Abwasserentsorgung;
- **Mitarbeitende:** Health & Safety Management; Aus- & Weiterbildung; Vielfalt, Respekt & Integration.

Über eine Stabstelle für Nachhaltigkeit sollen die Aktivitäten gemanagt werden. Im ersten Halbjahr 2023 ist die Veröffentlichung eines ersten Nachhaltigkeitsberichts nach den Standards der *GRI* geplant.

Ist ein Anschluss an die Kanalisation nicht möglich, werden zunehmend **Kompost- bzw. Trockentoiletten** eingesetzt. Als Neuartige Sanitärsysteme stellen sie eine wassersparende und zukunftsweisende Alternative dar. Wie das klassische *Dixie-Klo* oder der Sanitärcontainer, können Komposttoiletten mehrfach benutzt und überall hin transportiert werden. Komposttoiletten kommen mit wenig oder ganz ohne Wasser und Chemie aus. Stattdessen werden die Ausscheidungen zusammen mit anderen organischen Materialien im Sinne des Kreislaufwirtschaftsgedankens kompostiert und

189 TOI TOI & DIXI GROUP GmbH (2022).

können wiederverwendet werden. Dazu laufen Modellprojekte und Feldversuche für die Verwertung von Trockentoiletteninhalten **[OR-11.3]** 🔗 http://s.narr.digital/1u7ri **[OR-11.4]** 🔗 http://s.narr.digital/pewnx und Ende 2020 ist die DIN SPEC 91421 erschienen, ein Qualitätssicherung von Recyclingprodukten aus Trockentoiletten zur Anwendung im Gartenbau.[190]

Immer mehr Unternehmen bieten **Komposttoiletten** insbesondere für Open-Air-Veranstaltungen (z. B. *Goldeimer*) oder auch zum Kauf oder zur Miete an öffentlichen Plätzen (z. B. *nowato*) an. Häufig bestehen die Kabinen aus Holz (nachwachsenden Rohstoffen) und der logistische Aufwand ist nicht unerheblich. Daher gibt es mittlerweile auch Trockentoiletten aus falt- und stapelbarer Leichtbauweise (z. B. *finizio*). In jedem Fall kann die Option der Zusammenarbeit mit regionalen Partner:innen geprüft werden, um Transportwege zu vermeiden.

Beispiel | Goldeimer

Das gemeinnützige Unternehmen *Goldeimer* bietet Komposttoiletten für Open-Air-Veranstaltungen, Kleingärten und Camper an. 2016 haben sie das erste soziale Klopapier auf den Markt gebracht, u. a. um Sanitärprojekte der *Welthungerhilfe* zu unterstützen. Mit Bildungs- und Forschungsprojekten treiben sie als Mitglied des Netzwerks für nachhaltige Sanitärsysteme (*NetSan e. V.*) die Sanitärwende voran. Seit 2018 ist *Goldeimer* GWÖ-bilanziert und seit 2022 ein Unternehmen in Verantwortungseigentum (Purpose).

190 DIN SPEC 91421 (2020).

Abb. 28: Komposttoiletten der Firma Goldeimer auf einem Festival (Till Brüggemann)

Die Verfügbarkeit von ausreichend Toiletten hilft bei der Reduzierung von „Wildpinkeln" , was bei Open-Air-Veranstaltungen häufig vorkommt. Weitere Maßnahmen sind die Beleuchtung von üblichen Orten oder das Aufstellen von wasserlosen Urinalen. Mittlerweile gibt es auch Damen-Urinale (z. B. *Lapee*). Auf dem Würzburger *Umsonst & Draussen Festival* 2022 wurde das Urinal für Frauen beispielsweise angeboten.[191]

11.3.3 Weitere Maßnahmen im Sanitärbereich

Weitere **wassersparende Maßnahmen** im Sanitär- und Hygienebereich sind der Einsatz von Spülstopptasten bei Toiletten und automatisiert gesteuerte Wasserhähne, z. B. mit Hilfe eines Sensors, oder mit Druckknöpfen. **Umweltfreundliche Maßnahmen** sind eine automatische Dosierung von Seife und Desinfektionsmitteln sowie die Verwendung von nachfüllbaren Spendern. Die Umweltverträglichkeit von Seife kann mittels eines Gütezei-

191 U&D (2023).

chens (z. B. *Blauer Engel*, *EU Ecolabel*) nachgewiesen werden. Aus hygienischen Gründen wird empfohlen, Papierhandtücher zu verwenden. Diese sollten aus Recycling- bzw. Altpapier und mit einem Gütezeichen zertifiziert sein. Einrollende Handtücher oder elektrische Handtrockengeräte stellen eine Alternative dar. Je nach Besucher:innenzahl können auch wiederverwendbare und waschbare Handtücher angeboten werden. Anforderungen an eine nachhaltige Beschaffung werden in → Kapitel 8.3 weiter ausgeführt. **Schulungs- und Informationsangebote** für Mitarbeiter:innen, Partner:innen und Gäste sind wichtig, um nachhaltiges Verhalten zu fördern. Workshops, Handouts oder Schilder können über Maßnahmen informieren und zum Handeln auffordern.

11.4 Nachhaltige Reinigung

Mögliche Ziele für eine **nachhaltige Reinigung** können sich an den drei Dimensionen der Nachhaltigkeit (Ökologie, Ökonomie und Soziales) orientieren. Beispiele dafür werden in → Tab. 6 aufgeführt.

Dimension der Nachhaltigkeit	Ziele für Reinigungsdienstleistungen
Ökologie	Schonung von Ressourcen durch möglichst geringem Material-, Energie- und Wasserverbrauch, Einbezug des Lebenszyklus von der Planung bis zur Entsorgung von Maschinen und Material
Ökonomie	Kosteneinsparungen durch Senkung Wasser- und Materialverbrauch, Stromreduzierung
Soziales	Stärkung der sozioökonomischen Situation der Mitarbeiter:innen durch optimale Anstellungs- und Arbeitsbedingungen, Umsetzung von Maßnahmen zur betrieblichen Gesundheitsförderung und Arbeitssicherheit, Aus- und Weiterbildungskonzept und fördernde Mitarbeiterführung.

Tabelle 6: Beispielhafte Ziele für eine nachhaltige Reinigung (in Anlehnung an Häflinger 2011)

Häflinger (2011) empfiehlt die Orientierung an den Aufgaben im Managementkreislauf: Ziele setzen, Planen, Umsetzen, Kontrollieren und Kommunizieren. Dafür hat sie eine Checkliste erstellt, die Reinigungsdienstleister:innen bei der Umsetzung unterstützt.

Beispiel | Biber Service – Nachhaltige Eventreinigung

Der Reinigungsdienstleister *Biber Service* kombiniert den Anspruch eines sozial- und umweltbewussten Unternehmens. Ziel ist es, Veranstaltungen möglichst nachhaltig zu reinigen und hygienisch zu gestalten. Auf ihrer Website führen sie Maßnahmen auf und nennen Beispiele **[OR-11.5]** 🔗 http://s.narr.digital/dz0ef:

- die **Verwendung nachhaltiger Reinigungsmittel**, die entsprechend zertifiziert oder prämiert sind sowie biologisch abbaubar und ohne Mikroplastik;
- **nachhaltige Verfahren und Prozesse**, u. a. nachhaltige Kleidung und Textilien, nachhaltige Logistik, ökologische Betriebsstätten, faire Arbeitsbedingungen und angemessene Preise;
- **Unterstützung verschiedener Projekte**, wie die Gesellschaft für Naturschutz und Auenentwicklung.

Otterbein (2017) nennt als wichtige Parameter für eine nachhaltige Reinigung die vier Faktoren Chemie, Zeit, Mechanik und Temperatur, ergänzt um die Parameter Motivation, Mensch und Sicherheit (→ Abb. 29). Demnach sollte die Reinigung bereits bei der Planung mitbedacht werden. Wichtig ist, eine regelmäßige Reinigung während der Veranstaltung sicherzustellen. Insbesondere im Sanitärbereich sollte dafür ausreichend Reinigungspersonal eingeplant werden. Effiziente Reinigungsverfahren, z. B. durch die richtige Dosierung von Reinigungsmitteln helfen dabei die Umwelt zu schonen und Kosten zu sparen. Die richtige Anwendung der Reinigungsverfahren erfordert Schulung und das Aufstellen von Reinigungs- und Desinfektionsplänen. Schließlich erleichtert die Reduzierung auf wenige Produkte die Anwendung. Die Umweltfreundlichkeit der Produkte kann wiederrum über die Nutzung von Reinigungsmitteln aus nachwachsenden und biologisch abbaubaren Rohstoffen, z. B. pflanzliche Tenside aus europäischem Anbau, und idealerweise in Kombination mit entsprechenden Zertifizierungen (z. B. *EU Ecolabel, Cradle to Cradle*).

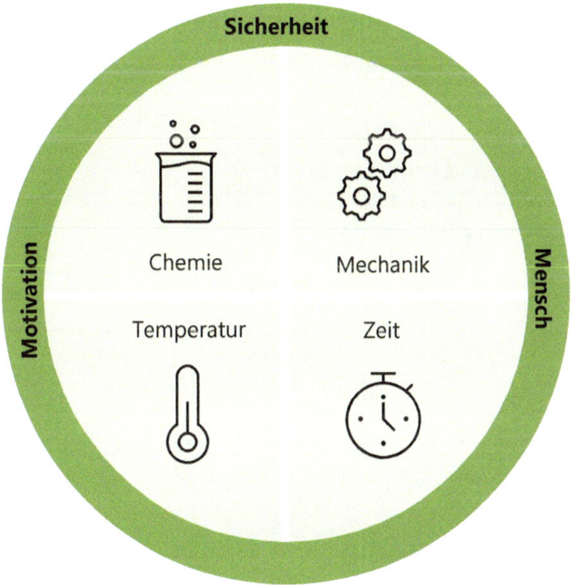

Abb. 29: Faktoren für eine nachhaltige Reinigung (in Anlehnung an Otterbein 2017)

Der **Leitfaden zur nachhaltigen öffentlichen Beschaffung von Reinigungsdienstleistungen und -mitteln**[192] unterscheidet zwischen Anforderungen an den Auftragsgegenstand (u. a. Reinigungsmittel) und Anforderungen an die Auftragsausführung (u. a. Reinigungspersonal).

Zu den Anforderungen an den Auftragsgegenstand zählen zwei Aspekte:

1. Umweltbezogene Einzelanforderungen an Reinigungsmittel, die durch die Vorlage von Gütezeichen (z. B. *Blauer Engel* oder *EU Ecolabel*) nachgewiesen werden können.
2. Ausschluss stark umweltbelastender Reinigungsmittel und -methoden, wozu Spülkastenzusatzstoffe, WC-/Spülkasteneinhänger, WC-Steine, Duft-/Reinigungssteine für Urinale, Lufterfrischer/Duftspender für WC und Waschräume und chemische Abflussreiniger zählen.

192 UBA (2012).

Zu den Anforderungen an die Auftragsausführung zählen vier Aspekte:

1. Produktinformationen, Gebrauchs- und ggf. betriebliche Betriebsanweisung von verwendeten Reinigungsmitteln;
2. Verwendung von Dosierhilfen;
3. Verzicht auf Desinfektionsreiniger;
4. Schulungen zum sach- und fachgerechten Umgang mit Reinigungsmitteln und -geräten und Dokumentation.

Für die **nachhaltige Reinigung bei Veranstaltungen** lassen sich Maßnahmen unterteilt nach zwei Anforderungsbereichen zusammenfassen:

1. Anforderungen an die Zusammenarbeit mit dem Reinigungspersonal bzw. dem Dienstleistungsunternehmen:
   - Formulierung von Zielen einer nachhaltigen Reinigung anhand der Dimensionen der Nachhaltigkeit (Ökologie, Ökonomie und Soziales);
   - das Reinigungspersonal bzw. das Dienstleistungsunternehmen ist über die Ziele informiert und stimmt diesen zu;
   - sparsamer Einsatz von Reinigungsmittel, z. B. mit Dosierhilfen;
   - Wahrnehmung von Schulungsangeboten zur nachhaltigen Reinigung.
2. Anforderungen an die nachhaltige Beschaffung von Reinigungsmitteln und -textilien:
   - Beschaffung von Reinigungsmitteln, die umweltbezogene Kriterien erfüllen und dies mit entsprechenden Gütezeichen nachweisen können;
   - Verzicht auf Lösungsmittel und auf Reinigungsmittel mit Gefahrstoffkennzeichnung;
   - Verwendung nachhaltiger Reinigungstextilien, z. B. Upcycling, aus nachwachsenden und biologisch abbaubaren Materialien und/oder zertifizierte Textilien (z. B. nach *GOTS, Cradle to Cradle, Nordic Ecolabel*).

11.5 Zusammenfassung

In diesem Kapitel wurde zunächst die Problematik rund um die Ressource Wasser und eine gerechte Sanitärversorgung thematisiert. Dies wird insbesondere mit Ziel 6 der 17 SDGs (Sauberes Wasser und Sanitäreinrichtungen) aufgegriffen und weltweit weiterentwickelt. Dann wurden die Bedeutung und Einsatzbereiche von Wasser, Sanitär und Reinigung bei Veranstaltungen aufgezeigt. Eine nachhaltige Wasser- und Sanitärversorgung wurde anhand von drei Kategorien vertieft:

- effiziente Bewässerung;
- nachhaltige Sanitärsysteme;
- weitere Maßnahmen im Sanitärbereich.

Anschließend wurden Aspekte einer nachhaltigen Reinigung anhand von zwei Anforderungsbereichen zusammengefasst:

- Anforderungen an die Zusammenarbeit mit dem Reinigungspersonal bzw. dem Dienstleistungsunternehmen;
- Anforderungen an die nachhaltige Beschaffung von Reinigungsmitteln und -textilien.

11.6 Reflexionsfragen

1. Auf jeder Veranstaltung gibt es Kaffee und Tee für Besucher:innen. Diese benötigen bereits bei der Herstellung eine große Menge an Wasser. Recherchieren Sie die Wasserfußabdrücke von Kaffee und Tee.
2. Was verbirgt sich hinter dem Kürzel *WASH*, was sind Nachhaltige Sanitärsysteme und welche Anbieter:innen von Nachhaltigen Sanitärsystemen auf Veranstaltungen gibt es im deutschsprachigen Raum?
3. Welche Anforderungen an eine nachhaltige Reinigung gibt es? Unterscheiden Sie nach Anforderungen für Reinigungsmittel und Reinigungsdienstleister:innen.

12 Gastronomie und Catering

Die Lernfragen zu diesem Kapitel finden Sie unter:
https://narr.kwaest.io/s/1190

12.1 Ernährung und Nachhaltigkeit

Unser globales Ernährungssystem produziert weltweit mehr als ein Viertel der direkten Treibhausgasemissionen.[193] Die Hälfte dieser ernährungsbedingten Treibhausgasemissionen verursacht allein die Tierhaltung und somit unser Fleischkonsum.[194] Neben dem direkten Einfluss auf unser Klima sind Landwirtschaft und Ernährung auch für knapp 30 % des Ressourcenverbrauchs in Europa verantwortlich[195] sowie für 70 % des globalen Wasserverbrauchs – bei zunehmender Wasserknappheit. Die Erzeugung von einem Kilo Rindfleisch verbraucht über 15.000 Liter, das sind 50-mal mehr als für die Erzeugung von einem Kilogramm Kartoffeln gebraucht wird (durchschnittlich 290 Liter Wasser).[196] Unsere Ernährung hat dadurch einen wesentlichen Einfluss auf den globalen Ressourcenverbrauch, den Verlust von Biodiversität und den vom Menschen verursachten Klimawandel.

Hinzu kommt, dass mehr als die Hälfte der erwachsenen Bevölkerung Europas als übergewichtig eingestuft wird, darunter 20 % als fettleibig.[197] In Deutschland sind zwei Drittel der Männer sowie die Hälfte der Frauen „übergewichtig", ein Viertel der Erwachsenen ist „stark übergewichtig".[198] Diese Entwicklung verläuft parallel zu einem stetig steigenden Verzehr von Nahrungsmitteln in Europa, wobei sich insbesondere der Verzehr von Fleisch und Milcherzeugnissen in den letzten 50 Jahren verdoppelt hat. Gleichzeitig liegt die Lebensmittelverschwendung allein in der EU bei 88

193 Renner et al. (2021).
194 Gerber et al. (2013).
195 Europäische Kommission (2011).
196 Bundesinformationszentrum Landwirtschaft (2020).
197 Europäische Umweltagentur (2017).
198 RKI (2014).

Mio. Tonnen Lebensmittel jährlich (das entspricht 178 kg pro Person pro Jahr), während Millionen von Menschen weltweit unterernährt sind oder nicht in der Lage sind, sich qualitativ hochwertige Mahlzeiten zu leisten.

Im Bericht zum Stand der **Ernährungssicherheit** und Ernährung in der Welt (engl. *The State of the Food Security and Nutrition in the World*), herausgegeben von den fünf internationalen Organisationen FAO, IFAD, UNICEF, WFP und WHO, wird jährlich über die Fortschritte bei der Beendigung des Hungers, der Erreichung der Ernährungssicherheit und der Verbesserung der Ernährung im Sinne der 17 SDGs informiert. Faktoren, die notwendige Veränderungen und Entwicklungen bislang hemmen, sind Konflikte, Klimaänderungen und -extreme sowie Konjunkturabschwünge bzw. -einbrüche. Die Missstände unseres globalen Ernährungssystems wurden außerdem durch die Coronapandemie weiter verstärkt.[199]

Mit der Art und Weise, wie wir Lebensmittel produzieren und uns ernähren, beeinflussen wir eine **nachhaltige Entwicklung**. Insbesondere zwei der 17 SDGs – Ziel 2 (Kein Hunger) und Ziel 12 (Nachhaltige/r Konsum und Produktion) – verbinden Ernährung direkt mit einer nachhaltigen Entwicklung, wobei letztlich alle Nachhaltigkeitsziele direkt oder indirekt mit Ernährung in Verbindung stehen.[200] Dies betont auch die *EAT-Lancet*-Kommission in ihren Arbeiten zur Transformation unseres Ernährungssystems. Die Kommission ist ein Zusammenschluss von über 30 Wissenschaftler:innen aus 16 Ländern und verschiedenen Forschungsfeldern, wie Gesundheit, Landwirtschaft, Politik und ökologischer Nachhaltigkeit, die auch die **Planetary Health Diet** entwickelt haben.

Tipp

Keynote von *Johann Rockström* und *Pavan Sukhdev* auf dem *EAT Stockholm Food Forum* 2016 **[OR-12.1]** http://s.narr.digital/46ghf

Als wesentliche Ziele und Strategien für eine nachhaltige Transformation unseres Ernährungssystems werden genannt:[201]

199 FAO (2021).
200 Rockström/Sukhdev (2016).
201 EAT-Lancet Commission (2019).

Ziele

- gesunde Ernährung (engl. *healthy diet*);
- nachhaltige Ernährungsproduktion (engl. *Sustainable Food Production*).

Strategien

- internationale und nationale Verpflichtungen zur Umstellung auf gesunde Ernährung;
- Neuausrichtung der landwirtschaftlichen Produktion von großen Mengen hin zur Erzeugung gesunder Lebensmittel;
- nachhaltige Intensivierung zur Steigerung hochwertiger Nahrungsmittelproduktion;
- starke und koordinierte Regulierung für Land und Ozeane;
- Lebensmittelverluste und -abfälle mindestens halbieren.

Für eine Politik für eine nachhaltigere Ernährung benennt der Wissenschaftliche Beirat für Agrarpolitik, Ernährung und gesundheitlichen Verbraucherschutz (WBAE) beim deutschen Bundesministerium für Ernährung und Landwirtschaft (BMEL) vier Dimensionen, die in → Abb. 30 dargestellt sind. In diesen Dimensionen – Gesundheit, Tierwohl, Umwelt und Soziales – werden Ziele formuliert, die die Befriedigung von Grundbedürfnissen heutiger und künftiger Generationen im Sinne einer nachhaltigen Entwicklung im Fokus haben.[202]

202 WBAE (2020).

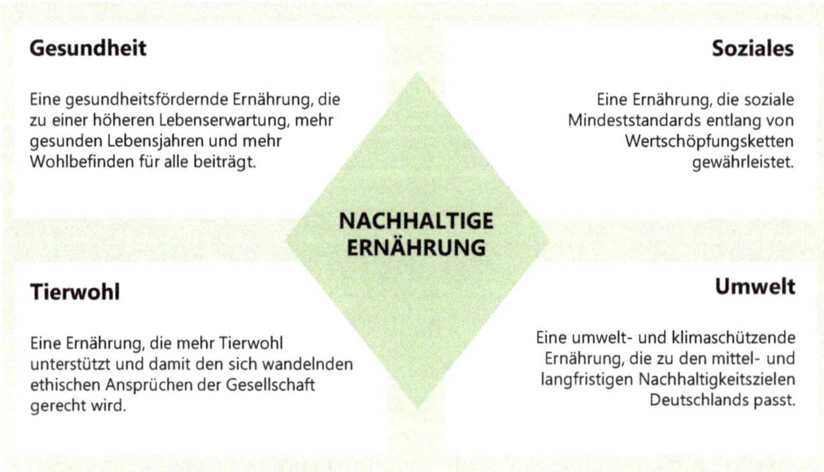

Abb. 30: Ziele einer nachhaltigeren Ernährung (in Anlehnung an Renner et al. 2021)

Für eine nachhaltige Ernährung sind laut Koerber (2016) fünf Dimensionen relevant. Neben den drei bekannten Dimensionen einer nachhaltigen Entwicklung – **Umwelt**, **Wirtschaft** und **Gesellschaft** – sind sowohl die **Gesundheit** als auch unsere **Ernährungskultur** von großer Bedeutung (→ Abb. 31).

Abb. 31: Die fünf Dimensionen einer nachhaltigen Ernährung (eigene Darstellung in Anlehnung an Koerber 2016)

Konkret schlägt Koerber sieben Grundsätze vor, die einen nachhaltigen Ernährungsstil prägen. Sie werden in einem Onlinevideokurs erläutert, der von der *Münchener Arbeitsgruppe Nachhaltige Ernährung e. V.* entwickelt wurde **[OR-12.2]** http://s.narr.digital/0ol0m. Die sieben Grundsätze eines nachhaltigen Ernährungsstils sind:

1. Bevorzugung pflanzlicher Lebensmittel (überwiegend lakto-vegetabile Kost);
2. ökologisch erzeugte Lebensmittel;
3. regionale und saisonale Erzeugnisse;
4. Bevorzugung gering verarbeiteter Lebensmittel;
5. fair gehandelte Lebensmittel;
6. ressourcenschonendes Haushalten;
7. genussvolle und bekömmliche Speisen.

Tipp

Koerber, Karl von (2016): Nachhaltigkeit im Lebensmittelbereich. In: Peinelt, Volker; Wetterau, Jens (Hrsg.): Handbuch der Gemeinschaftsgastronomie. 2., überarbeitete und erweiterte Auflage. Berlin: Rhombos Verlag, 261–299.

Die *EAT-Lancet*-Kommission beschreibt einen globalen Referenzrahmen für eine nachhaltige Ernährung, die *Planetary Health Diet.*[203] Demnach müsste der weltweite Konsum von Gemüse, Obst, Hülsenfrüchten und Nüssen mehr als verdoppelt und der Verzehr von Fleisch und Zucker mehr als halbiert werden. Auf der linken Seite von → Tab. 7 sind die empfohlenen Verzehrmengen der *Planetary Health Diet* aufgelistet.

203 Willett et al. (2019).

Planetary Health Diet, EAT-Lancet-Kommission		**vollwertige Ernährung nach DGE**		**nationale Verzehrstudie (NVS)**	
Lebensmittelgruppe	Menge (g/Tag) (bei einer Energiezufuhr von 2.500 kcal/Tag)	**Lebensmittelgruppe**	Orientierungswert (g/Tag) (bei einer Energiezufuhr von 1.600–2.400 kcal/Tag)	**Lebensmittelgruppe**	mittlere Verzehrmenge von Lebensmitteln (g/Tag) (Energiezufuhr von 1.968 kcal/Tag)
Gemüse Hülsenfrüchte	300 (200–600) 100 (100–225)	**Gemüse und Salat inkl. Hülsenfrüchte**	≥ 400	**Gemüse inkl. Hülsenfrüchte**	124
Obst Nüsse	200 (100–300) 25	**Obst inkl. Nüsse**	≥ 250	**Obst inkl. Nüsse**	166
Vollmilch oder daraus hergestellte Produkte in Milchäquivalenten (g MÄq)	250 (0–500)	**Milch und Milchprodukte in MÄq**	596–728*	**Milch und Milchprodukte in MÄq**	443*
Rind-, Lamm- oder Schweinefleisch Geflügel	14 (0–58) 29 (0–58)	**Fleisch, Wurst**	43/86**	**Fleisch, Fleischerzeugnisse und Wurstwaren**	120

* Für die Berechnung von Milchäquivalenten (MÄq) wurde das Verhältnis von Milch zu Milchprodukten der NVS II zugrunde gelegt (55 % zu 45 %) sowie folgende Umrechnungsfaktoren von Milchprodukten zu MÄq: Milch, Milchmischgetränke: 1,0; Joghurt, Milchmischerzeugnisse: 1,4; Käse und Quark mit durchschnittlicher Trockenmasse: 7,2

** Für Menschen, die Fleisch essen, beträgt der Orientierungswert für Fleisch und Wurst insgesamt 300 g pro Woche für Erwachsene mit niedrigem Energiebedarf und bis zu 600 g pro Woche für Erwachsene mit hohem Energiebedarf.

Tabelle 7: Vergleich der empfohlenen Verzehrmengen gemäß der Planetary Health Diet und der vollwertigen Ernährung nach der Deutschen Gesellschaft für Ernährung (DGE) mit den Ergebnissen der Nationalen Verzehrstudie II (in Anlehnung an Renner et al. 2021)

Die Gegenüberstellung mit den Ernährungsempfehlungen der Deutschen Gesellschaft für Ernährung (DGE) (mittlere Spalten) macht deutlich, dass beide Ernährungsformen eine überwiegend pflanzliche Ernährung empfehlen. Vergleicht man die Anforderungen bzw. Empfehlungen beider Ansätze mit dem tatsächlichen Verzehr, der im Rahmen der Nationalen Verzehrstudie ermittelt wurde (rechte Seite), zeigt sich eine deutliche Diskrepanz und somit ein hoher Handlungsbedarf, dem sich auch die Eventgastronomie bzw. das Eventcatering nicht entziehen kann. Mögliche Beiträge der Außer-Haus-Verpflegung (AHV) und Eventgastronomie werden daher im nächsten Abschnitt erläutert.

12.2 Außer-Haus-Verpflegung und Eventgastronomie

Die Außer-Haus-Verpflegung (AHV) hat eine große gesellschaftliche Bedeutung, denn der Großteil der Menschen isst lieber gemeinsam mit anderen als alleine. Diesem sozialen Aspekt einer nachhaltigen Ernährung – das gemeinsame Essen und Kochen, das auch unter dem Begriff **Kommensalität** gefasst wird – wird noch verhältnismäßig wenig Aufmerksamkeit geschenkt. Bevor wir in → Kapitel 12.3 näher erläutern, was eine nachhaltige Eventgastronomie ausmacht, wird im Folgenden zunächst der Außer-Haus-Markt beschrieben und insbesondere Verpflegungsdienstleistungen bei Veranstaltungen, also die Eventgastronomie.

Der Außer-Haus-Markt ist insgesamt sehr heterogen und komplex. Bislang fehlen eine einheitliche Beschreibung und Unterteilung des Marktes. Göbel et al. (2017) schlagen vor, den Außer-Haus-Markt in die Segmente Individualgastronomie, Gemeinschaftsgastronomie (von Hettler/Luppold (2019) auch als Care Catering bezeichnet) sowie sonstige Lebensmittel-Dienstleistungen zu unterteilen (→ Abb. 32). Letzterem werden hier die Eventgastronomie und Cateringdienstleistungen, die sowohl als *Business to*

Business (B2B) oder *Business to Consumer (B2C)* erfolgen können, zugeordnet. Grundsätzlich bestehen vielfältige Mischformen zwischen den Bereichen, die unterschiedliche organisationale Formen einnehmen können, die von kommerziell ausgerichteten Einzelunternehmen, über nicht-kommerzielle Kooperativen und Initiativen bis hin zu öffentlichen Einrichtungen reichen.

Einteilung des Außer-Haus-Marktes		
Individual-gastronomie	**Gemeinschafts-gastronomie bzw. Care Catering**	**sonstige Lebensmitteldienst-leistungen**
Fast Food, z. B. Imbiss, Lieferdienste **Small Food**, z. B. Café/Eiscafé **Restaurants** **Drink**, z. B. Kneipe, Club **Hotellerie/Hotel** **Para-Hotellerie**, z. B. Pension, Jugendherberge **Transport mit Verpflegung**, z. B. Flugzeug, Bahn, Schiff	**Betriebsverpflegung** **Krankenhaus-/ Heimverpflegung**, z. B. Krankenhaus, Kinder- und Jugendheime **Verpflegung in Bildung**, z. B. Schule, Kindergarten, Universität **Andere**, z. B. Justizvollzugsanstalt, Bundeswehr	**Eventgastronomie**, z. B. Catering, Menüservice, Partyservice businessorientiert (MICE*) sportorientiert freizeitorientiert kulturorientiert **Lebensmittelhandwerk**, z. B. Bäckerei, Metzgerei **Tankstelle** **Kiosk** **Automaten**
*MICE ist die Abkürzung für Meetings, Incentives, Conventions, Exhibitions bzw. Events		

Abb. 32: Struktur des Außer-Haus-Marktes (eigene Darstellung in Anlehnung an Göbel et al. 2017; Hettler/Luppold 2019)

In der Klassifikation der Wirtschaftszweige des Statistischen Bundesamtes[204] gibt es einen eigenen Wirtschaftszweig „Caterer und Erbringung sonstiger Verpflegungsdienstleistungen", wobei neben klassischen Catering-Dienstleistungsunternehmen auch Restaurants, Cafés und der Ausschank von Getränken sowie Hotels eine Rolle spielen. Schließlich bieten auch Metzgereien und Bäckereien – also der Einzelhandel – Catering für Veranstaltungen an und über die Gemeinschaftsgastronomie werden zahlreiche Veranstaltungen, wie z. B. Betriebsfeiern, Schulfeiern etc. abgedeckt.

204 Statistisches Bundesamt (2008).

Catering kommt vom Englischen *to cater* und bedeutet sinngemäß ‚jemanden verpflegen'. Catering-Unternehmen stellen Speisen und Getränke als Dienstleistung an einem beliebigen Ort und für den unmittelbaren Verzehr durch Endverbrauchende bereit. Neben der Bereitstellung von Speisen und Getränken gehören dazu auch Nebenleistungen, wie die Ausstattung der Events mit Geschirr, Besteck, Gläsern bis hin zu Buffetflächen oder Front-Cooking-Installationen sowie Personaldienstleistungen zu den Elementen des Eventcaterings.[205]

Traditionelle, moderne und gemischte Organisationsmodelle können im Eventcatering unterschieden werden[206]. Während traditionelle Caterer komplett über eigenes Personal und eigenes Equipment verfügen, wird bei modernen Betrieben nur ein kleiner Teil als Eigenleistung erbracht (z. B. Personal nur im Verkauf) und bei letzterem, dem häufigsten Modell, handelt es sich um eine Mischform zwischen traditionell und modern.

Veranstalter:innen und Dienstleister:innen der AHV können in ihrer strategischen Ausrichtung Ziele für eine nachhaltige Verpflegung festlegen und Maßnahmen planen und umsetzen. Dabei stellt sich zunächst die Frage, wer für die Verpflegung zuständig. Es können grundsätzlich zwei Wege zur Organisation der Verpflegung im Veranstaltungsbereich unterschieden werden:

Wissen | Zwei Wege des Caterings

Das Catering erfolgt über eine:n Veranstalter:in bzw. einen Veranstaltungsort direkt:

- Einkauf und/oder Zubereitung erfolgen durch Veranstalter:in;
- Veranstaltungsort verfügt über eigengeführte Gastronomie.

Das Catering erfolgt über ein externes Dienstleistungsunternehmen:

- externe Gastronomie am Veranstaltungsort;
- ein Gastronomie- oder Cateringunternehmen, welches beliefert;
- mehrere Gastronomie- oder Cateringunternehmen.

205 Hettler/Luppold (2019).
206 Hettler/Luppold (2019).

In Abhängigkeit von der Verantwortlichkeit können z. B. Ziele gesetzt und Maßnahmen formuliert oder Forderungen an die Dienstleister:innen gestellt bzw. gemeinsam ausgearbeitet werden. Öffentliche Einrichtungen, die an das Vergaberecht gebunden sind, können sich z. B. an den Kriterien der Europäischen Kommission für eine umweltorientierte öffentliche Beschaffung im Bereich Lebensmittel, Verpflegungsdienstleistungen und Verkaufsautomaten orientieren.[207]

Eindeutige Ziele und die klare Ausrichtung der Catering-Dienstleistungen an nachhaltigen Kriterien, z. B. im Rahmen von Einkaufs- oder Beschaffungsrichtlinien, können Besucher:innen für eine nachhaltige Ernährung sensibilisieren und die Nachhaltigkeit der AHV verbessern. Das Wirkungspotenzial ist sehr groß, denn der Außer-Haus-Markt ist einer der am stärksten wachsenden Wirtschaftssektoren und hinter dem Lebensmitteleinzelhandel der zweitgrößte Absatzweg für Lebensmittel.[208] Trotz oder gerade wegen der Coronapandemie ist in den letzten Jahren die Nachfrage nach regionalen Lebensmitteln unverändert hoch. Zudem ist die Erwartung an eine artgerechte Tierhaltung vor allem bei Jugendlichen und die Erwartung an Kennzeichnungen für eine umweltfreundliche Produktion über alle Altersgruppen hinweg gestiegen.[209]

12.3 Nachhaltige Eventgastronomie

In diesem Kapitel werden sechs Kategorien behandelt, die für die Gestaltung eines nachhaltigen Caterings relevant sind.[210]

- Speiseplanung;
- Produktauswahl und Beschaffung;
- ressourcenschonende Produktion;
- Lebensmittelabfälle und sonstige Abfälle;
- Ausgabe und Konsumverhalten;
- Catering-Dienstleistungsunternehmen.

207 Europäische Union (o. J.).
208 Göbel et al. (2017).
209 BMEL (2021a).
210 Die Kategorien basieren auf einer Zusammenführung der fünf Prozesse, Speiseplanung, Beschaffung, Produktion, Ausgabe und Entsorgung, aus dem Forschungsprojekt NAHGAST (2021), den zu treffenden Maßnahmen aus dem Leitfaden für die nachhaltige Organisation von Veranstaltungen vom BMU/UBA (2020) und der Handreichung des Vereins Green Events Hamburg (2021).

12.3.1 Speiseplanung

Die Planung des Verpflegungsangebots ist der erste Schritt zur Beachtung nachhaltiger Aspekte. Zunächst kann der aktuelle Speiseplan auf Nachhaltigkeit überprüft und angepasst werden. Neben der Orientierung an den DGE-Qualitätsstandards wird empfohlen, die vegetarischen und veganen Angebote auszuweiten sowie auf Saisonalität und Regionalität zu achten (→ Kapitel 12.3.2). Darüber hinaus sollte das Speiseangebot sozio-kulturelle Vielfalt (z. B. halal) sowie Lebensmittelallergene (z. B. glutenfrei, laktosefrei) berücksichtigen – dies in Abhängigkeit von der Zielgruppe der Veranstaltung und nach Möglichkeit unter vorheriger Abfrage der Essgewohnheiten von Besucher:innen und Gästen.

Eine Checkliste, wie vom *NAHGAST*-Projekt in Anlehnung an die DGE-Qualitätsstandards entwickelt, kann bei der Überprüfung und Weiterentwicklung des Speiseplans auf und zur Nachhaltigkeit nützlich sein **[OR-12.3]** 🔗 http://s.narr.digital/njoyw. Bestehen große Abweichungen zu den Kriterien, empfiehlt sich eine Neuentwicklung des Speiseplans.

12.3.2 Produktauswahl und Beschaffung

Bei der Produktauswahl und Beschaffung der Lebensmittel lassen sich im Wesentlichen folgende Leitlinien zusammenfassen:

- Bezug von regionalen Lebensmitteln und Getränken (oft wird hier eine Wertschöpfung im Umkreis von etwa 100–250 km angegeben); Verzicht auf Flugware;
- Bezug von saisonalen Lebensmitteln und Getränken und Verzicht auf Ware aus beheizten Treibhäusern;
- bevorzugte Wahl von frischen, unverarbeiteten oder gering verarbeiteten Lebensmitteln;
- Produkte aus ökologischem Anbau, Beachtung entsprechender Kennzeichnungen;
- Produkte aus fairem Handel mit entsprechenden Kennzeichen;
- Angebot an pflanzlichen Speisen (vegetarisch/vegan);
- reduzierter Einsatz von tierischen Produkten; Fleisch in Ausnahmefällen (z. B. aus Gründen der Gastfreundschaft) und generell tierische Produkte aus artgerechter Tierhaltung;
- Bezug von zertifiziertem Fisch und Verzicht auf Fisch aus gefährdeten Beständen.

Produkte aus der Region haben tendenziell eine bessere Umwelt- und Klimabilanz als jene aus Übersee. Dies liegt an den langen Transportwegen mit unterschiedlichen Transportmitteln, wie Hochseeschiffen, Binnenschiffen, Bahn, LKW oder Flugzeug. Transportwege von regionalen Produkten sind wesentlich kürzer und innerstädtisch kann z. B. auf klimaschädliche Transportmittel verzichtet und stattdessen (E-)Lastenfahrräder eingesetzt werden. Jedoch können auch regionale Lebensmittel klimaschädlich sein, insbesondere, wenn sie außerhalb der Saison angeboten werden und somit meist aus beheizten Gewächshäusern kommen oder ein motorisierter Transport von geringen Mengen an Lebensmittel stattfindet (geringe Auslastung der Transportmittel). Daher ist bei der Auswahl der Lebensmittel auch auf einen umweltgerechten Transport zu achten. Die beste Umwelt- und Klimabilanz wird frischen, saisonalen Lebensmitteln aus der Region zugesprochen. Regionales und saisonales Obst und Gemüse ist in der Regel klimaschonender als importiertes oder jenes, das außerhalb der Saison in beheizten Gewächshäusern angebaut wird. Eine Ananas, die mit dem Flugzeug nach Deutschland transportiert wird, hat eine erheblich höhere **Klimabilanz** als eine Ananas, die mit dem Schiff importiert wird. Butter und Rindfleisch sind aufgrund des höheren Bedarfs an Acker- und Weidefläche, insbesondere auch für Futtermittel, klimaschädlicher als Halbfettmargarine und Hähnchenfleisch. Außerdem haben frische, unverarbeitete Lebensmittel oftmals einen geringeren CO_2-Fußabdruck als aufwändig verarbeitete Lebensmittel wie Tomatenmark oder haltbar gemachtes Obst und Gemüse wie Dosenpfirsiche. Die → Abb. 33 stellt den CO_2-Fußabdruck ausgewählter Lebensmittel dar, basierend auf Berechnungen des Instituts für Energie- und Umweltforschung in Heidelberg zum ökologischen Fußabdruck von Lebensmitteln und Gerichten in Deutschland.[211]

211 Reinhardt et al. (2020).

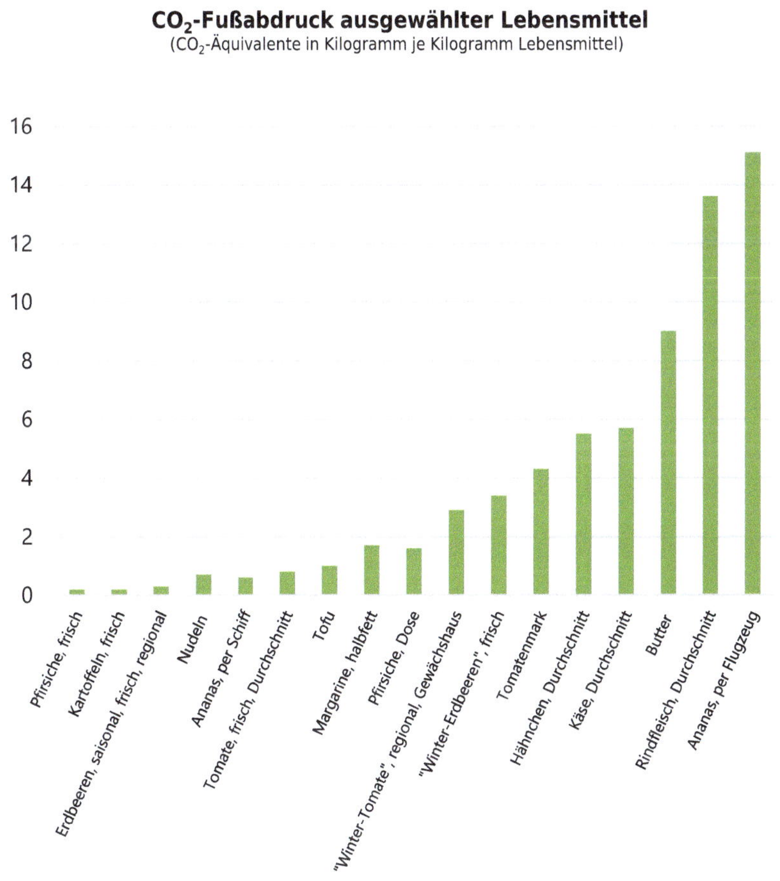

Abb. 33: Der CO_2-Fußabdruck ausgewählter Lebensmittel (in Anlehnung an Reinhardt et al. 2020)

Beispiel | Nachhaltiges Catering Deutscher Evangelischer Kirchentag

Alle zwei Jahre findet der *Deutsche Evangelische Kirchentag* in einer anderen deutschen Großstadt statt. Im Rahmen der Nationalen Klimaschutzinitiative hat der Kirchentag 2013 das *Projekt KleVer – Klimaeffiziente Verpflegung bei Großveranstaltungen* initiiert und entwickelt es seitdem stetig weiter. Ziel ist, eine klimafreundliche Verpflegung bei Großveranstaltungen zu entwickeln und zu erproben. Pro Mahlzeit sollen 30 % der durch die Verpflegung entstehenden CO_2-Emissionen eingespart werden bzw. 480 g CO_2e. Bei den *Futur 2 NachhaltigkeitsTalks* des Vereins *Green Events* stellte der Projektleiter Christof Hertel das Projekt und die Fortschritte vor.[212] Als innovatives Herzstück beschreibt er die Orientierung an den ökologischen und sozialen Prinzipien „regional, saisonal, bio und fair". Zudem werden klimaeffiziente Aspekte ergänzt, die auf einer Übertragung und Weiterentwicklung der Ansätze einer klimafreundlichen Ernährung von Koerber/Kretschmer (2009) und Machtverhältnissen in globalen Lieferketten durch Gereffi/Lee (2009) beruhen. Bei der Entwicklung wurden über die Jahre hinweg alle Verpflegungsbereiche (Sitzungsbetreuung, Helfer:innen, Teilnehmer:innen und Besucher:innen, Hotels etc.) einbezogen und alle Einflussebenen betrachtet.

Die Einflussebenen und Beispiele:

- Einkauf von Waren und eigene Umsetzung z. B. beim Helfer:innenfrühstück;
- Einkauf von Leistungen z. B. bei Catering/Helfer:innenverpflegung;
- Budget und Informationen für Ehrenamtliche z. B. beim Quartiersfrühstück;
- Bereitstellung von Infrastruktur und Informationen z. B. beim Abend der Begegnung;
- Vermietung von Flächen z. B. beim Naturkostmarkt;
- Information von Gastgeber:innen z. B. Privatquartiere;
- Information von Teilnehmer:innen und Öffentlichkeit.

Neben dem Fokus auf die ökologischen und sozialen Prinzipien sind klimaspezifische Aspekte bei der Verpflegungsorganisation relevant:

Optimierte Getränke- und Speisegestaltung, z. B. weniger und andere Wurst- und Fleischsorten; Milchfettreduktion (z. B. Frischkäse, Margarine, vegane Aufstriche); hoher Anteil an Rohkost und Salaten; Leitungswasser als Getränk.

212 Schmid/Hertel (2021).

Mengenkalkulation und Resteverwertung, z. B. Empfehlungen im Rahmen allgemeiner Schulungen und Informationsbroschüren kommunizieren (auch im Gespräch mit dem Cateringunternehmen); Vorher überlegen, was hinterher mit Resten und Überschüssen passiert (Zusammenarbeit mit Tafeln, Foodsharing etc.); Zubereitung zu möglichst spätem Zeitpunkt; hohe Qualität der Speisen.

Planung und Gestaltung der Essensausgaben, z. B. „Vegetarisch ist das Essen Nr. 1" (in den Vordergrund stellen); Vielfalt im vegetarischen Essen abbilden; Angebote wie die App *Gläsernes Restaurant* und das Kochbuch der Nordkirche; Beschluss zu Tagungshaus-Kriterien des Kirchentagspräsidiums „Uns ist es wichtig, dass unsere Tagungsgäste nach den folgenden Grundsätzen versorgt werden: 1. …". Die Grundsätze und Anforderungen werden im Vorfeld in Form einer Broschüre versendet.

Klimafreundliche technische Ausrüstung, z. B. Schulungen für das Personal zur Nutzung der Ausrüstung; Einsatz von Geräten, die z. B. den Anforderungen des *Blauen Engels* entsprechen.

Klimafreundliche Materialien, z. B. Mehrwegsysteme; Verzicht auf Aluminium-Produkte; Recycling-Produkte (z. B. Servietten); Zusammenarbeit mit einem Geschirrverleih und darüber hinaus auch Spülmöglichkeiten.

Kommunikative Begleitinstrumente, z. B. Erfolgsmessung: Flipchart aufstellen: „Wie hat es Euch geschmeckt?"; Kommunizieren, wie viel Prozent sich für was entscheiden (bspw. 60 % der Helfer:innen entscheiden sich für vegetarisch oder fleischarm).

Mit der schrittweisen Umsetzung des KleVer-Konzeptes konnten statt der angestrebten 30 % CO_2e pro Mahlzeit 45,7 % CO_2e eingespart werden. Der Projektleiter hielt als Fazit fest, dass Saisonalität und Regionalität nicht überall möglich sind. Wichtig ist, dass die Zuliefer:innen mit einbezogen werden und in der Zusammenarbeit eine ausreichende Vorbereitungs- und Planungszeit einkalkuliert wird. Betont wird auch, dass über die Formulierung der Ausschreibungen Nachfrage erzeugt werden kann. Eine Zusammenarbeit mit Gesundheitsämtern und dem *Deutschen Hotel- und Gaststättenverband e. V.* (DEHOGA) wird empfohlen. Bei wiederkehrenden Veranstaltungen sind ein gutes Wissensmanagement und die interne Kommunikation angestrebter und erreichter Veränderungen wichtig.

Neben der Klimawirkung von Lebensmitteln spielt der Wasserverbrauch im Zuge des Anbaus und der Verarbeitung von Lebensmitteln eine zunehmend wichtige Rolle. Die Landwirtschaft ist mit knapp 70 % der jährlichen Wasserentnahme weltweit bei weitem die Branche mit dem höchsten Wasserverbrauch (→ Kapitel 11.1). Insbesondere tierische Produkte haben im Vergleich zu pflanzlichen Lebensmitteln einen hohen Wasserfußabdruck. Der Wasserfußabdruck ist ein Indikator für die Nutzung der Ressource Wasser. Als Konzept beschreiben der **grüne und der blaue Wasserfußabdruck** quantitative Aspekte, der **graue Wasserfußabdruck** stellt einen Indikator für die Wasserqualität dar.[213] Es wird zudem zwischen direktem und indirektem Wasserverbrauch unterschieden. Direkt verbrauchen wir Wasser z. B. beim Spülen oder Duschen. Der Wasserfußabdruck gibt aber auch Aufschluss darüber, wie viel indirektes bzw. virtuelles Wasser wir verbrauchen. Virtuelles Wasser ist die Gesamtmenge an Wasser, die z. B. während des Herstellungsprozesses landwirtschaftlicher Produkte an einem Ort verbraucht und dort somit nicht mehr für andere Zwecke verfügbar ist – weil es entweder verschmutzt wurde oder verdunstet ist. Direkt verbrauchen wir also „nur" ca. 250 ml Wasser, wenn wir eine Tasse Kaffee aufkochen; indirekt hat Kaffee hingegen den zweitgrößten Anteil am gesamten landwirtschaftlichen Wasserfußabdruck Deutschlands. Das Wasser wird somit nicht vor Ort, sondern in den Anbauländern, insbesondere für die Bewässerung, benötigt.[214]

Eine Orientierung an **Kennzeichnungen und Siegeln**, die für Umweltschutz, Nachhaltigkeit und Fairness stehen, ist bei der Auswahl von Produkten hilfreich (→ Kapitel 12.4.4). Dazu zählen Produkte aus ökologischem Landbau (z. B. EU-Bio-Logo oder Kennzeichen der ökologischen Anbauverbände, wie z. B. *demeter* oder *Bioland*), fair gehandelte Produkte (z. B. *Fairtrade*, *GEPA*) oder Kennzeichen für bestimmte Produktgruppen, wie Fisch, Wein oder Kaffee (z. B. *MSC*-zertifizierter Fisch).

Grundsätzlich ist **veganes und vegetarisches Catering** empfehlenswert, also ein Catering, das keine oder nur wenig tierische Produkte,

213 UBA (2018).
214 Keil (2013).

sondern vorwiegend pflanzliche Lebensmittel im Speiseangebot enthält (siehe auch die Empfehlungen im Rahmen der *Planetary Health Diet* sowie die Empfehlungen der DGE). Bei einigen Veranstaltungen, insbesondere internationalen, wird Fleisch aus Gründen der Gastfreundschaft angeboten. Insofern Fleisch im Verpflegungsangebot vorgesehen ist, ist bevorzugt Fleisch mit Kennzeichen der ökologischen Anbauverbände zu wählen. Die Richtlinien der Öko-Anbauverbände haben strenge Anforderungen und hohe Tierwohlstandards (⟶ Tab. 8). Rinder mit *demeter*-Siegel dürfen z. B. nicht enthornt werden, die höchstzulässige Anzahl an Tieren je Hektar bei Geflügel ist bei *Biokreis*, *Bioland*, *demeter* und *Naturland* statt 230 Legehennen und 580 Masthühner auf 140 Legehennen und 280 Masthühner begrenzt. Auch Eier sollten mindestens aus Freilandhaltung bestenfalls aus ökologischer Haltung stammen.[215]

	EU-Bio-Siegel	**Bioland, Naturland, demeter, Biokreis**
höchstzulässige Anzahl Tiere je Hektar	230 Legehennen, 580 Masthühner	140 Legehennen, 280 Masthühner

Tabelle 8: Kennzeichen im Vergleich am Beispiel der höchstzulässigen Anzahl an Tieren je Hektar für Geflügel (in Anlehnung an Ökolandbau 2020)

Bei der Auswahl von Fisch und Fischprodukten ist besonders darauf zu achten, dass keine Produkte aus gefährdeten Beständen gewählt werden, denn zahlreiche Fischbestände sind überfischt.[216] Zwar sollte daher auf Kennzeichen auch für zertifizierten Fisch geachtet werden. Doch selbst hier stammen mittlerweile fast zwei Drittel aus zu kleinen Fischbeständen, werden zu intensiv oder mit nicht-nachhaltigen Methoden befischt.[217] Schließlich kann darauf geachtet werden, dass keine bedenklichen Lebensmittel, wie z. B. Gänsestopfleber, Kaviar, Hau oder Blauflossenthunfisch angeboten werden.

215 Ökolandbau (2020).
216 Pauly/Zeller (2016); Froese et al. (2020)
217 Opitz et al. (2016).

Beispiel | Produktauswahl und Beschaffung, Deutsches Studierendenwerk

Tagtäglich besuchen mehr als 400.000 Gäste die hochschulgastronomischen Einrichtungen der Studierendenwerke. Das Deutsche Studierendenwerk hat folgende neun Einkaufsrichtlinien für einen nachhaltigen Lebensmitteleinkauf verabschiedet:[218]

- Bevorzugung regional und saisonal hergestellter Produkte;
- Einkauf von Produkten aus ökologischer Erzeugung;
- Fleisch und Geflügel bevorzugt aus artgerechter Tierhaltung;
- Fisch bevorzugt aus Bestand schonender Fischerei;
- Bevorzugung von Produkten aus fairem Handel;
- keine kennzeichnungspflichtig gentechnisch veränderten Produkte;
- kein Fleisch von geklonten Tieren;
- möglichst keine deklarationspflichtigen Zusatzstoffe;
- bei Auftragsvergabe bevorzugt Mehrwegverpackungen und Mehrwegsysteme bzw. sortenreine Verpackungen.

12.3.3 Ressourcenschonende Produktion

Bei der Produktion der Speisen spielt der Energie- und Wasserverbrauch eine große Rolle. Energie wird zum Zubereiten, Kühlen und ggf. zum Warmhalten von Zutaten und Speisen benötigt. In Küchen wird die meiste Energie für folgende Bereiche verbraucht:[219]

- Lagerung (Kühlung oder Tiefkühlung);
- Zubereitung (Kochen, Backen, Braten usw.);
- Warmhalten;
- Geschirr spülen;
- Lüftung;
- Heizung sowie Beleuchtung, wenn der Speisesaal mitberücksichtigt wird.

218 Deutsches Studierendenwerk (2023).
219 NAHGAST (2021).

Der Bezug von Ökostrom des Cateringunternehmens (insbesondere für die Küchen, Spülmöglichkeiten etc.) sowie die Infrastruktur der Küche sind ausschlaggebend für eine ressourcenschonende Produktion. Mindestens genauso wichtig ist die Produktionsplanung und das alltägliche energiesparende Handeln der Mitarbeiter:innen, wie z. B. das Kochen mit einem Deckel oder das sofortige Schließen der Türen beim Verlassen der Kühl- und Tiefkühlräume. Eine Checkliste des *NAHGAST*-Projektes mit Tipps und Tricks zum Energiesparen im Küchenalltag gibt Aufschluss über Maßnahmen **[OR-12.4]** 🔗 http://s.narr.digital/1i7ci.

Bei Veranstaltungen ohne feste Küche und Spülmöglichkeit sollte auch darauf geachtet werden, dass diese an Ökostrom oder selbsterzeugten Strom der Veranstaltung angeschlossen werden, um hier möglichst emissionsarm zu produzieren. Insbesondere auf den Einsatz fossiler Brennstoffe (z. B. Benzingeneratoren oder Propangasflaschen) sollte – nicht nur aus Gründen der Lärmbelastung – verzichtet werden. Stattdessen gibt es Möglichkeiten, z. B. einen Food Truck mittels Solarpanels auf dem Dach selbst zu versorgen. Für Spülmobile ist zudem auf einen Anschluss an feste Abwassersysteme zu achten und auf die Verwendung umweltfreundlicher Reinigungsmittel.

Neben dem Energie- und Wasserverbrauch verweist das *NAHGAST*-Projekt auch auf eine gesundheitsfördernde Produktion, die durch die Rezepturen bereits beeinflusst wird (z. B. Mengenangaben von Salz, Zucker und Öl), jedoch bei der tatsächlichen Zubereitung und Ausgabe auch entsprechend umgesetzt werden sollte.

12.3.4 Lebensmittel- und sonstige Abfälle

Lebensmittel- und Verpackungsabfälle entstehen insbesondere bei Veranstaltungscatering, wo ohne fest installierte Koch- und Kühlmöglichkeiten vor Ort gearbeitet wird.[220] Dabei wird dem Außer-Haus-Markt insgesamt das größte Potenzial bei der Vermeidung von Lebensmittelabfällen zugesprochen.[221]

Ein wesentlicher Ansatz zur **Vermeidung von Lebensmittelabfällen** ist das Angebot bedarfsgerechter Mengen von Speisen. Dafür können z. B. im Vorfeld, je nach Veranstaltungsart, die Essgewohnheiten der Veranstaltungsgäste abgefragt werden oder eine verbindliche Anmeldung der Gäste

220 Fink et al. (2016).
221 Schmidt et al. (2019).

zu den Mahlzeiten eingefordert werden. Bei der Kalkulation des Caterings ist ein Sicherheitszuschlag von bis zu 30 % üblich. Es kann geprüft werden, ob eine Reduzierung des Sicherheitszuschlags z. B. auf 10–20 % möglich ist. Auch die weitere Verwertung von möglichen Resten (z. B. Fruchtsoße aus Fruchtsalat) oder die Verteilung von übrig gebliebenen Speisen an Gäste und Mitarbeitende oder an gemeinnützige Organisationen sollte frühzeitig mit eingeplant werden.

Die Weitergabe an gemeinnützige Organisationen, wie z. B. an Tafeln, ist unter geltenden Hygienevorschriften zugelassen. Lokale Projekte, wie Foodsharing, unterstützen die Verteilung von übrig gebliebenen Lebensmitteln und Speisen. Ein Leitfaden des BMEL für die Weitergabe von Lebensmitteln gibt Auskunft über rechtliche Aspekte.[222] Der Leitfaden zur „Vermeidung von Lebensmittelabfällen beim Catering" des UBA führt systematisch die wichtigsten Schritte zur Vermeidung von Lebensmittelabfällen auf.[223] Auch die Handlungsempfehlungen ausgehend vom „Dialog zur Vermeidung von Lebensmittelabfällen in der AHV" zeigen Maßnahmen zur Reduzierung von Lebensmittelabfällen in der Gastronomie auf, wobei nicht Eventcatering sondern Betriebsrestaurant, Hotellerie sowie Krankenhaus- und Seniorenverpflegung im Vordergrund stehen.[224] Grundsätzlich regeln die Hygienerichtlinien auch die Entsorgung von Lebensmittelabfällen in Küchen.

Die Vermeidung von Lebensmittelabfällen geht mit der Erfassung von Lebensmittelabfällen und Produktionsmengen einher. Dafür wird ein partizipatives Vorgehen, bei dem das gesamte Team eingebunden und ein kontinuierlicher Verbesserungsprozess eingeleitet werden kann, empfohlen. Im NAHGAST-Praxishandbuch finden sich unter „Entsorgung" Hinweise zur Organisation eines Beteiligungsprozesses, zu den Phasen der Analyse und Messung der Lebensmittelabfälle sowie zur Maßnahmenentwicklung.[225]

222 BMEL (2021b).
223 UBA (2016).
224 BLE (2021).
225 NAHGAST (2021).

Beispiel | Lebensmittelabfälle und sonstige Abfälle, Jahreskonferenz RNE

Auf der Jahreskonferenz des *RNE* werden folgende Maßnahmen zur Vermeidung von Lebensmittelabfällen getroffen **[OR-12.5]** http://s.narr.digital/jgv6c:

- Für die fachgerechte Entsorgung von Essensresten werden in der Küche Sammelbehälter bereitgestellt.
- Unverarbeitete Speisen spendet der das Cateringunternehmen gemeinnützigen Organisationen (z. B. *Berliner Tafel e. V.*) – sofern die Hygienevorschriften eingehalten werden.
- Zur Mitnahme von Essensresten vom Buffet werden den Gästen *Beste-Reste-Boxen* angeboten.

Statt Einweg sollten Mehrweggeschirr, Mehrwegbesteck und Gläser Verwendung finden. Seit Juli 2021 sind ohnehin zahlreiche Einwegplastikprodukte, wie z. B. To-go-Becher und Einweg-Verpackungen aus Styropor, in der EU verboten.[226] Neben Einwegbehältern müssen Cateringbetriebe, Lieferdienste und Restaurants ab 2023 auch Mehrwegbehälter für Essen und Getränke zum Mitnehmen anbieten. Mehrweg-Becher und Geschirr können während der Veranstaltung gekennzeichnet werden, so dass diese von der gleichen Person über den Veranstaltungstag hinweg wiederverwendet werden. Seit einigen Jahren gibt es auch einen wachsenden Markt an Anbietenden für Pfandsysteme.

Leitungswasser kann aufgrund der hohen Trinkwasserqualität in Deutschland grundsätzlich angeboten werden. Leitungswasser kann in Karaffen serviert werden und z. B. mit Früchten oder Kräutern verfeinert werden. Das regelmäßige Befüllen sowie zeitgerechte Abräumen und Spülen der Karaffen (idealerweise aus Glas) ist wichtig. Durch die Nutzung von Leitungswasser fallen weder Verpackungen an noch sind zusätzliche Transporte erforderlich, außerdem ist es eine preiswertere Variante.

226 Europäische Union (2019).

Beispiel | Nachhaltige Verpackungen, COP23 (Bonn)

Bei der *Weltklimakonferenz (COP23)* in Bonn 2017 wurden an alle Teilnehmer:innen persönliche Trinkflaschen herausgegeben. Diese waren an zahlreichen Wasserspendern wieder auffüllbar. Darüber hinaus können Verpackungen gewählt werden, durch die Abfälle vermieden oder verringert werden, wie beispielsweise:

- Fingerfood in essbaren Behältnissen;
- kompostierbares Geschirr, welches fachgerecht entsorgt und ggf. bepfandet wird;
- Verzicht auf den Einsatz von Kaffeekapseln;
- Verzicht auf Kaffee, Milch, Zucker und Tee in Einzelverpackungen;
- Einwegstrohhalme nur auf Nachfrage.

Menschen mit Behinderung sind ggf. auf Strohhalme angewiesen. Es ist daher keine Lösung, Strohhalme komplett aus dem Sortiment zu nehmen. Stattdessen kann auf Strohhalme aus nachwachsenden Rohstoffen zurückgegriffen und auf die sortenreine Entsorgung geachtet werden. Zudem können Besucher:innen schon bei der Ausgabe auf die Entsorgungsmöglichkeiten hingewiesen werden.

Die in diesem Kapitel behandelten Aspekte der Abfalltrennung und -entsorgung sind für eine nachhaltige Eventgastronomie spezifisch und bedeutsam. In → Kapitel 8.3.3 sind weitere Aspekte der Abfalltrennung und -entsorgung aufgeführt.

12.3.5 Ausgabe und Konsumverhalten

Bei der Ausgabe von Essen und Getränken kann bereits durch oben dargestellte Maßnahmen, wie z. B. der Wahl der Verpackung, auf das Nachhaltigkeitskonzept hingewiesen und für ein möglichst nachhaltiges Konsumverhalten sensibilisiert werden. Darüber hinaus können die Nachhaltigkeitsbemühungen der Veranstaltung noch bestärkt werden, indem z. B. nachhaltige Speisen am Buffet prominent platziert oder vegetarische und vegane Speisen als Hauptgericht bzw. preisgünstiger als Fleischgerichte angeboten werden. Beschreibende und ansprechende Namen, wie z. B. Spaghetti mit bunter Gemüsesoße à la nonna (statt Spaghetti mit Gemüsesoße), können die Wahl der nachhaltigsten Speise darüber hinaus fördern.[227] Die Beschriftung von Speisen, z. B. mit Informationen zu Allergenen und Inhaltsstoffen, kann auch Fehlgriffe und damit Lebensmittelverschwendung verringern.

Die Nachfrage in Richtung einer **nachhaltigen Lebensmittelwahl** kann mit Hilfe unterschiedlicher Maßnahmen, auch *Nudges* genannt, verändert werden. Um die Wirksamkeit von Maßnahmen herauszufinden, kann die Anzahl der verkauften nachhaltigsten Gerichte vor und nach der Änderung verglichen werden. Werden die nachhaltigsten Speisen nachher häufiger gewählt als vorher, war die Maßnahme wirksam. Die Wirksamkeit von drei Maßnahmen (1) Änderung der Ausgabeposition, (2) Änderung der Speiseplanposition und (3) beschreibende Namen wurde im NAHGAST-Projekt über den Zeitraum Herbst 2016 bis Frühjahr 2017 in drei Reallaboren (zwei Betriebskantinen, eine Krankenhauskantine, eine Schul- und eine Universitätskantine) getestet.[228] Ein deutlicher Anstieg der Wahl der nachhaltigsten Speise zeigt sich, wenn die nachhaltigste Speise an der besten und beliebtesten Ausgabeposition der Kantine angeboten wird. Die zwei anderen Maßnahmen zeigten keinen eindeutigen Effekt auf das Konsumverhalten der Kantinenbesucher:innen.

Schließlich sind **Größe bzw. Menge von Speisen** ausschlaggebend dafür, wie viel Gäste essen. Bedarfsgerechte Portionen belasten die Umwelt weniger und sind gesünder, denn insgesamt tendieren viele von uns dazu, mehr zu essen als verträglich bzw. notwendig wäre. Angemessene Portionsgrößen können sich an Richtlinien der DGE orientieren sowie das individuelle Empfinden der Gäste berücksichtigen. Wichtig ist, das Ausgabepersonal entsprechend zu schulen, z. B. hinsichtlich der Ausgabe kleinerer Mengen oder dem gezielten Nachlegen von Speisen. Das Personal sollte die wesentlichen Argumente für das nachhaltige Speisenangebot kennen und Auskunft über Allergene oder sozio-kulturelle Anforderungen (z. B. halal) geben können.

Weitere Informationen zu den Nachhaltigkeitskriterien auf z. B. Angebotstafeln oder Flyern können die Gäste und Besucher:innen aufklären und Bewusstsein z. B. für die Herkunft der Lebensmittel schaffen. Für die Auswahl einer nachhaltigen Speise können Labels und Kennzeichen eine Orientierungshilfe geben. Neben der Kommunikation von Produktlabels

227 NAHGAST (2021).
228 Ohlhausen et al. (2018).

(z. B. *Bioland, Fairtrade*) kann auch auf existierende Ansätze zurückgegriffen werden, die es ermöglichen, Nachhaltigkeitsbewertungen von Speisen durchzuführen und deren Ergebnisse abzubilden bzw. zu kommunizieren oder es können eigene Labels entwickelt werden.

Insgesamt ist das Catering ein zentrales Handlungsfeld, um Gäste und Besucher:innen einer Veranstaltung für das Nachhaltigkeitskonzept zu sensibilisieren und kommunikativ abzuholen (→ Kapitel 3.5). Unter Einsatz verschiedener Medien, wie z. B. Poster, Postkarten, Aufsteller oder Newsletter, können Hintergrundinformationen zu den verschiedenen Aspekten von Nachhaltigkeit beim Catering kommuniziert (z. B. die CO_2-Emissionen eines bestimmten Lebensmittels) und/oder Denkanregungen gegeben werden (z. B. „Wussten Sie, dass jede:r Deutsche etwa 85,2 kg Lebensmittel pro Jahr wegwirft?"). Erwünschtes Verhalten kann durch Verhaltenshinweise gefördert werden (z. B. „Mit einer kleineren Portion beim Mittagessen starten Sie fitter in den Nachmittag") und/oder aufgezeigt werden, wie sich andere Gäste verhalten (z. B. „80 % unserer Gäste haben sich bei einer ähnlichen Veranstaltung für das nachhaltige Gericht entschieden"). Schließlich können über den Einsatz diverser Medien Wünsche eingeholt und Kritik geäußert werden.

12.3.6 Catering-Dienstleistungsunternehmen

Arbeiten die Veranstalter:innen mit einem Catering-Dienstleistungsunternehmen zusammen, können Zertifizierungen die Auswahl von Anbieter:innen unterstützen. Dies betrifft:

- **Einhaltung der DGE-Qualitätsstandards:** Die DGE bietet für die Zertifizierung von Gästehäusern, Akademien, Tagungseinrichtungen usw. eine Inhouse-Checkliste zur Eigenkontrolle der Einhaltung der Qualitätsstandards an.[229] Diese wird bei der Auditierung vor Ort vom Auditor oder der Auditorin überprüft.
- **Bio-Zertifizierung von Unternehmen der AHV:** Die Gesellschaft für Ressourcenschutz (GfRS) bietet angepasste Kontrollkonzepte für die Eventgastronomie an.[230]

229 DGE (2019).
230 Neuendorff/Roehl (2007).

- **Systemaudits für das Nachhaltigkeitsmanagement:** Catering-Dienstleistungsunternehmen können Umwelt-/Nachhaltigkeitsmanagementsysteme implementieren, die z. B. nach der privatrechtlichen Norm ISO 14001 ff. oder EMAS zertifiziert werden können (→ Kapitel 2.3).

Beispiel | Nachhaltige Catering-Dienstleistungsunternehmen

„Im Rahmen der Einführung des Umweltmanagements nach EMAS wurden wir als erstes Berliner Eventcatering Unternehmen ISO 14001 zertifiziert und haben eine Registrierung im Europäischen Eco-Management and Audit Scheme (EMAS) erhalten. Zusätzlich können wir uns auch seit ein paar Wochen nun offiziell als klimaneutral bezeichnen! Heißt: Wir als Unternehmen und all unsere Produkte sind klimaneutral. Über unser ClimatePartner-Label mit ID-Nummer: 16697-2108-1001 können unsere Kunden also ab jetzt nachvollziehen, wie und wo der CO_2-Ausgleich stattgefunden hat." erläutert der Geschäftsführer von *Berlin Cuisine*, Max Jensen im Interview mit dem Online Magazin. **[OR-12.6]** 🔗 http://s.narr.digital/ujno5

12.4 Rechtliche Aspekte, Labels und Zertifizierung

12.4.1 Das Verpackungsgesetz und Einwegplastikverbot

Der zunehmende Außer-Haus Konsum von Lebensmitteln sowie die Lieferung von Essen geht mit einem erhöhten Verpackungsabfall einher. Laut dem UBA stieg die Menge an Kunststoffabfällen in Deutschland zwischen 2015 und 2017 um 3,9 % auf 6,15 Mio. Tonnen. Seit Juli 2021 sind zahlreiche Einwegplastikprodukte in der EU verboten.[231] Dazu gehören Trinkhalme, Einweg-Geschirr aus konventionellem Plastik und aus „Bioplastik", To-go-Becher und Einweg-Behälter aus Styropor. Grundlage bildet die Novelle des Verpackungsgesetzes, welches die EU-Vorschriften umsetzt.

231 s. Richtlinie (EU) 2019/904 des Europäischen Parlaments und des Rates vom 5. Juni 2019 über die Verringerung der Auswirkungen bestimmter Kunststoffprodukte auf die Umwelt.

- Das Gesetz über das Inverkehrbringen, die Rücknahme und die hochwertige Verwertung von Verpackungen (Verpackungsgesetz – VerpackG);
- Änderungen im Verpackungsgesetz ab Juli 2021 **[OR-12.7]** http://s.narr.digital/7kxm5;
- Fragen und Antworten zum Verpackungsgesetz **[OR-12.8]** http://s.narr.digital/fdmbz.

12.4.2 Hygiene und Deklarationspflichten

Die Hygienerichtlinien sind in der EU-Lebensmittelhygiene-Verordnung (VO 852/2004) klar definiert. Für Deutschland sind die Anforderungen an die Hygiene beim Herstellen, Behandeln und Inverkehrbringen von Lebensmitteln im Rahmen der Lebensmittelhygiene-Verordnung (LMHV) festgehalten.[232] Die LMHV legt hygienische Mindestanforderungen im Umgang mit Lebensmitteln fest. Ein Bestandteil ist die Gewährleistung eines betrieblichen Eigenkontrollsystems in Anlehnung an HACCP (*Hazard Analysis Critical Control Point*) um Gesundheitsgefahren zu vermeiden. Darüber hinaus sind Betriebe zur Qualitätssicherung und zur regelmäßigen Schulung der Mitarbeiter:innen verpflichtet. Für die Schulung liefert die DIN 10514 „Lebensmittelhygiene-Lebensmittelschulung" Vorgaben über die Inhalte. Darüber hinaus gibt es EU-weit eine einheitliche Lebensmittel-Kennzeichnungspflicht. Die Grundlage dafür bildet die Lebensmittel-Informationsverordnung (LMIV).[233] Für Gastronomie und Catering sind vor allem deklarationspflichtige Allergene und Zusatzstoffe relevant.

12.4.3 Bio-Zertifizierung von Veranstaltungen

Mit Blick auf das gastronomische Angebot bei Veranstaltungen ist die Durchführung des Kontrollverfahrens nach EG-Öko-Verordnung bei Eventveranstaltungen in der Öko-Gastronomie möglich[234] (nicht zu verwechseln mit der EG-Öko-Audit-Verordnung EMAS, → Kapitel 2.3). Das heißt, um Bio auf der Speisekarte deklarieren zu dürfen, muss entweder der Catering-

232 Bundesministerium der Justiz und Verbraucherschutz/Bundesamt für Justiz (2007).

233 s. VERORDNUNG (EU) Nr. 1169/2011 DES EUROPÄISCHEN PARLAMENTS UND DES RATES

234 Neuendorff/Roehl (2007).

betrieb als zertifizierter Betrieb am Kontrollsystem teilnehmen oder das verwendete Gericht bzw. die Komponenten sind gemäß den Bestimmungen der EU-Rechtsvorschriften hergestellt und zertifiziert.

Cateringbetriebe, die Bio-Produkte einsetzen und ausloben wollen, sind verpflichtet, am Öko-Kontrollverfahren teilzunehmen. Dann kann das europäische bzw. das deutsche Bio-Siegel verwendet werden, wobei darauf geachtet werden muss, dass das Bio-Siegel nicht irreführend eingesetzt wird. Das Bio-Siegel muss daher immer in unmittelbarer Nähe zu den Gerichten oder Komponenten angegeben werden. Folgende Bio-Einsätze und Auslobungen sind möglich:

- Bio-Speise (ein komplettes Gericht), z. B. Bio-Lasagne;
- Bio-Komponente, z. B. Biobratkartoffeln;
- Bio-Zutaten (Austausch einzelner Rohstoffe).

Darüber hinaus muss die Codenummer der Kontrollstelle ausgewiesen werden. Dann erst ist die Verwendung von Begriffen wie „bio“, „öko“ oder „aus kontrolliert biologischem Anbau“ erlaubt.

Beispiel | Bio-Zertifizierung von Veranstaltungen

Die Festivalgastronomie des *Tollwood Festivals* ist seit 2003 bio-zertifiziert. Das Festival findet zweimal im Jahr mit insgesamt 55 Festivaltagen statt. Die Festivalgastronomie arbeitet mit über 50 Gastronomiebetrieben zusammen, die über 1,3 Mio Gerichte ausgeben (zwischen 30.000 und 60.000 pro Tag). Von Beginn an hat das Festival ein Signal an den Markt gesendet und dieser hat darauf reagiert. Mittlerweile ist die Gastronomie nahezu 100 % bio-regional. Zentral ist eine kontinuierliche und langfristige Zusammenarbeit mit regionalen Händlern. Nur im Getränke- und Gewürzsegment kann der Markt nicht zu 100 % die Nachfrage bedienen. Auf der Informationsseite des Festivals zur Bewerbung für Gastronom:innen wird als Voraussetzung für das Betreiben eines Gastronomie-Standes auf dem Festival eine **Bio-Zertifizierung des Betriebes** und eine grundsätzliche Verwendung von zertifizierten Bio-Lebensmitteln sowie fair gehandelten Produkten (Bananen, Zucker, Kaffee, Tee, Kakao, Reis und Wein) genannt. Für den Zertifizierungs- und Kontrollprozess arbeitet das Tollwood Festival mit einer offiziellen Öko-Kontrollstelle zusammen. Die Gastronomiebetriebe können sich aber auch selbstständig zertifizieren lassen. Zur Unterstützung der Gastronomiebetriebe hat das *Tollwood* eine eigene Gastronomieleitung sowie eine Mitarbeiter:innenstelle für das Qualitätsmanagement. Diese unterstützen die Gastronomiestände bei der Einhaltung der Anforderungen an ein nachhaltiges Catering. Bei den *Futur 2 Nachhaltigkeits-Talks* des Vereins *Green Events* stellte Daniela Schmid das *Tollwood Festival* und insbesondere die oben zusammen gefassten Schwerpunkte vor.[235] **[OR-12.9]** http://s.narr.digital/2m8qh

Auch in Bezug auf die zeitliche Dauer einer Zertifizierung kann unterschieden werden. Entweder ist die Gastronomie bereits bio-zertifiziert oder sie lässt sich für eine bestimmte Veranstaltung tage- oder wochenweise zertifizieren. Wobei eine tagesabhängige Umstellung nur bedingt ihren Zweck erfüllt, wenn stattdessen an den anderen Tagen weiterhin konventionelle Lebensmittel verwendet werden. Die Nachfrage seitens der Veranstalter:innen kann, wie das Beispiel *Tollwood Festival* zeigt, Gastronomiebetriebe anregen, sich zertifizieren zu lassen und das Angebot von bio-zertifizierten Produkten zu erhöhen. Das Informationsportal oekolandbau.de **[OR-12.10]** http://s.narr.digital/klj2b klärt über die Möglichkeiten der Bio-Zertifizierung in der Außer-Haus-Verpflegung auf. Die neue Bio-AHV-Verordnung (Bio-AHVV), die voraussichtlich im Herbst 2023 in Kraft tritt, sieht dafür ein dreistufiges Modell vor:

- Bronze für Bio-Anteile ab 20 Prozent,
- Silber ab 50 Prozent und
- Gold ab 90 Prozent.

Je nach Größe, Unternehmensstruktur und Art des Bioeinsatzes kostet die Bio-Zertifizierung zwischen 200 und 800 Euro. Zusätzlich zur EU-Bio-Zertifizierung können auch privatrechtliche Standards ausgelobt werden. Öko-Anbauverbände, wie *Biokreis*, *Bioland*, *demeter* und *Naturland*, haben dafür eigene Richtlinien und Konzepte entwickelt.

Im nachfolgenden Kapitel werden die einzelnen Kennzeichnungen, Pflichtkennzeichnungen (gesetzlich geregelt) sowie freiwillige Kennzeichnungen bzw. Labels privatrechtlicher Akteure aufgeführt.

235 Schmid/Hertel (2021).

12.4.4 Kennzeichnungen und Labels

Nachweise wie Labels und Zertifizierungen können als Auswahlhilfe herangezogen werden und Hinweise auf soziale und ökologische Kriterien geben.[236] Für die Produktgruppe Lebensmittel gibt es verschiedene Siegel. Neben den Onlineportalen *Siegelklarheit* **[OR-12.11]** 🔗 http://s.narr.digital/hwb0n und *Label-Online* **[OR-12.12]** 🔗 http://s.narr.digital/9m29k stellt für die die angesprochene Produktgruppe insbesondere das Informationsportal *Ökolandbau* **[OR-12.13]** 🔗 http://s.narr.digital/luba7 eine Übersicht dar. Grundsätzlich lassen sich zwei Arten von Kennzeichnungen unterscheiden:[237]

1. obligatorische Produktkennzeichnungen (Pflichtkennzeichen), wie z. B. das gesetzlich geregelte EU-Bio-Siegel;
2. freiwillige Produktkennzeichnungen (*Labelling*).

Die EG-Öko-Verordnung (EU) 2018/848 regelt, wann sich ein Lebensmittel Bio oder Öko nennen darf (Pflichtkennzeichnung). Das EU-Bio-Siegel und das dem EU-Siegel gleichgestellte staatlich deutsche Bio-Siegel kennzeichnen Produkte aus kontrolliert biologischem Anbau (kbA):

EU-Bio-Siegel	staatliche Bio-Siegel (Deutschland)
	Bio nach EG-Öko-Verordnung
Die Kennzeichnung vorverpackter Bio-Lebensmittel mit dem EU-Bio-Siegel ist seit dem 1. Juli 2012 verbindlich vorgeschrieben. Unternehmen können das Siegel verwenden, wenn sie durch eine Kontrollstelle gemäß den EU-Rechtsvorschriften für den ökologischen Landbau zertifiziert wurden.	Das Bio-Siegel wurde im Jahr 2001 vom Bundesministerium für Ernährung und Landwirtschaft (BMEL) eingeführt und kann zusätzlich zum EU-Bio-Logo verwendet werden.

Abb. 34: Die Pflichtkennzeichen der EG-Öko-Verordnung

236 Wall/Behr (2010); Lamberti et al. (2009)

237 Hermann et al. (2013).

Aus dem Bereich der freiwilligen Produktkennzeichnung sind insbesondere die Bio-Kennzeichen der ökologischen Anbauverbände zu nennen, die über die Vorgaben der EU-Öko-Verordnung hinausgehen und sich für eine verantwortungsvolle Land- und Lebensmittelwirtschaft einsetzen. Darüber hinaus gibt es verschiedene Kennzeichen für spezielle Produktuntergruppen, wie Fisch, Kaffee oder Wein sowie Kennzeichen, die die Fairness entlang der Lieferkette kennzeichnen.

Die Markenzeichen der Anbauverbände des ökologischen Landbaus sowie weitere Gütezeichen erfüllen die Mindeststandards der EU-ÖKO-Verordnung und gehen in vielen Punkten deutlich darüber hinaus. Dazu zählen folgende Zeichen:

demeter	Gäa e. V.	Bioland
Naturland	Biokreis-Siegel	Biokreis – regional & fair
Biopark	Ecoland	Verbund Ökohöfe
Biozyklisch-Veganer Anbau	EcoVeg	

Abb. 35: Markenzeichen der Anbauverbände und weitere Gütezeichen des ökologischen Landbaus

Folgende Siegel stehen für Fairness entlang der Lieferkette:

Fair For Life Programme	FairChoice	Naturland Fair – Lebensmittel
Fairtrade	**Gepa fair+**	**Rainforest Alliance**

Abb. 36: Siegel, die für Fairness entlang der Lieferkette stehen

Folgende Siegel stehen für bestimmte Produktgruppen, wie Kaffee, Wein, Zucker und Palmöl:

Roundtable on Sustainable Palm Oil (Palmöl)	Ecovin (Wein)	Bonsucro (Zucker)	4C – Common Code for the Coffee Community (Kaffee)

Abb. 37: Siegel, die für bestimmte Produktgruppen stehen

Folgende Siegel stehen für Fisch aus nachhaltiger Fischerei:

Aquaculture Stewardship Council (Fisch)	Naturland – Wildfisch (Fisch)	Marine Stewardship Council (Fisch)

Abb. 38: Siegel, die für Fisch aus nachhaltiger Fischerei stehen

Praxishandbücher für die AHV und betriebliche Nachhaltigkeit sowie Leitfäden zur Vermeidung von Lebensmittelabfällen und abfallarmen Catering geben Aufschluss über die Umsetzung eines nachhaltigen Caterings. CO_2-Rechner und andere Analysetools können dabei unterstützen, die Auswirkungen der Gerichte auf Klima und im Sinne der Nachhaltigkeit zu berechnen. Weitere Anwendungen und Anregungen zeigen beispielhaft weitere Umsetzungsmöglichkeiten auf. Schließlich unterstützen Netzwerke und Organisationen den Wandel zu einer nachhaltigen Ernährung, von denen einige in den Onlineressourcen beispielhaft aufgeführt werden.

12.5 Zusammenfassung

In diesem Kapitel stand der Zusammenhang zwischen Nachhaltigkeit und Ernährung im Vordergrund. Neben dem Einfluss unseres Landwirtschafts- und Ernährungssystems auf eine nachhaltige Entwicklung, wurden Grundsätze und Empfehlungen für eine nachhaltige Ernährung vorgestellt. Schließlich wurde eine kurze Kategorisierung des Außer-Haus-Marktes vorgenommen, um das Eventcatering einordnen zu können.

Ansätze zur Planung und Umsetzung eines nachhaltigen Eventcaterings wurden in diesem Kapitel entlang von sechs Handlungsbereichen erläutert:

- Speiseplanung;
- Produktauswahl und Beschaffung;
- ressourcenschonende Produktion;

- Lebensmittelabfälle und sonstige Abfälle;
- Ausgabe und Konsumverhalten;
- Catering-Dienstleistungsunternehmen.

Abschließend wurden rechtliche Aspekte einer nachhaltigen öffentlichen Beschaffung, das Verpackungsgesetz sowie Hygiene- und Deklarationspflichten betrachtet und die Möglichkeiten einer Bio-Zertifizierung von Veranstaltungen sowie Kennzeichnungen und Labels für Produkte aus biologischem Anbau, fairer Produktion und nachhaltigen Bedingungen dargestellt. Praktisch abgerundet wurde das Thema „Catering" mit einem Überblick zu Werkzeugen, wie Leitfäden zur Vermeidung von Lebensmittelverschwendung und digitalen Tools zur Nachhaltigkeitsbewertung von Speisen sowie Praxisakteuren, die sich in Politik und Gesellschaft für eine nachhaltige Ernährung im weiteren Sinne und für nachhaltiges Catering im engeren Sinne einsetzen.

12.6 Reflexionsfragen

1. Inwiefern beeinflusst eine nicht-nachhaltige Ernährung Mensch und Umwelt?
2. Wie unterscheiden sich die Empfehlungen der DGE von der *Planetary Health Diet?*
3. Recherchieren Sie nach Beispielen für nachhaltiges Catering bei Veranstaltungen. Stellen Sie Überlegungen dazu an, welche Maßnahmen sich leicht umsetzen lassen und wo umfassendere, strukturelle Veränderungen notwendig sind. Welche wesentlichen Maßnahmen wurden z. B. bei der Produktauswahl und Beschaffung beachtet?
4. Was ist nachhaltige öffentliche Beschaffung und welche Möglichkeiten gibt es in diesem Zusammenhang für Cateringdienstleistungen? Wo liegen Herausforderungen und Probleme?
5. Welche Maßnahmen trifft die Politik bereits für eine nachhaltige AHV, insbesondere für das Catering von Veranstaltungen? Wo sehen Sie Nachholbedarf?

13 Inklusion, Sicherheit und Unternehmenskultur

Die Lernfragen zu diesem Kapitel finden Sie unter:
https://narr.kwaest.io/s/1191

Werden Veranstaltungen unter Nachhaltigkeitsaspekten und für eine nachhaltige Entwicklung ausgerichtet, so sind neben ökologischen auch soziale Aspekte zu beachten. Oftmals ist dabei von **Barrierefreiheit** die Rede, welche z. B. den Zugang für Menschen mit Beeinträchtigungen zu einer Veranstaltung umfasst oder Familien mit Kindern die Teilnahme an einer Veranstaltung ermöglicht. In den letzten Jahren hat sich das Handlungsfeld jedoch stark weiterentwickelt. Laut Hoffmann-Wagner (2020) sind nachhaltige Events ohne Inklusion, also die Teilhabe aller und der daraus resultierenden Barrierefreiheit, nicht mehr denkbar. Neben Inklusion und Barrierefreiheit werden in diesem Kapitel auch unterschiedliche Anforderungen an Gesundheit und Sicherheit sowie an die Organisationskultur und Zusammenarbeit betrachtet. Letztere werden häufig mit gesellschaftlicher Verantwortung oder auch der *Corporate Social Responsibility* (CSR) in Verbindung gebracht (→ Kapitel 2.1).

13.1 Inklusion und Barrierefreiheit

Mit 9,4 % entspricht die Anzahl der Schwerbehinderten in 2022 knapp einem Zehntel der deutschen Bevölkerung.[238] Bis zum Jahr 2009, als in Deutschland die UN-Behindertenrechtskonvention in Kraft trat, wurden Menschen mit Behinderung nicht ausreichend vor Diskriminierung und Ausgrenzung geschützt. Barrierefreie Veranstaltungen waren eine Seltenheit und eine Teilnahme beeinträchtigter Personen an Events oftmals ausgeschlossen. Mit der neuen Gesetzgebung wird der ehemals integrative durch einen inklusiven Ansatz abgelöst, der mitunter das Recht auf Teilhabe am kulturellen Leben sicherstellen soll.[239]

238 Statistisches Bundesamt (2022).
239 Bundeministerium für Arbeit und Soziales (2023).

> **Inklusion** bedeutet, dass jeder Mensch ganz natürlich dazu gehört, egal wie er aussiehst, welche Sprache er spricht, wie alt er ist oder ob er eine Behinderung hat.[240]

Für Veranstaltungen bedeutet dies, dass sich nicht die Teilnehmer:innen mit Behinderung an eine Veranstaltung anpassen müssen (Integration), sondern dass Veranstaltungen so konzipiert sind, dass alle Menschen, mit oder ohne Behinderung, daran teilnehmen können (Inklusion). Ist dies nicht gegeben, dann kann es zur Exklusion von Menschen kommen. Die → Abb. 40 veranschaulicht den Unterschied zwischen Inklusion, Integration und Exklusion.

Tipp

Hoffmann-Wagner, Kerstin; Jostes, Gudrun (2021): Barrierefreie Events. Grundlagen und praktische Tipps zur Planung und Durchführung. Wiesbaden, Heidelberg: Springer Gabler.

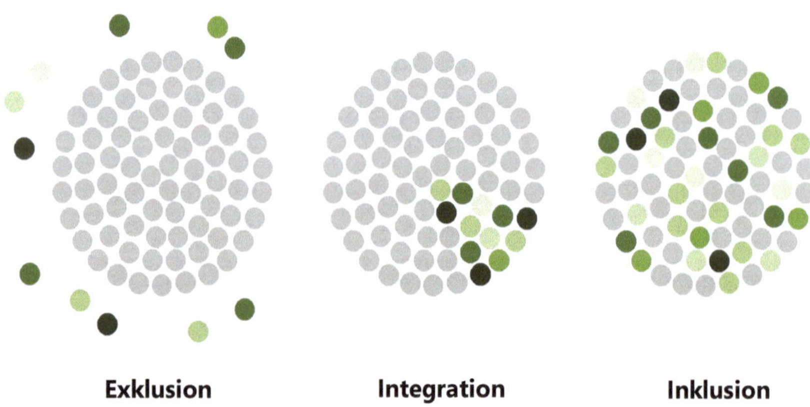

Abb. 39: Unterschied zwischen Exklusion, Integration und Inklusion (in Anlehnung an Aktion Mensch 2023)

Wie die Definition von Inklusion erkennen lässt, gilt diese nicht nur für beeinträchtigte Menschen. Übertragen auf den Veranstaltungssektor bedeutet

240 Aktion Mensch (2023).

dies, dass Personen jeglichen Alters, jeglicher Kultur, jeglichen Geschlechts und jeglichen Aussehens die Teilnahme an einer Veranstaltung ermöglicht werden muss. Beispielhaft kann hier auf den demographischen Wandel und der damit einhergehenden alternden Gesellschaft hingewiesen werden, die sich überwiegend als aktiv und bunt charakterisiert. Ihre Bedürfnisse unterscheiden sich zu denen einer jüngeren Zielgruppe und erfordern ebenso Beachtung bei der Konzeption von Events.

Eine inklusive Veranstaltungsplanung lässt sich in der Praxis mitunter durch eine barrierefreie Gestaltung umsetzen. **Barrierefreiheit** ist dabei nach dem Behindertengleichstellungsgesetz §4 geregelt.

> „**Barrierefrei** sind bauliche und sonstige Anlagen, Verkehrsmittel, technische Gebrauchsgegenstände, Systeme der Informationsverarbeitung, akustische und visuelle Informationsquellen und Kommunikationseinrichtungen sowie andere gestaltete Lebensbereiche, wenn sie für behinderte Menschen in der allgemein üblichen Weise, ohne besondere Erschwernis und grundsätzlich ohne fremde Hilfe zugänglich und nutzbar sind." (Behindertengleichstellungsgesetz § 4)

Unter Anbetracht diverser Zielgruppen und damit einhergehender unterschiedlicher Bedarfe ergeben sich für eine inklusive und barrierefreie Veranstaltung die folgenden Anforderungen:

1. Zugänglichkeit für unterschiedliche Zielgruppen;
2. Barrierefreiheit am Veranstaltungsort;
3. Barrierefreiheit in der Kommunikation und Programmplanung.

Der **Zugang unterschiedlicher Zielgruppen** zu einer Veranstaltung bedarf einer antidiskriminierenden und inklusiven Gestaltung. Alle Teilnehmer:innen sollen sich durch eine gendergerechte und antidiskriminierende Sprache angesprochen fühlen. Beschilderungen werden z. B. mit wiederkehrenden Piktogrammen versehen. Zudem sind Sanitäreinrichtungen entsprechend gestaltet und verfügen über barrierefreie und Uni-Sex Toiletten sowie Wickelmöglichkeiten. Teilnehmer:innen mit Behinderung ist es möglich alle eventbezogenen Strukturen zu erreichen. Dies schließt eine zentrale Ortslage und barrierefreie Erreichbarkeit des Veranstaltungsorts mit öffentlichen Verkehrsmitteln, ausreichend Behindertenparkplätze im Nahbereich der Eingänge, sowie den uneingeschränkten Einsatz von Assistenzhunden auf dem Veranstaltungsgelände mit ein. Barrierefreie Installationen aber auch Hindernisse am Veranstaltungsort werden vorab angekündigt. Zudem kann der Bedarf an Unterstützung bereits mit der Einladung zu einer Veranstaltung abgefragt werden. Während der Veranstaltung stehen integrierte Plätze für Menschen mit Beeinträchtigung sowie weitere Unterstützungsangebote zur Verfügung. Um die Teilnahme an einer Veranstaltung auch finanziell eingeschränkten Gästen zu ermöglichen, bedarf es entsprechender Vorüberlegungen bzgl. konkreter Maßnahmen. Veranstaltungen können beispielsweise kostenfrei angeboten werden oder solidarische Preismodelle verfolgen, wie z. B. Solitickets, flexible oder gestaffelte Eintrittspreise sowie Patenschaften für Tickets durch Privatpersonen oder Firmen.

Beispiel | HausDrei, Hamburg

Das Stadtteilkulturzentrum *HausDrei* in Hamburg Altona entschied sich für das Sommerprogramm 2022 für ein solidarisches Preissystem mit einer Staffelung von 2 EUR (Mini), 5 EUR (Midi) und 8 EUR (Maxi). Somit konnte jede Person den für sie jeweils möglichen Preis zahlen. Darüber hinaus wurde mit Kauf eines Maxi-Tickets einem anderen Menschen ermöglicht, auch mit wenig Geld am Kulturleben teilzunehmen. **[OR-13.1]** http://s.narr.digital/2wfsf

Barrierefreiheit am Veranstaltungsort bezieht sich zum einen auf bauliche Gegebenheiten der Eventlocation, zum anderen auf eine veranstaltungsspezifische Infrastruktur und Ausstattung. Ersteres ist gesetzlich nach der Musterbauordnung (MBO) in § 50 Abs. 2 geregelt, wonach bauliche Anlagen, die öffentlich zugänglich sind, in den dem allgemeinen Besucher:innen und Benutzer:innen dienenden Teilen barrierefrei sein müssen[241]. Die MBO gilt als Vorlage für die Bauordnungen der Bundesländer und den länderbezogenen Verwaltungsvorschriften Technischer Baubestimmungen (VV TB) (→ Kapitel 10.2). Barrierefreies Bauen in öffentlichen Gebäuden ist in den VV TB in allen Bundesländern durch die DIN 18040-1 verankert. Diese stellt Mindestanforderungen und Maße zur Barrierefreiheit und regelt mitunter die barrierefreie Gestaltung von Wegen, Treppen, Türen, Aufzugsanlagen, Sanitäranlagen und Veranstaltungsräumen. Eine weitere Verordnung, welche Aspekte der Barrierefreiheit von Veranstaltungsorten regelt, ist die Versammlungsstättenverordnung (VStättVO). Wie bei der VV TB wird auch diese durch die einzelnen Bundesländer in Landesrecht umgesetzt und

241 Bauministerkonferenz (2020).

Anforderungen an die Barrierefreiheit können sich je nach Bundesland unterscheiden.

Wissen | DIN 18040 – Barrierefreies Bauen

Die Norm baut auf dem Behindertengleichstellungsgesetz (nach §4 BGG) auf. Ihr Ziel ist die Barrierefreiheit baulicher Anlagen, damit diese für beeinträchtigte Menschen in der allgemein üblichen Weise, ohne besondere Erschwernis und grundsätzlich ohne fremde Hilfe zugänglich und nutzbar sind. Berücksichtigt werden Bedürfnisse von Menschen mit Seh- oder Hörbehinderung, mit motorischen Einschränkungen, die Mobilitätshilfen und Rollstühle benutzen, die großwüchsig oder kleinwüchsig sind, mit kognitiven Einschränkungen, ältere Menschen, Kinder, sowie Menschen mit Kinderwagen oder Gepäck.[242]

Für Veranstaltungsplanende ist es letztendlich wichtig, dass sie neben der Gesetzgebung des Bundeslandes, in welchem die Veranstaltung stattfindet, die DIN 18040-1 kennen und diese zur Auswahl einer barrierefreien Location hinzuziehen. Frühzeitige Überlegungen in der Anfangsphase der Veranstaltungsplanung sind wichtig, um Barrierefreiheit ganzheitlich und erfolgreich umsetzen zu können. Eine barrierefreie, veranstaltungsspezifische Infrastruktur wie z. B. die Ausstattung von Versammlungs-, Schulungs-, und Seminarräumen während einer Veranstaltung, findet sich teilweise auch in der DIN 18040-1 wieder. So sieht die Norm Maßnahmen für gehbehinderte Menschen bei der Bestuhlung von Räumlichkeiten vor (z. B. Platzbedarf, Bewegungsflächen, Ausstattungselemente). Für Menschen mit Hör- bzw. Sehbehinderung werden Angaben zur taktilen, optischen und akustischen Gestaltung und Ausstattung gemacht.

Folgende Siegel kennzeichnen barrierefreie Veranstaltungsorte:

- *EURECERT* – Das Gütesiegel des *Euregio Kompetenzzentrum für Barrierefreiheit e. V.* steht für barrierefreie Produkte, Objekte und Dienstleistungen.
- *Reisen für Alle* – Informations- und Bewertungssystem des *Deutschen Seminar für Tourismus Berlin e. V.* (DSFT) kennzeichnet neben barrierefreien touristischen Angeboten auch Aktivitäten aus Freizeit, Sport,

242 Deutsche Gesetzliche Unfallversicherung (2018).

Unterhaltung und Kultur. Dabei wird zwischen „Informationen zur Barrierefreiheit“ und „Barrierefreiheit geprüft“ unterschieden. Letzteres ist durch Piktogramme der betroffenen Personengruppen ergänzt (→ Abb. 41).

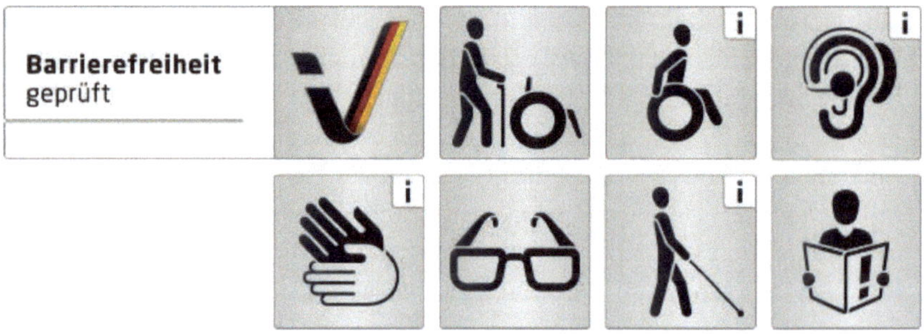

Abb. 40: Musterkennzeichnung „Barrierefreiheit geprüft“ veranschaulicht durch Piktogramme (Deutsches Seminar für Tourismus Berlin e. V. 2018)

Die folgende Liste gibt einen Überblick über die wesentlich zu beachtenden Maßnahmen bei der Planung einer barrierefreien Veranstaltungsinfrastruktur in Gebäuden sowie im Außenbereich bzw. auf Freiflächen:

Für Menschen im Rollstuhl/mit Gehbehinderung:

- geeignete Sitz- und Stellplätze mit ausreichend Bewegungsfläche für Rollstühle in Veranstaltungsräumen;
- bequem erreichbare Bedienelemente;
- Unterfahrmöglichkeiten bei Tischen, Waschbecken, Buffetpulten;
- niedrigere Tische bei Stehtischen;
- rollstuhlgängige WC-Anlagen;
- geeignete Fluchtwege;
- kurze Wege zwischen den Räumlichkeiten einer Veranstaltung;
- Sitzmöglichkeiten im Innen- sowie Außenbereich in regelmäßigen Abständen;
- sicherer Untergrund, z. B. kein Kiesel, unebenes Gelände, Gegenstände mit Rutschgefahr (z. B. Fußmatten);

Für Menschen mit Sehbehinderung:

- Vermeidung von Stolperfallen im Innen- sowie Außenbereich, z. B. offenliegende Wasserschläuche;

- kontrastreiche Wegeführung und Kennzeichnung von nicht vermeidbaren Hindernissen (z. B. Markierung von Stufenkanten, seitliche Abgrenzung von Zugangswegen);
- ausreichende Lichtquellen;
- gut erkennbare Leit- und Orientierungssysteme und -hilfen, z. B. ertastbare Bodenleitlinien, große, gut sichtbare und ertastbare Symbole und Aufschriften bei der Beschilderung (z. B. im Aufzug);
- verständliche akustische Informationen.

Für Menschen mit Hörbehinderung und Gehörlose:

- Bereitstellung geeigneter Höranlagen und -geräte;
- Bereitstellung von Gebärdendolmetscher:innen;
- Blinkanlagen für Gefahrenfälle und deren Erkennbarkeit.

Barrierefreiheit in der Kommunikation und Programmplanung erstreckt sich über alle Phasen eines nachhaltigen Eventmanagements. Grundsätzlich sind inklusive und antidiskriminierende Kommunikationsregeln für alle Kommunikationskanäle festzulegen. Alle an der Veranstaltung beteiligten Stakeholder sollten diese kennen und sie gewissenhaft umsetzen. Dokumente und Informationsmaterialien bedürfen einer barrierefreien Gestaltung. Dies umfasst angelehnt an die jeweilige Zielgruppe die Mehrsprachigkeit der Informationen sowie deren Bereitstellung in leichter Sprache oder Brailleschrift. Zudem ist auf Schrift- und Farbegestaltung zu achten, da Personen mit Sehbehinderung beispielsweise bestimmte Farben nur schwer erkennen können **[OR-13.2]** http://s.narr.digital/1jhbt. Auch die Lesbarkeit via Screenreader sollte gegeben sein. Sind die Materialien erst einmal erstellt, gilt es zu prüfen, auf welchem Weg sie ihre Zielgruppe erreichen.

Beispiel | Digitale vs. analoge Kommunikation

Bei der Kommunikation und den damit verbundenen Werbematerialien stellt sich aus Nachhaltigkeitsperspektive die Frage, was ressourcenschonender und zugleich auch inklusiv ist. Auch wenn E-Mails heute ein wichtiges Medium in der Kommunikation mit Gästen und weiteren Anspruchsgruppen sind, so sollen im Rahmen einer inklusiven Veranstaltungsorganisation auch Zielgruppen und Personen erreicht und miteingeschlossen werden, die digitale Medien nicht oder nur wenig nutzen. Je nach Veranstaltungsformat empfiehlt es sich daher, neben einer digitalen auch eine analoge Variante anzubieten.

Bei der **Programmgestaltung** sind ebenso **inklusive und diversitätssensible Aspekte** zu beachten:

- Schaffung von Angeboten für Familien mit Kindern, Senior:innen, Menschen mit Migrationshintergrund oder mit Behinderung;
- ethnische und geschlechtliche Diversität bei der Auswahl von Künstler:innen, Referent:innen und weiteren Personen mit aktiver Rolle, z. B. unterschiedliche Geschlechteridentitäten, marginalisierte Gruppen, Frauen;
- mehrsprachige Programmpunkte, ggf. mit Simultanübersetzung;
- Untertitelung/Audiodeskription von audiovisuellen Inhalten, ggf. Gebärdensprach- und Schriftverdolmetschung.

Gebärdensprachdolmetscher:innen sind z. B. über den Berufsverband professioneller Dolmetscher und Übersetzer in Deutschland gelistet **[OR-13.3]** http://s.narr.digital/9r32w. Schriftdolmetscher:innen findet man über den Bundesverband der Schriftdolmetscher Deutschlands **[OR-13.4]** http://s.narr.digital/r48jr. Wichtig ist, Dolmetscher:innen rechtzeitig anzufragen und zu buchen.

Beispiel | Live-Audiodeskription und simultane Übersetzung, Mecklenburgisches Staatstheater (Schwerin)

Im Laufe der Spielzeit bietet das *Mecklenburgische Staatstheater* regelmäßig zu ausgewählten Vorstellungen eine Live-Audiodeskription und simultane Übersetzung in die Deutsche Gebärdensprache an. Zudem stellt das Kulturhaus kabellose Empfänger, Kopfhörer sowie Induktionsschleifen für die Hörverstärkung für Menschen mit Hörbehinderung zur Verfügung. **[OR-13.5]** http://s.narr.digital/lbl0n

Wird eine Veranstaltung **hybrid** oder **ausschließlich online** geplant, ergeben sich für die technische Umsetzung weitere Anforderungen an die Barrierefreiheit (→ Kapitel 5.2):

- Die Website der Onlineveranstaltung sollte nach der Barrierefreie-Informationstechnik-Verordnung[243] und nach dem internationalen Standard zur barrierefreien Gestaltung von Internetangeboten[244] gestaltet sein und sich an den vier Prinzipien wahrnehmbar, bedienbar, verständlich und robust orientieren.
- Informationen, die über Onlinekanäle veröffentlicht und geteilt werden, sollten in unterschiedlichen Formen (Audio, Video, Text, einfache Sprache) vorliegen.
- Onlinetools wie Streaming- und Austauschplattformen sind barrierefrei zu gestalten.
- (Live-)Streams sollten über Untertitel und Audiodeskription verfügen und nach Bedarf eine Verdolmetschung erfolgen.
- Möglichkeiten der Interaktion für Onlineteilnehmer:innen sind z. B. über Chat-Funktion oder Videozuschaltung bereitzustellen.

Abschließend soll auf die Barrierefreiheit des Cateringangebots hingewiesen werden. Beispielsweise sollten keine Holzspieße oder anderen spitzen Gegenstände zum Einsatz kommen, da sie eine Verletzungsgefahr für sehbehinderte Menschen darstellen. Des Weiteren empfiehlt sich die Verwendung von kippsicheren Gläsern, sowie je nach Bedarf die Bereitstellung von Besteck (auch bei Fingerfood) und Trinkhalmen. Speiseangebote bei Allergien, Vegetarismus oder Veganismus sollten angeboten werden sowie Wasser für Blindenhunde.

13.2 Sicherheit und Gesundheit

Vergangene Unglücksfälle und Fehlmanagement bei Groß- und Kleinveranstaltungen (z. B. Loveparade-Tragödie) haben gezeigt, wie wichtig Sicherheit und Gesundheit für alle an der Veranstaltung beteiligten Akteur:innen sind. Denn jede Veranstaltung stellt auch ein potenzielles Risiko für die Besucher:innen und Mitarbeiter:innen dar. **Richtlinien und Gesetze** bieten Veranstaltungsplaner:innen einen rechtlichen Grundrahmen um Gesundheit und Sicherheit in der Praxis zu gewährleisten. Darüber hinaus können weitere **vorbeugende Maßnahmen** die Sicherheit einer Veranstaltung

243 BITV 2.0: Verordnung zur Schaffung barrierefreier Informationstechnik nach dem Behindertengleichstellungsgesetz

244 WCAG 2.1: Web Content Accessibility Guidelines

verbessern. Für einen Überblick über die wichtigsten Rechtsnormen wird zunächst nach den folgenden drei Veranstaltungsarten unterschieden:

- **Veranstaltungen in Gebäuden**, z. B. Seminarhäuser, Stadthallen, Gemeinderäume, Sportstadien, Diskotheken;
- **Open-Air-Veranstaltungen in Anlagen**, z. B. Outdoorfestivals auf einer eingezäunten offenen Fläche;
- **Veranstaltungen im öffentlichen Raum**, z. B. Park, Straße, größere Plätze.[245]

Die VStättVO, welche auch im Bereich der Barrierefreiheit Anwendung findet, ist insbesondere für Veranstaltungen in Gebäuden und Open-Air Veranstaltungen relevant, in Teilen gilt sie auch für Veranstaltungen im Freien[246]. Ziele der VStättVO sind der Schutz und sichere Aufenthalt aller Personen einer Veranstaltung, sowie deren sichere und schnelle Evakuierung im Gefahrenfall. Dies wird beispielsweise durch Rettungswege und Flächen für die Feuerwehr (§ 31) sowie einem Sicherheitskonzept[247] (§ 43) umgesetzt. Weitere gesetzliche Regelungen ergeben sich aus der Muster-Richtlinie für den Bau und Betrieb Fliegender Bauten, dem Brandschutz- bzw. Feuerwehrgesetze, Polizei-/Ordnungsbehördengesetze der Länder sowie dem Sprengstoffgesetz[248]. Für eine rechtskonforme Umsetzung der gesetzlichen Sicherheitsanforderungen legt die VStättVO (Abschnitt 4) verantwortliche Personen und besondere Betriebsvorschriften fest. Dazu gehört die Veranstaltungsleitung (§38) sowie Verantwortliche für die Veranstaltungstechnik (§39). Beide Personen gelten als Pflichtenträger und haben während der gesamten Veranstaltung Anwesenheitspflicht. Darüber hinaus gilt es, je nach Veranstaltungsart, eine Ordnungsdienstleitung (§43), eine:n Brandschutzbeauftragte:n (§42) sowie eine Brandsicherheitswache und einen Sanitäts- und Rettungsdienst (§41) über den Zeitraum der Veranstaltung hinzuzuziehen. Mitarbeiter:innen an der Veranstaltung kommen im Sinne der Sicherheit eine Mitwirkungspflicht zu[249]. Alle an der Veranstaltung

245 TÜV NORD AG (2021).

246 Betroffen sind Versammlungsstätten im Freien, welche über Szenenflächen und Tribünen verfügen, die keine Fliegenden Bauten sind und mehr als 1.000 Besucher:innen fassen.

247 Ein Sicherheitskonzept ist für Versammlungskonzepte mit mehr als 5.000 Besucherplätzen aufzustellen.

248 TÜV NORD AG (2021).

249 Fachkommission Bauaufsicht der Bauministerkonferenz (2014).

Mitwirkenden müssen über die Sicherheitslage ausreichend informiert sein. Beispielsweise über die Einberufung von Briefings vor der Veranstaltung, sowie die Verteilung von Handreichungen mit allen für die Veranstaltung wichtigen Sicherheitshinweisen.

Tipp | Erste-Hilfe-Kurs

Um sicher zu stellen, dass Mitarbeiter:innen in der Lage sind ihre Mitwirkungspflicht wahrzunehmen, bietet sich ein regelmäßiges Angebot betrieblicher Erste-Hilfe-Kurse an. Gemeinsam im Team werden unterschiedliche praktische Situationen geübt und der Ernstfall erprobt.

Ein weiterer wichtiger Aspekt im Sinne der Sicherheit und Gesundheit von Teilnehmer:innen und Mitwirkenden ist die Beachtung von Witterungseinflüssen und damit verbundenen Extremwetterereignissen. Dazu gehören Niederschläge wie Regen, Schnee und Hagel, Wind, Sonneneinstrahlung, Hitze, Kälte, Eis- und Schneeglätte sowie Gewitter.

Insbesondere für Veranstaltungen im Freien sind je nach Jahreszeit unterschiedliche Schutzmaßnahmen erforderlich, wie z. B. geeignete Kleidung, Schutzflächen und -räume bei Gewitter, Niederschlag, Kälte und Sonneneinstrahlung, ausreichende Flüssigkeitszufuhr und geeignete Sonnenschutzcremes bei Hitze und Aufbringen von Streusand im Winter. Zudem gilt es vorab festzulegen, ab wann eine Veranstaltung aufgrund der Wettersituation abzubrechen und zu evakuieren ist. Bei Großveranstaltungen ab 5.000 Besucherplätze ist dies im Sicherheitskonzept hinterlegt. Die hier erwähnten Maßnahmen stellen nur einen Teil des Arbeitsschutzes zur Gewährleistung der Sicherheit und Gesundheit von Mitwirkenden an einer Veranstaltung dar. Den rechtlichen Rahmen für grundlegende Pflichten der Arbeitgeber:innen sowie Rechte und Pflichten der Beschäftigten bildet das Arbeitsschutzgesetz (ArbSchG), welches durch eine Vielzahl von speziellen Gesetzen und Rechtsverordnungen ergänzt und konkretisiert wird.[250] Veranstalter:innen sollten sich ihrer rechtlichen Verantwortung bewusst sein und für eine betriebliche Arbeitsschutzorganisation sorgen.

---

250 Hierzu zählen mitunter das Arbeitssicherheitsgesetz (ASiG), die Arbeitsstättenverordnung (ArbStättV), das Arbeitszeitgesetz (ArbZG), Jugendarbeitsschutzgesetz (JArbSchG), Lärm- und Vibrations-Arbeitsschutzverordnung (LärmVibrationsArbSchV)

Tipp | Leitfaden zur Sicherheit bei Veranstaltungen

Der Leitfaden „Sicherheit bei Veranstaltungen und Produktionen" der Deutschen Gesetzlichen Unfallversicherung (DGUV) gibt einen Überblick über Informationen und Praxishilfen für die erfolgreiche und sicherheitsgerechte Organisation und Durchführung von Veranstaltungen und Produktionen. Er richtet sich an alle, die am Entstehungsprozess von Veranstaltungen und Produktionen beteiligt sind.[251]

Zu den vorbeugenden Maßnahmen einer nachhaltigen Veranstaltungsorganisation gehört die Bereitstellung sicherheits- und gesundheitsrelevanter Informationen für alle Teilnehmer:innen, z. B. zu vermeidbaren Gesundheitsrisiken wie Sonneneinstrahlung, Passivrauchen und der Konsum von Alkohol oder zur sich entwickelnden Wetterlage am Veranstaltungstag. Dies kann vorab über Websites, Social-Media und Pressemitteilungen, sowie am Veranstaltungstag selbst über Plakate, Durchsagen oder Mitarbeiter:innen organisiert werden. Des Weiteren können gesundheitliche Folgen durch Lärm, Rauch, Überreizung und unzureichende Hygiene durch Maßnahmen wie das Angebot von Gehörschutz, abgegrenzte Raucherbereiche, reizarme Ruhezonen und Möglichkeiten zum Händewaschen und zur Desinfektion vermieden werden. Zur Alkoholprävention ist ein abwechslungsreiches Getränkeangebot mit preiswerten alkoholfreien Getränken und kostenfreiem Leitungswasser zielführend. Das Jugendschutzgesetz ist bei Ausschank von alkoholischen Getränken stets einzuhalten[252].

Um Sexismus, Gewalt, Rassismus und Diskriminierung bei Veranstaltungen entgegen zu wirken und sichere Events zu kreieren, empfiehlt sich die Einführung eines **Awareness Konzepts**. Dieses ist allen Mitarbeiter:innen bekannt, wird öffentlich kommuniziert und dient zur Aufklärung aller Besuchenden einer Veranstaltung. Interne Schulungen unterstützen Mitarbeiter:innen zudem im Umgang mit gefährlichen Situationen und bei der Umsetzung von Bewusstseinsmaßnahmen.

---

251 Deutsche Gesetzliche Unfallversicherung (2016).

252 Laut Jugendschutzgesetz (JuSchG) §9 ist ein Ausschank von branntweinhaltigen Getränken für Jugendliche unter 18 Jahren untersagt. An Kinder und Jugendliche unter 16 Jahren gilt ein Ausschankverbot von Bier, Wein, weinähnliche Getränke und Schaumwein.

Beispiel | Auf dem Weg zu Safer Spaces

Die Initiative *Safe the Dance* und die *Feierwerk Fachstelle Pop* haben 2021 gemeinsam einen Awareness Leitfaden entwickelt, der das Nachtleben der Stadt München zu einem sichereren Ort machen soll. Er zeigt Veranstalter:innen, warum Awareness-Arbeit wichtig ist und welche Schritte sie unternehmen können, damit sich alle Besucher:innen wohlfühlen. Lesenswert ist der Leitfaden auch für alle, die auf Veranstaltungen unterwegs sind. Denn er stärkt das Bewusstsein dafür, was getan werden muss, um allen eine gute Zeit zu ermöglichen. **[OR-13.6]** h ttp://s.narr.digital/wgh9e **[OR-13.7]** http://s.narr.digital/4pj02

13.3 Unternehmenskultur und Zusammenarbeit

Eine auf nachhaltige Entwicklung ausgerichtete Unternehmenskultur und daraus abgeleitete Strukturen und Möglichkeiten der Zusammenarbeit werden bereits in den → Kapiteln 2.1 und 3.4 angesprochen. Oftmals geht sie über die Organisation einer Veranstaltung hinaus und betrifft die Ausrichtung einer Organisation bzw. des gesamten Unternehmens, welches die Veranstaltung organisiert. Werteverständnisse, Kodex, Prinzipien, Führungsregeln oder Leitbilder helfen, sie in Worte zu fassen und allen Mitarbeiter:innen eines Unternehmens bzw. Mitwirkenden an einer Veranstaltung, intern als auch extern, zugänglich zu machen.

> Als **Unternehmenskultur** gilt die Summe an von allen Mitarbeiter:innen gelebtem Verhalten, bestehend aus dem schlimmsten Verhalten, dass das Unternehmen toleriert, und dem besten Verhalten, dass das Unternehmen fördert.[253]

Ihre Umsetzung auf operationeller Ebene kann mitunter durch das Nachhaltigkeitsmanagement erfolgen. Aspekte einer nachhaltigen Unternehmenskultur sind dabei sozialer, ökologischer und ökonomischer Natur und umfassen beispielsweise eine mitarbeiter:innenorientierte Personalpolitik,

253 Bungard (2018).

faire Geschäftspraktiken auf Augenhöhe sowie die Möglichkeit zu sozialem und gesellschaftlichem Engagement.

Im Sinne einer nachhaltigen Veranstaltungsorganisation sollten aus unternehmenskultureller Perspektive folgende Aspekte berücksichtigt werden:

1. arbeitsrechtliche Anforderungen;
2. Antidiskriminierung;
3. Förderung der Mitarbeiter:innen;
4. Vielfalt im Team.

Arbeitsrechtliche Anforderungen sind grundsätzlich gesetzlich geregelt, ihre Einhaltung aber nicht immer gewährleistet. In einer Branche, in der es häufig zu Überstunden und hohen Stresspegeln kommt, ist es umso wichtiger Arbeits- und Pausenzeiten einzuhalten. Alle Mitarbeiter:innen sollten über einen offiziellen Arbeitsvertrag verfügen und gesetzlichen Mindestlohn erhalten. Bei Überstunden oder Extraschichten erfolgt eine zeitnahe Information zur außerordentlichen Belastung. Die Gründung eines Betriebsrats oder vergleichbaren Gremiums sollte erlaubt sein.

Antidiskriminierung sollte strategisch als Leitbild z. B. als Teil des Werteverständnisses einer Organisation, sowie operativ durch unterschiedliche Maßnahmen verankert sein. Zur konsequenten Umsetzung empfiehlt sich die Berufung einer:eines Antidiskriminierungsbeauftragter:n. Vielfalt wird als Mehrwert gelebt, wobei unterschiedliche Fähigkeiten und Erfahrungen, z. B. durch marginalisierte Personen, in der Veranstaltungsplanung- und Durchführung praktisch eingesetzt werden. Dies kann sich wiederum positiv auf den Grad der Inklusion im Veranstaltungskontext auswirken. Um Mitarbeiter:innen im Umgang mit Vielfalt zu sensibilisieren, gibt es Informations- und Beratungsangebote sowie themenbezogene Schulungen, z. B. zum Umgang mit Gästen mit Behinderung. Im Team selbst sollte es möglich sein, Herausforderungen und Probleme offen anzusprechen und eine Feedbackkultur zu etablieren.

Beispiel | Forum Freies Theater e. V., Düsseldorf

In seiner Selbstverpflichtung zur Antidiskriminierung verpflichtet sich das *Forum Freies Theater e. V.* zu aktivem und präventivem Vorgehen gegen jegliche Form von Diskriminierung. Dabei möchte es Mitarbeiter:innen, Kooperationspartner:innen, künstlerische, technische und administrative Produktionsteams, Gäste und das Publikum dazu bestärken, stets zu einer Kultur und Atmosphäre des gegenseitigen Respekts und der Akzeptanz im Sinne eines solidarischen Miteinanders beizutragen. **[OR-13.8]** http://s.narr.digital/6bizv

Um Mitarbeiter:innen lebenslanges Lernen, fachlich als auch persönlich, zu ermöglichen (**Förderung der Mitarbeiter:innen**), bieten sich regelmäßige Weiterbildungen und Schulungen an. Dadurch lässt sich nicht nur die Motivation der Mitarbeiter:innen steigern, sondern auch die Attraktivität eines Unternehmens z. B. bei der Neubesetzung einer Stelle. Alle Mitarbeiter:innen erhalten hierbei den gleichen Zugang zu Leistungen und Angeboten.

Wie bereits beschrieben wird **Vielfalt im Team** als Mehrwert gelebt und spiegelt sich auch in der Zusammenstellung des Teams wider. Hierzu ist es hilfreich Stellenausschreibungen so zu formulieren, dass verschiedene Zielgruppen angesprochen werden. Bei gleicher Eignung werden Bewerber:innen mit Behinderung bevorzugt. Quereinsteiger:innen werden durch Schulungen in eine nachhaltige Veranstaltungsorganisation eingeführt und durch andere Teammitglieder thematisch abgeholt.

13.4 Zusammenfassung

Das Kapitel hat soziale Aspekte einer nachhaltigen Veranstaltungsorganisation aufgegriffen und ist dabei auf Inklusion und Barrierefreiheit, Sicherheit und Gesundheit sowie Unternehmenskultur und Zusammenarbeit eingegangen. Für die Umsetzung inklusiver und barrierefreier Veranstaltungen wurden mitunter die Zugänglichkeit unterschiedlicher Zielgruppen, Barrierefreiheit am Veranstaltungsort und Barrierefreiheit in der Kommunikations- und Programmplanung als relevante Handlungsbereiche erläutert. Weiterhin wurden Sicherheit und Gesundheit als gesetzlich festgelegte Bestimmungen und präventive Maßnahmen und Initiativen, die zur sozialen Nachhaltigkeit einer Veranstaltung beitragen, erläutert. Im Rahmen der Unternehmenskultur und Zusammenarbeit wurden arbeitsrechtliche Anforderungen, Antidiskriminierung, die Förderung von Mitarbeitenden und Vielfalt im Team dargelegt.

13.5 Reflexionsfragen

1. Erläutern Sie den Unterschied zwischen Exklusion, Integration und Inklusion. Orientieren Sie sich dabei an → Abb. 40. Wie können Veranstaltungen inklusiv gestaltet werden?
2. Reflektieren Sie bei ihrem nächsten Besuch einer Veranstaltung folgende Fragen: Wie wird Barrierefreiheit umgesetzt? Was könnte aus Sicht einer auf Barrierefreiheit angewiesene Person wichtig sein?
3. Recherchieren Sie nach beispielhaften Awareness-Konzepten von Veranstaltungen. Für welche Veranstaltungen existieren diese bereits und wie werden wichtige Themen (z. B. Sexismus, Rassismus, Gewalt) aufgegriffen?
4. Welche Aspekte sollten aus unternehmenskultureller Perspektive im Rahmen einer nachhaltigen Veranstaltungsorganisation beachtet werden? Erläutern Sie diese anhand von Beispielen.
5. Vielleicht sind Sie zukünftig Teil eines Veranstaltungsteams. Welche Anforderungen haben Sie an gute Arbeit und wie lässt sich das mit ggf. widersprüchlichen Anforderungen anderer Teammitglieder vereinbaren?

Literaturverzeichnis

A Greener Festival (2023): A Greener Festival, https://www.agreenerfestival.com/ (Stand: 05.04.2023).

Aktion Mensch (2023): Was ist Inklusion?, https://www.aktion-mensch.de/dafuer-stehen-wir/was-ist-inklusion (Stand: 12.01.2023).

Arbeitskreis Lüftung (2017): Anforderungen an Lüftungskonzeptionen in Gebäuden. Teil I: Bildungsreinrichtungen, Empfehlungen des Arbeitskreis Lüftung (AK Lüftung) am Umweltbundesamt, Dessau-Roßlau.

BAFA (2022): Bundesförderung für energieeffiziente Gebäude, https://www.bafa.de/DE/Energie/Effiziente_Gebaeude/effiziente_gebaeude_node.html (Stand: 02.10.2022).

Bamberg, Eva / Schmitt, Claudia Thea (2018): „Perspektiven: Psychologie und Nachhaltigkeit oder Psychologie der Nachhaltigkeit?“, in: Claudia Thea Schmitt, Eva Bamberg (Hrsg.), Psychologie und Nachhaltigkeit. Konzeptionelle Grundlagen, Anwendungsbeispiele und Zukunftsperspektiven, Wiesbaden: Springer.

Bauer, Michael / Mösle, Peter / Schwarz, Michael (2013): Green Building. Leitfaden für nachhaltiges Bauen, Berlin, Heidelberg: Springer Vieweg.

Baumast, A. / Pape, J. (Hrsg.) (2022): Betriebliches Nachhaltigkeitsmanagement: UTB.

Baumast, Annett (2019): „Geschichte und aktuelle Herausforderungen des betrieblichen Nachhaltigkeitsmanagements“, in: Annett Baumast, Jens Pape, Simon Weihofen, Steffen Wellge (Hrsg.), Betriebliche Nachhaltigkeitsleistung messen und steuern, Stuttgart: UTB GmbH; Ulmer.

Bauministerkonferenz (2020): Musterbauordnung (MBO). Fassung November 2002, zuletzt geändert durch Beschluss der Bauministerkonferenz vom 25.09.2020.

Bauministerkonferenz (2022): Struktur und Aufgaben, https://www.bauministerkonferenz.de/verzeichnis.aspx?id=762&;o=759O762 (Stand: 20.09.2022).

Behr, F. / Emde, F. / Funk, S. / Roth, S. / Schmidt H. J. (2013): Leitfaden für die umweltverträgliche Gestaltung von Open-Air-Veranstaltungen, 2. vollständig überarbeitete Auflage.

Bertram, Mathias / Bongard, Stefan (2014): Elektromobilität im motorisierten Individualverkehr. Grundlagen, Einflussfaktoren und Wirtschaftlichkeitsvergleich, Wiesbaden: Springer Vieweg.

Beschaffungsamt des BMI (2023): Kompetenzstelle für nachhaltige Beschaffung, https://www.nachhaltige-beschaffung.info/DE/Allgemeines/1_1_KNB/1_1_Ueberuns_node.html (Stand: 01.03.2023).

Bieser, Jan C.T. / Hilty, Lorenz M. (2020): „Conceptualizing the impact of information and communication technology on individual time and energy use", in: Telematics and Informatics, 49, S. 101375.

Blauer Engel (2020): Ressourcen- und energieeffiziente Softwareprodukte. DE-UZ 215, Vergabekriterien, Ausgabe 2020, Version 1.

BLE (2021): Zu gut für die Tonne. Dialog zur Vermeidung von Lebensmittelabfällen in der Ausser-Haus-Verpflegung, https://www.zugutfuerdietonne.de/strategie/dialogforen/ausser-haus-verpflegung (Stand: 03.09.2021).

BMEL (2021a): Deutschland, wie es isst – der BMEL-Ernährungsreport 2021, https://www.bmel.de/DE/themen/ernaehrung/ernaehrungsreport2021.html (Stand: 24.08.2021).

BMEL (2021b): Leitfaden für die Weitergabe von Lebensmitteln. Rechtliche Aspekte.

BMU (2018): Aktualisierte COP23 Umwelterklärung VN-Klimakonferenz. 6.bis 17. November 2017, Bonn.

BMU (2021): Klimaschutz in Zahlen. Fakten, Trends und Impulse deutscher Klimapolitik, Ausgabe 2021, https://www.bmu.de/fileadmin/Daten_BMU/Pools/Broschueren/klimaschutz_zahlen_2021_bf.pdf (Stand: 23.08.2021).

BMU/UBA (2020): Leitfaden für die nachhaltige Organisation von Veranstaltungen, https://www.bmu.de/publikation/leitfaden-fuer-die-nachhaltige-organisation-von-veranstaltungen/ (Stand: 15.06.2021).

BMUV (2002): Protokoll von Kyoto zum Rahmenübereinkommen der Vereinten Nationen über Klimaänderungen – BMUV-Gesetze und Verordnungen, https://www.bmuv.de/gesetz/protokoll-von-kyoto-zum-rahmenuebereinkommen-der-vereinten-nationen-ueber-klimaaenderungen (Stand: 14.03.2023).

BMWI (2018): „Ressourcenschonendes Bauen: Besonders beim Bauen sollten Umwelt- und Ressourcenschutz eine größere Rolle spielen", in: BMWI (Hrsg.), Schlaglichter der Wirtschaftspolitik. Monatsbericht September 2018, Berlin: Bundesministerium für Wirtschaft und Energie.

BMWI (2021): Die Luft ist rein. Effiziente Klima- und Lüftungsanlagen helfen Energie sparen.

BMZ (2022): SDG 6: Sauberes Wasser und Sanitäreinrichtungen, Agenda 2030, Ziele für eine Nachhaltige Entwicklung, https://www.bmz.de/de/agenda-2030/sdg-6#anc=Zahlen (Stand: 16.10.2022).

BNE Portal (2022): Whole Institution Approach – der ganzheitliche BNE-Ansatz, https://www.bne-portal.de/bne/de/einstieg/bildungsbereiche/whole-institution-approach/whole-institution-approach.html (Stand: 22.03.2022).

Boggia, Antonio / Massei, Gianluca / Paolotti, Luisa / Rocchi, Lucia / Schiavi, Federico (2018): „A model for measuring the environmental sustainability of events", in: Journal of environmental management, 206, S. 836–845.

Brennan, M. (2021): „The Infrastructure and Environmental Consequences of Live Music", in: M. Brennan (Hrsg.), Audible Infrastructures: Oxford University Press, 117–134.

Brĕzan, Beno (2020): „Event-Apps – Aktuelle Entwicklungen und Prognosen aus Sicht der Praxis", in: Cornelia Zanger (Hrsg.), Events und Messen im digitalen Zeitalter, Wiesbaden: Springer Fachmedien Wiesbaden, 193–207.

Bringezu, S. / Moll, S. / Schütz, H. (2002): „Der Stoffhaushalt nationaler Volkswirtschaften und Aspekte eines nachhaltigen Ressourcenmanage-ments", in: TATuP – Zeitschrift für Technikfolgenabschätzung in Theorie und Praxis, 11, Nr. 1, S. 16–25.

Broll, Christine (2019): „Kreislaufwirtschaft ohne Abfall – Endlose Reise durch Zeit und Raum", in: Christine Broll (Hrsg.), Warum Blumen bunt sind und Wasserläufer nicht ertrinken, Berlin, Heidelberg: Springer Ber-lin Heidelberg, 133–148.

Bundeministerium für Arbeit und Soziales (2023): Behindertenrechtskonven-tion der Vereinten Nationen, https://www.bmas.de/DE/Soziales/Teilhabe-und-Inklusion/Politik-fuer-Menschen-mit-Behinderungen/un-behindertenrechtskonvention-rechte-von-menschen-mit-behinderungen-langtext.html (Stand: 12.01.2023).

Bundesinformationszentrum Landwirtschaft (2020): Wasserfußabdruck: Wie viel Wasser steckt in landwirtschaftlichen Produkten?, https://www.landwirtschaft.de/diskussion-und-dialog/umwelt/wie-viel-wasser-steckt-in-landwirtschaftlichen-produkten/ (Stand: 24.08.2021).

Bundesministerium der Justiz und Verbraucherschutz / Bundesamt für Justiz (2007): erordnung über Anforderungen an die Hygiene beim Herstellen, Behandeln und Inverkehrbringen von Lebensmitteln (Lebensmittelhygiene-Verordnung). LMHV.

Bundesministerium für Wirtschaft und Energie (BMWi) (2021): Bekanntmachung der ab dem 1. Januar 2022 geltenden EU-Bekanntmachung der ab dem 1. Januar 2022 geltenden EU-Schwellenwerte für die Vergabe öffentlicher Aufträge.

Bundesministerium Klimaschutz, Umwelt, Energie, Mobilität, Innovation und Technologie (2023): Österreichisches Umweltzeichen. Informationen zu Green Events, https://www.umweltzeichen.at/de/green-meetings-und-events/informationen/informationen-zu-green-events (Stand: 05.04.2023).

Bundesregierung (2021): Maßnahmenprogramm Nachhaltigkeit – Weiterent-wicklung 2021 „Nachhaltigkeit konkret im Verwaltungshandeln umsetzen“, https://www.fnr.de/fileadmin/Projekte/2020/Mediathek/Themenheft_Veranstaltungen_Catering_web.pdf (Stand: 03.04.2023).

Bundesregierung (2023): Agenda 2030: Unsere Nachhaltigkeitsziele, https://www.bundesregierung.de/breg-de/themen/nachhaltigkeitspolitik/nachhaltigkeitsziele-erklaert-232174 (Stand: 15.03.2023).

Bundesumweltministeriums (2020): Warum überhaupt Elektromobilität?, https://www.bmuv.de/themen/luft-laerm-mobilitaet/verkehr/elektromobilitaet (Stand: 06.03.2023).

Bundesvereinigung Veranstaltungswirtschaft e. V. (2023): Nachhaltigkeit, https://forward.live/nachhaltigkeit/ (Stand: 05.04.2023).

Bungard, Patrick (Hrsg.) (2018): CSR und Geschäftsmodelle. Auf dem Weg zum zeitgemäßen Wirtschaften, Berlin, Heidelberg: Springer Berlin Heidelberg.

BWL-Lexikon (2022): ▹ Beschaffung » Definition, Erklärung & Beispiele + Übungsfragen, https://www.bwl-lexikon.de/wiki/beschaffung/ (Stand: 08.02.2023).

C2C NGO (2023): Lexikon – C2C NGO, https://c2c.ngo/lexikon/ (Stand: 01.03.2023).

ClimatePartner (2023): Green Events. Umweltfreundliche Meetings und Ver-anstaltungen, https://www.climatepartner.com/de/klimaneutrale-events (Stand: 05.04.2023).

Chrubasik, N., Campos Mühlenhoff, S., Ernst, A., Herzig, C., Hrsg., 2022, Nachhaltigkeit auf dem Campus. Projekte, Konzepte und Impulse für eine nachhaltige Lehre, München: oekom.

clubliebe e. V. (2023): Code of Conduct, https://www.zukunft-feiern.de/code-of-conduct/ (Stand: 03.04.2023).

Clubtopia (2021): Coming Soon: Der Code of Conduct für eine nachhaltige Clubkultur, https://clubtopia.de/blogbeitrag/coming-soon-der-code-of-conduct-fuer-eine-nachhaltige-clubkultur/ (Stand: 03.04.2023).

Collins, Andrea / Flynn, Andrew (2008): „Measuring the Environmental Sustainability of a Major Sporting Event: A Case Study of the FA Cup Final“, in: Tourism Economics, 14, Nr. 4, S. 751–768.

Deutsche Gesetzliche Unfallversicherung (2016): Sicherheit bei Veranstaltungen und Produktionen. Leitfaden für Theater, Film, Hörfunk, Fernsehen, Konzerte, Shows, Events, Messen und Ausstellungen.

Deutsche Gesetzliche Unfallversicherung (2018): DGUV Barrierefrei DIN 18040, https://www.dguv.de/barrierefrei/grundlagen/gesetze/standards/din18040/index.jsp (Stand: 13.01.2023).

Deutscher Evangelischer Kirchentag (2019): Aktualisierte Umwelterklärung. für die Standorte Zentrales Büro Fulda und Geschäftsstelle Dortmund mit der Veranstaltung im Juni 2019, Deutscher Evangelischer Kirchentag Dortmund 19.–23. Juni 2019.

Deutsches Studierendenwerk (2023): Nachhaltige Einkaufsrichtlinien, https://www.studentenwerke.de/de/content/nachhaltige-einkaufsrichtlinien.

DGE (2019): Inhouse-Checkliste. Checkliste zur Eigenkontrolle für die DGE-Zertifzierung von Gästehäusern, Akademien und Tagungseinrichtungen.

DGNB (2023): Toolbox „Klimaneutrales Bauen". Gebäude als Schlüssel zum Klimaschutz, https://www.dgnb.de/de/themen/klimaschutz/toolbox/index.php (Stand: 03.04.2023).

DIN SPEC 91421 (2020): Qualitätssicherung von Recyclingprodukten aus Trockentoiletten zur Anwendung im Gartenbau. DIN SPEC 91421:2020–12, Berlin: Beuth Verlag GmbH.

DNK (2021): DNK-Infoblatt CSRD.

documenta fifteen (2022): Nachhaltigkeit, https://documenta-fifteen.de/nachhaltigkeit/ (Stand: 30.06.2023).

Dorner, Zack (2019): „A behavioral rebound effect", in: Journal of Environmental Economics and Management, 98, S. 102257.

EAT-Lancet Commission (2019): Food Planet Health. Healthy Diets from Sustainable Food Systems, Summary Report of the EAT-Lancet Commission.

Eisele, Olaf (2021): Nachhaltigkeitsmanagement – Handbuch für die Unternehmenspraxis. Gestaltung und Umsetzung von Nachhaltigkeit in kleinen und mittleren Betrieben, Berlin, Heidelberg: Springer Vieweg.

EITW (2020): Meeting- & EventBarometer Deutschland 2019/2020. Die Deutschland-Studie des Kongress- und Veranstaltungsmarktes.

EITW (2022): Meeting- & EventBarometer Deutschland 2021/2022. Die Deutschland-Studie des Kongress- und Veranstaltungsmarktes.

Europäische Kommission (2011): Mitteilung der Kommission an das Europäische Parlament, den Rat, den Europäischen Wirtschafts- und Sozialausschuss und den Ausschuss der Regionen. Fahrplan für ein ressourcenschonendes Europa. KOM(2011) 571 endgültig.

Europäische Kommission (2019): Kriterien der EU für die umweltorientierte öffentliche Beschaffung im Bereich Lebensmittel, Verpflegungsdienstleistungen und Verkaufsautomaten, Arbeitsunterlage der Kommissionsdienststellen, Brüssel.

Europäische Umweltagentur (2017): Food in a green light. A systems approach to sustainable food, Luxembourg: Publications Office of the European Union.

Europäische Union (o. J.): Beschaffung von Lebensmitteln und Verpflegungsdienstleistungen – Umweltorientiertes öffentliches Beschaffungswesen (GPP) – Produktblatt, GPP-Schulungs-Toolkit – Modul 3: Beschaffungsempfehlungen 1.

Europäische Union (2017): Beschluss (EU) 2017/175 der Kommission.

Europäische Union (2019): RICHTLINIE (EU) 2019/904 DES EUROPÄISCHEN PARLAMENTS UND DES RATES über die Verringerung der Auswirkungen bestimmter Kunststoffprodukte auf die Umwelt. L 155/1.

Europäisches Parlament (2021): Ressourceneffizienz und Kreislaufwirtschaft, https://www.europarl.europa.eu/factsheets/de/sheet/76/ressourceneffizienz-und-kreislaufwirtschaft.

eurostat (o. J.): Circular Economy – Overview. What is circular economy about?, https://ec.europa.eu/eurostat/web/circular-economy/overview (Stand: 12.05.2022).

EVVC (2022): Green Globe, https://www.evvc.org/greenglobe (Stand: 02.06.2022).

EVVC Europäischer Verband der Veranstaltungs-Centren e. V. (2023): Green Globe, https://www.evvc.org/greenglobe (Stand: 05.04.2023).

Fachkommission Bauaufsicht der Bauministerkonferenz (2014): Musterverordnung über den Bau und Betrieb von Versammlungsstätten. MVStätt-VO.

fairpflichtet – Nachhaltigkeitskodex der Veranstaltungswirtschaft (2019): fairpflichtet, https://www.fairpflichtet.de/ (Stand: 05.04.2023).

Fairtrade Deutschland (2023): Fairtrade-Blumen & Pflanzen, https://www.fairtrade-deutschland.de/produkte/blumen (Stand: 22.02.2023).

FAO (2021): Food Outlook – Biannual Report on Global Food Markets, Rom: FAO.

Felber, Christian (2011): Die Gemeinwohl-Ökonomie. Das Wirtschaftsmodell der Zukunft, Wien: Deuticke.

Fink, Leonie / Roehl, Rainer / Strassner, Claudia (2016): „Vermeidung von Lebensmittelabfällen beim Catering: Leitfaden". Umweltbundesamt (Hrsg.), Dessau-Roßlau: Umweltbundesamt.

Fischer, Daniel (2019): „Nachhaltigkeitskommunikation", in: Ursula Kluwick, Evi Zemanek (Hrsg.), Nachhaltigkeit interdisziplinär. Konzepte, Diskurse, Praktiken ein Kompendium, Wien, Köln, Weimar: Böhlau Verlag, 51–69.

FNR (2020): Nachwachsende Rohstoffe im Einkauf. Themenheft V: Veranstaltungen & Catering.

Frey, K. / Burger, A. / Dziekan, K. / Bunge, C. / Lünenbürger, B. (2020): Verkehrswende für ALLE. So erreichen wir eine sozial gerechte und umweltverträglichere Mobilität.

Fritz, O. / Pröbstl-Haider, U. / Ginner, K. / Formayer, H. (2021): „Festivals, kulturelle Events, Großveranstaltungen, Sportgroßveranstaltungen und Lifestyle Events", in: Ulrike Pröbstl-Haider, Dagmar Lund-Durlacher, Marc Olefs, Franz Prettenthaler (Hrsg.), Tourismus und Klimawandel, Berlin, Heidelberg: Springer Berlin Heidelberg, 179–191.

Froese, Rainer / Tsikliras, Athanassios / Scarcella, Giuseppe (2020): „Progress towards ending overfishing in the Northeast Atlantic“, in: Marine Policy, 125.

Fukas, Philipp / Vogel, Jannis / Klimek, Maximilian / Thomas, Oliver (2022): „Die Digitalisierung von Events – Die Chance für eine nachhaltige Zukunft“, in: Thorsten Knoll, Stefan Luppold (Hrsg.), Praxis-Guide für Nachhaltigkeit in der Eventbranche. Konzepte und Beispiele für Veranstaltungen mit ökologischer und ökonomischer Ausrichtung, Wiesbaden, Germany: Springer Gabler, 29–50.

GEHH (2022). Zukunft veranstalten., Handreichung mit Checklisten für die Praxis für die nachhaltige Organisation von Veranstaltungen., Hamburg.

Gerber, Pierre J. / Steinfeld, Henning / Henderson, Benjamin / Mottet, Anne / Opio, Carolyn (2013): Tackling climate change through livestock. A global assessment of emissions and mitigation opportunities, Rome: FAO.

Gereffi, Gary / Lee, Joonkoo (2009): A global value chain approach to food safety and quality standards. Final Report, Paper prepared for the Global Health Diplomacy for Chronic Disease Prevention, Working Paper Series.

GIZ / Helpdesk (o. J.): Maßnahme – Zielgruppengerechte Kommunikation. Praxishilfe Phase 3: Maßnahmen des Sorgfalts-Kompass.

Global Sustainable Tourism Council (2022): About GSTC, https://www.gstcouncil.org/about/ (Stand: 14.03.2023).

Göbel, C. / Scheiper, M. / Teitscheid, P. Müller, V. / Friedrich, S. / Engelmann, T. / Neundorf, D. (2017): Nachhaltig Wirtschaften in der Außer-Haus-Gastronomie. Status-quo-Analyse – Struktur und wirtschaftliche Bedeutung, Nachhaltigkeitskommunikation, Trends., Münster.

Godemann, Jasmin (2021): „Communicating Sustainability. Some Thoughts and Recommendations for Enhancing Sustainability Communication“, in: Franzisca Weder, Larissa Krainer, Matthias Karmasin (Hrsg.), The Sustainability Communication Reader, Wiesbaden: Springer Fachmedien Wiesbaden, 15–29.

Godemann, Jasmin / Michelsen, Gerd (Hrsg.) (2007): Handbuch Nachhaltigkeitskommunikation. Grundlagen und Praxis, München: Oekom-Verl.

Godemann, Jasmin / Michelsen, Gerd (Hrsg.) (2011): Sustainability Commu-nication, Dordrecht: Springer Netherlands.

Green Events Hamburg (2021): Handreichung für Nachhaltige Veranstaltungen, https://greeneventshamburg.de/wp-content/uploads/2021/03/HandreichungV7_20210311.pdf (Stand: 15.06.2021).

Green Globe (2022): Criteria & Indicators, https://www.greenglobe.com/criteria-indicators (Stand: 02.06.2022).

Green Globe (2023): Certification Levels, https://www.greenglobe.com/certification-levels (Stand: 14.03.2023).

Green Mobility Südtirol – Alto Adige (2023): Die Pyramide der nachhaltigen Mobilität, https://www.greenmobility.bz.it/projekte/die-pyramide-der-nachhaltigen-mobilitaet/die-pyramide-der-nachhaltigen-mobilitaet/ (Stand: 09.03.2023).

Gröger, J. (2019): Leitfaden zur umweltfreundlichen öffentlichen Beschaffung von Software.

Gröger, J. / Köhler, A. / Naumann, S. / Filler, A. / Guldner, A. / Kern, E. / Hilty, L. M. / Maksimov, Y. (2018): Entwicklung und Anwendung von Bewertungsgrundlagen für ressourceneffiziente Software unter Berücksichtigung bestehender Methodik. UBA-Texte 105/2018.

Große Ophoff, M. (2022): „Nachhaltigkeit und Digitalisierung von Veranstaltungen", in: Thorsten Knoll, Stefan Luppold (Hrsg.), Praxis-Guide für Nachhaltigkeit in der Eventbranche. Konzepte und Beispiele für Veranstaltungen mit ökologischer und ökonomischer Ausrichtung, Wiesbaden, Germany: Springer Gabler, 17–27.

Große Ophoff, Markus (2017): „Nachhaltiges", in: Claus Bühnert, Stefan Luppold (Hrsg.), Praxishandbuch Kongress-, Tagungs- und Konferenzmanagement. Konzeption & Gestaltung, Werbung & PR, Organisation & Finanzierung, Wiesbaden, Heidelberg: Springer Gabler, 763–775.

Gruber, Kristina / Herzig, Christian (2022): „Braucht es einen Nachhaltigkeitskodex für die Kultur?", in: Franz Kröger, Henning Mohr, Norbert Sievers, Ralf Weiß (Hrsg.), Jahrbuch für Kulturpolitik 2021/22, Bielefeld, Germany: transcript Verlag, 251–262.

Häflinger, I. P. (2011): Nachhaltigkeits-Check für Reinigungsleistungen, Working Paper des Institutes für Facility Management, No. 2, Wädenswill (CH).

Hechenblaikner, Georg (2019): „Green Meetings im Congress Centrum Alpbach", in: Andrea Sihn-Weber, Franz Fischler (Hrsg.), CSR und Klimawandel. Unternehmenspotenziale und Chancen einer nachhaltigen und klimaschonenden Wirtschaftstransformation, Berlin, Heidelberg: Springer Berlin Heidelberg, 577–592.

Hehl, Walter (2022): „Ausgewählte Technologische Themen zur Globalen Erwärmung", in: Walter Hehl (Hrsg.), Klimawandel – Grundlagen und Spekulation. Wie und Warum Es So Kommen Musste und Weiter Kommen Muss, Wiesbaden: Springer Fachmedien Wiesbaden GmbH, 253–355.

Heinrich, C. / Wittig, S. / Albring, P. / Richter, L. / Safarik, M. / Böhm, U. / Hantsch, A. (2014): Nachhaltige Kälteversorgung in Deutschland an den Beispielen Gebäudeklimatisierung und Industrie, im Auftrag des Umweltbundesamtes.

Hermann, A. / Keimeyer, F. / Israel, J. (2013): Rechtliche Rahmenbedingungen eines Allgemeinen Nachhaltigkeitssiegels.

Herzig, C. (2023): „Reporting, Materiality and Corporate Sustainability“, in: A. Rasche, M. Morsing, J. Moon, A. Kourula (Hrsg.), Corporate Sustainability: Managing Responsible Business in a Globalised World: Cambridge University Press, 334–369.

Herzig, C. / Pianowski, M. (2022): „Betriebliche Nachhaltigkeitsberichterstattung“, in: A. Baumast, J. Pape (Hrsg.), Betriebliches Nachhaltigkeitsmanagement: UTB, 335–359.

Hettler, Florian / Luppold, Stefan (2019): Event-Catering in der Live Communication, Wiesbaden: Springer Fachmedien Wiesbaden.

HMUKLV (2023): Schuljahr der Nachhaltigkeit, https://www.hessen-nachhaltig.de/schuljahr-der-nachhaltigkeit.html#materialienanker (Stand: 03.04.2023).

Hoffmann-Wagner, Kerstin / Jostes, Gudrun (2021): Barrierefreie Events. Grundlagen und praktische Tipps zur Planung und Durchführung, Wiesbaden, Heidelberg: Springer Gabler.

Holzbaur, Ulrich (2016): Events nachhaltig gestalten. Grundlagen und Leitfaden für die Konzeption und Umsetzung von Nachhaltigen Events, s.l.: Springer Gabler.

Holzbaur, Ulrich (2020): Nachhaltige Events, Wiesbaden: Springer Fachmedien Wiesbaden.

Holzbaur, Ulrich / Beifuss, Annika / Neifer, Evelyn / Vanini, Vanessa (2021): „Nachhaltige Events – Erlebnis statt Konsum“, in: Wanja Wellbrock, Daniela Ludin (Hrsg.), Nachhaltiger Konsum. Best Practices aus Wissenschaft, Unternehmenspraxis, Gesellschaft, Verwaltung und Politik, Wiesbaden: Springer Fachmedien Wiesbaden, 883–897.

Holzbaur, Ulrich / Jettinger, Edwin / Knauß, Bernhard / Moser, Ralf / Zeller, Markus (2010): Eventmanagement, Berlin, Heidelberg: Springer Berlin Heidelberg.

Hoppe, Imke / Wolling, Jens (2017): „Nachhaltigkeitskommunikation“, in: Heinz Bonfadelli, Birte Fähnrich, Corinna Lüthje, Jutta Milde, Markus Rhomberg, Mike S. Schäfer (Hrsg.), Forschungsfeld Wissenschaftskommunikation, Wiesbaden: Springer Fachmedien Wiesbaden, 339–354.

IÖW (o. J.): Gestaltungsoptionen für nachhaltige Hard- und Software.

Jäger, Dieter (2021): Grundwissen Eventmanagement, Konstanz, München: UTB; UVK.

Kampker, Achim / Vallée, Dirk / Schnettler, Armin (Hrsg.) (2018): Elektromobilität. Grundlagen einer Zukunftstechnologie, Berlin, Heidelberg: Springer Berlin Heidelberg.

Keil, Florian (2013): Virtuelles Wasser und der Wasserfußabdruck. Endbericht zu Arbeitspaket 2.3 des Forschungsprojekts „Wasserflüsse in Deutschland“ des Instituts für ökologische Wirtschaftsforschung (IÖW).

Klimatopia (o. J.): Was ist der Treibhauseffekt und warum ist er so schlimm?, https://www.klimatopia-os.de/index.php?id=18 (Stand: 03.04.2023).

Knolle, Maren (2011): „Nachhaltiges Wirtschaften durch Kooperation und Partizipation?“, in: Harald Heinrichs, Katina Kuhn, Jens Newig (Hrsg.), Nachhaltige Gesellschaft, Wiesbaden: VS Verlag für Sozialwissenschaften, 80–97.

Koerber, Karl W. von / Kretschmer, Jürgen (2009): „Ernährung und Klima: Nachhaltiger Konsum ist ein Beitrag zum Klimaschutz“, in: Landwirtschaft ..., der kritische Agrarbericht Hintergrundberichte und Positionen zur Agrardebatte, S. 280–285.

Koerber, Karl von (2016): „Nachhaltigkeit im Lebensmittelbereich“, in: Volker Peinelt, Jens Wetterau (Hrsg.), Handbuch der Gemeinschaftsgastronomie, Berlin: Rhombos Verlag, 261 ff.

Köhler, Julia (2013): „Eine umfassende Wirkungsbetrachtung der nicht-monetären Effekte von Events am Beispiel des Melt!-Festivals 2011“, in: Cornelia Zanger (Hrsg.), Events im Zeitalter von Social Media, Wiesbaden: Springer Fachmedien Wiesbaden, 85–107.

Kraus, Jobst (Hrsg.) (1987): Auto, Auto über alles? Nachdenkl. Grüsse zum Geburtstag, Freiburg i. Br.: Dreisam-Verlag.

Krause, A. / Hirschhausen, C. von / Schröder, E. / Augustin, F. / Häfner, F. / Bornemann, G. / Sundermann, G. / Korduan, J. / Udert K. / Deutsch L. / Reinhardt M. / Götzenbeger, R. / Hoffmann, S. / Becker-Sonnenschein, S. (2021): Ressourcen aus der Schüssel sind der Schlüssel – Wertstoffe zir-kulieren, Wasser sparen und Schadstoffe eliminieren. Diskussionspapier zur Sanitär– und Nährstoffwende, Berlin, Hamburg, Zürich.

KSB (2021): Klimabilanzen in Kulturinstitutionen. Dokumentation des Pilotprojektes und Arbeitsmaterialien.

Lamberti, L. / Fava, I. / Noci, G. (2009): „Assessing and Monitoring the Performance of a Sustainable Event“, in: Razaq Raj, James Musgrave (Hrsg.), Event management and sustainability, Cambridge, MA: CABI, 119–131.

Landesagentur für Umwelt und Klimaschutz Autonome Provinz Bozen – Südtirol (2023): Green Event – Nachhaltige Veranstaltungen, https://umwelt.provinz.bz.it/dienstleistungen/green-event.asp (Stand: 05.04.2023).

Lange, Steffen / Santarius, Tilman (2018): Smarte grüne Welt? Digitalisierung zwischen Überwachung, Konsum und Nachhaltigkeit, München: oe-kom verlag.

Leinauer, Bernd (2020): „Sparsamer Umgang mit Beregnungswasser auf Rasenflächen des öffentlichen Grüns“, in: Rasen, 2020, S. 91–96, https://rasengesellschaft.de/files/downloads/zeitschrift/2020_4.pdf.

Lüdeke-Freund, Florian / Opel, Oliver (2014): „Energie“, in: Harald Heinrichs, Gerd Michelsen (Hrsg.), Nachhaltigkeitswissenschaften, Berlin, Heidelberg: Springer Berlin Heidelberg, 429–453.

Luhmann, Niklas (2004): Ökologische Kommunikation, Wiesbaden: VS Verlag für Sozialwissenschaften.

Mair, Judith / Smith, Andrew (2021): „Events and sustainability: why making events more sustainable is not enough“, in: Journal of Sustainable Tourism, 29, 11–12, S. 1739–1755.

Maniak, Ulrich (2016): „Einführung Hydrologie und Wasserwirtschaft“, in: Ulrich Maniak (Hrsg.), Hydrologie und Wasserwirtschaft, Berlin, Heidelberg: Springer Berlin Heidelberg, 1–19.

Mast, Claudia (2020): Unternehmenskommunikation. Ein Leitfaden, München, Tübingen: UVK Verlag; Narr Francke Attempto Verlag.

Meadows, Dennis L. (1982): Die Grenzen des Wachstums. Bericht d. Club of Rome zur Lage d. Menschheit, Reinbek bei Hamburg: Rowohlt.

Michelsen, Gerd / Fischer, Daniel (2015): Bildung für nachhaltige Entwicklung, Wiesbaden: Hessische Landeszentrale für politische Bildung.

Motschall, Moritz / Blehers, Daniel / Havers, Kirsten / Schmied, Martin / Stahl, Hartmut (2012): Umweltbilanz von ÜBER LEBENSKUNST. Abschlussbericht zur wissenschaftlich begeleitenden Umweltstudie des Projektes ÜBER LEBENSKUNST, Berlin/Darmstadt.

nachhaltig.digital.agieren (2021): Nachhaltigkeitskriterien für digitale Plattformen. Diskussionspapier im Rahmen eines Workshops auf der 51. Jahrestagung der Gesellschaft für Informatik.

NAHGAST (2021): Praxishandbuch für die Ausser-Haus-Gastronomie, https://www.nahgast.de/praxishandbuch/ (Stand: 02.09.2021).

Neuendorff, Jochen / Roehl, Rainer (2007): Durchführung des Kontrollverfahrens nach EG-Öko-Verordnung bei Eventveranstaltungen in der Öko-Gastronomie, Göttingen.

Nützmann, Gunnar / Moser, Hans (2016): „Komponenten des Wasserkreis-laufs“, in: Gunnar Nützmann, Hans Moser (Hrsg.), Elemente einer analytischen Hydrologie, Wiesbaden: Springer Fachmedien Wiesbaden, 1–19.

Oberlandesgericht Düsseldorf (2014): Urteil vom 01.07.2014.

Ohlhausen, Pascal / Langen, Nina / Friedrich, Silke / Speck, Melanie / Bienge, Katrin / Engelmann, Tobias / Rohn, Holger / Teitscheid, Petra (2018): „uf der Suche nach dem wirksamsten Nudge zur Absatzsteigerung nachhaltiger Speisen in der Außer-Haus-Gastronomie“, in: Vierteljahrshefte zur Wirtschaftsforschung, 87, Nr. 2, S. 95–108.

Ökolandbau (2020): Ökologische Tierhaltung: Was ist erlaubt, was nicht? Die wichtigsten Unterschiede zwischen EU-Öko-Verordnung und den Richtlinien der Öko-Anbauverbände (Stand Jan 2020), https://www.oekolandbau.de/fileadmin/redaktion/dokumente/erzeuger/Richtlinienvergleich_Bioverbaende_Tier_Tabelle_27.1.2020.pdf (Stand: 29.07.2021).

Opitz, Silvia / Hoffmann, Julia / Quaas, Martin / Matz-Lück, Nele / Binohlan, Crispina / Froese, Rainer (2016): „Assessment of MSC-certified fish stocks in the Northeast Atlantic", in: Marine Policy, 71, S. 10–14.

Österreichisches Umweltzeichen (2018): Richtlinie UZ, Tourismus und Frei-zeitwirtschaft "201 Beherbergungsbetriebe", „202 Gastronomiebetriebe", „203 Eventcatering und Party-Service", „204 Gemeinschaftsverpflegung", („205 Campingplätze"), „206 Schutzhütten", „207 Tagungs- und Eventlokalitäten", „208 Museen und Ausstellungshäuser". Version 7.0 vom 1. Jänner 2018.

Otterbein, J. (2017): „Nachhaltige Reinigung in der professionellen Anwendung – Reinigungskraft, Anwenderfreundlichkeit und Ökologie im Einklang", Working Paper, in: Hauswirtschaft und Wissenschaft, Nr. 66.

Pauly, Daniel / Zeller, Dirk (2016): „Catch reconstructions reveal that global marine fisheries catches are higher than reported and declining", in: Nature Communications, 7, Nr. 1, S. 10244.

Pohl, Johanna / Höfner, Anja / Albers, Erik / Rohde, Friederike (2021): „Design Options for Long-lasting, Efficient and Open Hardware and Soft-ware", in: Ökologisches Wirtschaften – Fachzeitschrift, 36, O1, S. 20–24.

Pro Carton (2023): Kreislaufwirtschaft vs. Linearwirtschaft, http://www.procarton.com/de/publication/circular-v-linear-economy/ (Stand: 03.04.2023).

Pufé, Iris (2017): Nachhaltigkeit, Konstanz, München: UVK Verlagsgesellschaft mbH mit UVK/Lucius.

R.I.F.E.L (2020): Die gesamtwirtschaftliche Bedeutung der Veranstaltungsbranche, Berlin.

Randhahn, Annette / Kerbusch, Jochen / Gaaß, Markus / Richter, Doreen (2020): „Digitalisierung – Segen oder Fluch für den Klimaschutz?", in: Volker Wittpahl (Hrsg.), Klima, Berlin, Heidelberg: Springer Berlin Heidelberg, 180–194.

Raworth, Kate (2021): Die Donut-Ökonomie. Endlich ein Wirtschaftsmodell, das den Planeten nicht zerstört, München: Carl Hanser Verlag.

Reinhardt, Guido / Gärtner, Sven / Wagner, Tobias (2020): Ökologische Fußabdrücke von Lebensmitteln und Gerichten in Deutschland.

Rennecke, Carsten (2022): „Bau und Betrieb nachhaltiger Veranstaltungsstätten", in: Thorsten Knoll, Stefan Luppold (Hrsg.), Praxis-Guide für Nachhaltigkeit in der

Eventbranche. Konzepte und Beispiele für Veranstaltungen mit ökologischer und ökonomischer Ausrichtung, Wiesbaden, Germany: Springer Gabler, 203–231.

Renner, Britta / Arens-Azevêdo, Ulrike / Watzl, Bernhard / Richter, Margrit / Virmani, Kiran / Linseisen, Jakob für die Deutsche Gesellschaft für Ernährung e. V. (DGE) (2021): DGE-Positionspapier zur nachhaltigeren Ernährung, Ernährungs Umschau International.

Risch-Kerst, Mandy / Kerst, Andreas (2011): Eventrecht kompakt, Berlin, Heidelberg: Springer Berlin Heidelberg.

RKI (2014): Übergewicht und Adipositas, https://www.rki.de/DE/Content/Gesundheitsmonitoring/Themen/Uebergewicht_Adipositas/Uebergewicht_Adipositas_node.html (Stand: 23.08.2021).

RNE (2020): Nachhaltigkeitskode: Länder und Kommunen als Vorbild?

RNE (2022): Nachhaltiges Veranstaltungsmanagement. Digitale und hybride Veranstaltungen, https://www.nachhaltigkeitsrat.de/nachhaltiges-veranstaltungsmanagement/ (Stand: 02.08.2022).

Rockström, J. / Steffen, W. / Noone, K. / Persson, A. / Chapin, F. S. / Lambin, E. F. / Lenton, T. M. / Scheffer, M. / Folke, C. / Schellnhuber, H. J. / Nykvist, B. / Wit, C. A. de / Hughes, T. / van der Leeuw, S. / Rodhe, H. / Sörlin, S. / Snyder, P. K. / Costanza, R. / Svedin, U. / Falkenmark, M. / Karlberg, L. / Corell, R. W. / Fabry, V. J. / Hansen, J. / Walker, B. / Liverman, D. / Richardson, K. / Crutzen, P. / Foley, J. A. (2009): „A safe operating space for humanity", in: Nature, 461, Nr. 7263, S. 472–475.

Rockström, Johann / Sukhdev, Pavan (2016): Ideas + Action = EAT 2016. Keynote Speech auf dem EAT Stockholm Food Forum.

Sakschewski, Thomas / Paul, Siegfried (2017): Veranstaltungsmanagement, Wiesbaden: Springer Fachmedien Wiesbaden.

Schally, Hugo-Maria (2020): „Einführung", in: Sepp Eisenriegler (Hrsg.), Kreislaufwirtschaft in der EU, Wiesbaden: Springer Fachmedien Wiesbaden, 3–7.

Schleicher, T. / Liu, R. / Gröger, J. / Heubes, J. / Radermacher, P. / Gloel, J. (2020): Der blaue Engel für Raumklimageräte – ein nationales Zeichen mit internationaler Wirkung. Abschlussbericht, Dessau-Roßlau.

Schmid, Daniela / Hertel, Christof (2021): Gaumenfreude und Verantwortung zusammen bringen – wie auch meine Veranstaltung klimafreundlich satt wird, gehalten: Futur 2 NachhaltigkeitsTalks, Green Events Hamburg.

Schmidt, Thomas G. / Schneider, Felicitas / Leverenz, Dominik (2019): Lebensmittelabfälle in Deutschland – Baseline 2015, Braunschweig: Thünen-Institut, Bundesforschungsinstitut für Ländliche Räume, Wald und Fischerei.

Schmitt, Irmtraud (2006): Praxishandbuch Event Management. Das A – Z der perfekten Veranstaltungsorganisation ; mit zahlreichen Checklisten und Mustervorlagen, Wiesbaden: Gabler.

Schnauss, Matthias (2001): Der ökologische Fußabdruck der Stadt Berlin. Erstellt von Dipl.-Ing. Matthias Schnauss im Auftrag der Enquetekommission „Lokale Agenda 21 / Zukunftsfähiges Berlin“ des Abgeordnetenhauses von Berlin, 14. Wahlperiode, Juli 2001 (Veröffentlicht als KDrs 14/105a).

Schneider, Wolfgang / Gruber, Kristina / Brocchi, Davide (Hrsg.) (2021): Jetzt in Zukunft. Zur Nachhaltigkeit in der Soziokultur, München: oekom verlag.

Senatsverwaltung für Finanzen (2020): Nachhaltigkeitsbericht 2020 über die Berliner Landesunternehmen.

SfN – Sounds for Nature (2012): SfN-Leitfaden und Siegel, http://soundsfornature.eu/sfn-leitfaden/ (Stand: 03.04.2023).

Spiegel (2014): „Müll bei Open-Air-Konzerten: Was vom Festival übrig bleibt“, in: DER SPIEGEL, 10.06.2014, https://www.spiegel.de/lebenundlernen/uni/festivals-muell-bei-open-air-konzerten-a-970876.html (Stand: 27.02.2023).

Stadt Wien (2010): Abfallkonzepte und Mehrweggebot für Veranstaltungen, https://www.wien.gv.at/umweltschutz/abfall/gross-veranstaltungen.html#muster (Stand: 01.03.2023).

Statista (2015): Globaler eMail-Verkehr steigt jährlich um 5 %.

Statista (2018): Tagungs- und Kongressmarkt, Industrien & Märkte.

Statista (2019): Anzahl der jährlich versendeten E-Mails (ohne Spam) in Deutschland in den Jahren 2000 bis 2018.

Statista (2022a): Elektromobilität in Deutschland – Fokus Pkw, https://de-statista-com.ezproxy.uni-giessen.de/statistik/studie/id/6547/dokument/elektromobilitaet/ (Stand: 06.03.2023).

Statista (2022b): Prognose zur Anzahl der täglich versendeten und empfangenen E-Mails weltweit von 2021 bis 2026.

Statista (2022c): Verteilung der Veranstaltungen in Deutschland in den Jahren 2019 und 2020 nach Veranstaltungsart in Prozent.

Statistisches Bundesamt (2008): Klassifikation der Wirtschaftszweige. Mit Erläuterungen, Wiesbaden.

Statistisches Bundesamt (2022): 7,8 Millionen schwerbehinderte Menschen leben in Deutschland, https://www.destatis.de/DE/Presse/Pressemitteilungen/2022/06/PD22_259_227.html (Stand: 04.04.2023).

Steimer, Susanne / Arnold, Clemens (2020): „Nachhaltige Firmenveranstaltungen als Treiber einer nachhaltigen Unternehmensführung“, in: Kristin Butzer-Strothmann, Friedel Ahlers (Hrsg.), Integrierte nachhaltige Unternehmensführung, Berlin, Heidelberg: Springer Berlin Heidelberg, 287–304.

Stoltenberg, Ute / Burandt, Simon (2014): „Bildung für eine nachhaltige Entwicklung“, in: Harald Heinrichs, Gerd Michelsen (Hrsg.), Nachhaltigkeitswissenschaften, Berlin, Heidelberg: Springer Berlin Heidelberg, 567–594.

Stoltenberg, Ute / Fischer, Daniel (September 2017): „Bildung und Kommunikation als integraler Bestandteil der Deutschen Nachhaltigkeitsstrategie?“, in: Gerd Michelsen (Hrsg.), Die deutsche Nachhaltigkeitsstrategie. Wegweiser für eine Politik der Nachhaltigkeit, Wiesbaden: Hessische Landeszentrale für politische Bildung.

Straßburger, Gaby / Rieger, Judith (Hrsg.) (2019): Partizipation kompakt. Für Studium, Lehre und Praxis sozialer Berufe. 2. Auflage, Weinheim: Beltz.

Sun, Jianguo / Guo, Huizhang / Schädli, Gian Nutal / Tu, Kunkun / Schär, Styfen / Schwarze, Francis W. M. R. / Panzarasa, Guido / Ribera, Javier / Burgert, Ingo (2021): „Enhanced mechanical energy conversion with selectively decayed wood“, in: Science advances, 7, Nr. 11.

Syhre, Holger / Luppold, Stefan (Hrsg.) (2018a): Event-Technik, Wiesbaden: Springer Fachmedien Wiesbaden.

Syhre, Holger / Luppold, Stefan (2018b): „Veranstaltungsorte“, in: Holger Syhre, Stefan Luppold (Hrsg.), Event-Technik, Wiesbaden: Springer Fachmedien Wiesbaden, 5–6.

TOI TOI & DIXI GROUP GmbH (2022): Kurzbericht Nachhaltigkeit 2022.

TÜV NORD AG (2021): Veranstaltungssicherheit: Definition, Rollen und rechtliche Grundlagen, https://www.tuev-nord.de/de/unternehmen/bildung/wissen-kompakt/veranstaltungssicherheit/veranstaltungssicherheit-definition-rollen-und-rechtliche-grundlagen/ (Stand: 30.01.2023).

TÜV NORD CERT GmbH: Zertifizierungen „Event Carbon Footprint“ und „Klimaneutrale Veranstaltung“. Zeichen setzen für den Umweltschutz.

U&D (2023): Festivalinfos. Was ist neu?, https://umsonst-und-draussen.de/festivalinfos (Stand: 03.04.2023).

UBA (2012): Leitfaden zur nachhaltigen öffentlichen Beschaffung von Reinigungsdienstleistungen und -mitteln, Dessau-Roßlau.

UBA (2016): Vermeidung von Lebensmittelabfällen beim Catering, Leitfaden.

UBA (2018): Wasserfußabdruck. Wasserfußabdruck – ein Instrument zur Bewertung des Wasserverbrauchs?, https://www.umweltbundesamt.de/themen/wasser/wasser-bewirtschaften/wasserfussabdruck#wasserfussabdruck-ein-instrument-zur-bewertung-des-wasserverbrauchs (Stand: 31.08.2021).

UBA (2019a): Elektromobilität schlägt Wasserstoff bei Energiewende im Verkehr, https://www.umweltbundesamt.de/themen/elektromobilitaet-schlaegt-wasserstoff-bei (Stand: 10.03.2023).

UBA (2019b): „Marktanalyse Ökostrom II: Marktanalyse Ökostrom und HKN, Weiterentwicklung des Herkunftsnachweissystems und der Stromkennzeichnung Abschlussbericht".

UBA (2020a): Klimawirkung von Videostreaming & Co. Hintergrundinformationen.

UBA (2020b): Wasserressourcen und ihre Nutzung, https://www.umweltbundesamt.de/daten/wasser/wasserressourcen-ihre-nutzung#wassernachfrage (Stand: 16.10.2022).

UBA (2022a): Endenergieverbrauch nach Energieträgern und Sektoren, https://www.umweltbundesamt.de/daten/energie/energieverbrauch-nach-energietraegern-sektoren#allgemeine-entwicklung-und-einflussfaktoren (Stand: 29.09.2022).

UBA (2022b): Energieverbrauchskennzeichnung, https://www.umweltbundesamt.de/themen/klima-energie/energiesparen/energieverbrauchskennzeichnung (Stand: 02.10.2022).

UBA (2022c): Gasheizung, https://www.umweltbundesamt.de/umwelttipps-fuer-den-alltag/heizen-bauen/gasheizung#gewusst-wie (Stand: 02.10.2022).

UBA (2022d): Wasserfußabdruck, https://www.umweltbundesamt.de/themen/wasser/wasser-bewirtschaften/wasserfussabdruck#der-wasserfussabdruck-von-deutschland (Stand: 16.10.2022).

UBA (2023a): Lampen und Leuchten, https://www.umweltbundesamt.de/themen/klima-energie/energiesparen/energieverbrauchskennzeichnung/lampen-leuchten#Lampe (Stand: 23.02.2023).

UBA (2023b): Finale Treibhausgasbilanz 2021. Emissionen sanken um 39 Prozent gegenüber 1990 – EU-Klimaschutzvorgaben werden eingehalten.

UBA / BMDV (2022): Infografik: Umwelt und Verkehr, https://www.umweltbundesamt.de/sites/default/files/medien/384/bilder/dateien/infografik_verkehr_.pdf (Stand: 15.03.2023).

UGA (2020): Einstieg ins Umweltmanagement mit EMAS. Ein Leitfaden für Management und Beauftragte.

UN-Water (2021): Valuing water. The United Nations World Water Development Report 2021, Paris: UNESCO.

VCD (2008): Geschäftsreisen – erfolgreich, effizient, umweltverträglich, VCD Leitfaden.

VCD (2010): Effizienter Fuhrpark. kostengünstig, umweltschonend, zukunftssicher.

Visconti, Paolo / Bagordo, Laura / Velázquez, Ramiro / Cafagna, Donato / Fazio, Roberto de (2022): „Available Technologies and Commercial Devices to Harvest

Energy by Human Trampling in Smart Flooring Systems: A Review", in: Energies, 15, Nr. 2, S. 432.

Vogel, Jannis / Thomas, Oliver (2020): „Digitalisierung als Enabler nachhaltiger Veranstaltungen: Potenziale und Handlungsfelder durch neue Technologien", in: Gernot Gehrke, Isabelle Thilo (Hrsg.), Trends in Event Education, Wiesbaden: Springer Fachmedien Wiesbaden, 49–71.

Walcher, Dominik / Leube, Michael (2017): „Einleitung", in: Dominik Walcher (Hrsg.), Kreislaufwirtschaft in Design und Produktmanagement, Wiesbaden: Springer Fachmedien Wiesbaden, 1–6.

Walker, Thomas (2013): „Der Stakeholderansatz als Fundament der CSR-Kommunikation", in: Peter Heinrich (Hrsg.), CSR und Kommunikation, Berlin, Heidelberg: Springer Berlin Heidelberg, 65–77.

Wall, Alexander / Behr, Friederike (2010): Ein Ansatz zur Messung der Nachhaltigkeit von Events. Kernziele eines Nachhaltigkeitsmanagements von Events und Indikatoren zur Messung der Nachhaltigkeit, Lüneburg: CSM Lehrstuhl für BWL insbes. Umweltmanagement.

Walter, Bernd Lorenz (2017): „Change Management und CSR-Kommunikation", in: Riccardo Wagner, Nicole Roschker, Alexander Moutchnik (Hrsg.), CSR und interne Kommunikation. Forschungsansätze und Praxisbeiträge, Berlin, Heidelberg: Springer Gabler, 103–114.

Wang-Erlandsson, Lan / Tobian, Arne / van der Ent, Ruud J. / Fetzer, Ingo / te Wierik, Sofie / Porkka, Miina / Staal, Arie / Jaramillo, Fernando / Dahlmann, Heindriken / Singh, Chandrakant / Greve, Peter / Gerten, Dieter / Keys, Patrick W. / Gleeson, Tom / Cornell, Sarah E. / Steffen, Will / Bai, Xuemei / Rockström, Johan (2022): „A planetary boundary for green water", in: Nature Reviews Earth & Environment, 3, Nr. 6, S. 380–392.

Warland, Linde / Hilty, Lorenz M. (2016): Factsheet: Business Travel, Sustainability Team, Universität Zürich.

WBAE (2020): Politik für eine nachhaltigere Ernährung: Eine integrierte Ernährungspolitik entwickeln und faire Ernährungsumgebungen gestalten, Gutachten, Berlin.

WBCSD / WRI (2004): The greenhouse gas protocol. A corporate accounting and reporting standard: World Resources Institute and World Business Council for Sustainable Development.

WBGU (2019): Unsere gemeinsame digitale Zukunft. Hauptgutachten des wissenschaftlichen Beirats der Bundesregierung Globale Umweltveränderungen, Berlin.

WHO / UNICEF (o. J.): Sanitation. The JMP ladder of sanitation, https://washdata.org/monitoring/sanitation (Stand: 19.10.2022).

Willett, Walter / Rockström, Johan / Loken, Brent / Springmann, Marco / Lang, Tim / Vermeulen, Sonja / Garnett, Tara / Tilman, David / De-Clerck, Fabrice / Wood, Amanda / Jonell, Malin / Clark, Michael / Gordon, Line J. / Fanzo, Jessica / Hawkes, Corinna / Zurayk, Rami / Rivera, Juan A. / Vries, Wim de / Majele Sibanda, Lindiwe / Afshin, Ashkan / Chaudhary, Abhishek / Herrero, Mario / Agustina, Rina / Branca, Francesco / Lartey, Anna / Fan, Shenggen / Crona, Beatrice / Fox, Elizabeth / Bignet, Victoria / Troell, Max / Lindahl, Therese / Singh, Sudhvir / Cornell, Sarah E. / Srinath Reddy, K. / Narain, Sunita / Nishtar, Sania / Murray, Christopher J. L. (2019): „Food in the Anthropocene: the EAT–Lancet Commission on healthy diets from sustainable food systems", in: The Lancet, 393, Nr. 10170, S. 447–492.

Wilts, Henning (2021): „Kreislaufwirtschaft als gesellschaftspolitische Herausforderung", in: GWP – Gesellschaft. Wirtschaft. Politik, 70, Nr. 3, S. 371–382.

Wittek, Susanne (2002): „Zur prozessualen und inhaltlichen Funktion von NI-Systemen – Probleme und Beispiele", in: Susanne Wittek, Peter H. Feindt, Wolfgang Gessenharter, Jutta Hoppe, Eberhard K. Seifert, Heinz Spilker (Hrsg.), Nachhaltigkeitsindikatoren und Partizipation, Hamburg: Hamburg Univ. Press, 46–59.

Wolters, Stephan / Schaller, Stella / Götz, Markus (2018): Freiwillige CO_2-Kompensation durch Klimaschutzprojekte. durch Klimaschutzprojekte.

World Commission on Environment and Development (1987): Our Common Future. Report of the World Commission on Environment and Development.

World Economic Forum (2015): Global risks 2015. 10th Edition, Insight Report, Genf.

Wosnitza, Franz / Hilgers, Hans Gerd (2012): „Moderne Heizungstechnologien", in: Franz Wosnitza, Hans Gerd Hilgers (Hrsg.), Energieeffizienz und Energiemanagement, Berlin [u. a.]: Springer, 91–150.

WRI / WBCSD (2022): Greenhouse Gas Protocol, https://ghgprotocol.org/.

Zanger, Cornelia (Hrsg.) (2020): Events und Messen im digitalen Zeitalter, Wiesbaden: Springer Fachmedien Wiesbaden.

Zanger, Cornelia (2021): „Events als Forschungsgegenstand", in: Steffen Ronft (Hrsg.), Eventpsychologie. Veranstaltungen wirksam optimieren: Grundlagen, Konzepte, Praxisbeispiele, Wiesbaden, Heidelberg: Springer Gabler, 3–20.

Register